高等职业教育机电类专业新形态教材

数字化精密制造基础

主　编　赵明威　蔡锐龙
副主编　潘冠廷　李渊志
参　编　王建军　张文亭　刘艳申
　　　　邬　凯　权　超　王　帅
　　　　高冬冬　赵　恒　李银海

机械工业出版社

本书紧密对接制造业的高端化、智能化、绿色化发展趋势，全面介绍数字化精密制造技术及其在 SurfMill 软件端的应用，内容包括 SurfMill 软件基础知识、SurfMill 软件基本操作、SurfMill 软件模型创建、三角开关凸模构型、虚拟制造环境及配置、公共参数设置、SurfMill 软件 2.5 轴与三轴编程策略、SurfMill 软件多轴编程策略、经典案例解析——创意直尺制作、SurfMill 软件在机测量编程策略、文件模板功能和后置处理。

本书采用双色印刷，配有大量视频资源，并以二维码的形式链接于书中相应知识点处，学生用手机扫码即可观看。本书还配有电子课件，凡使用本书作为教材的教师可登录机械工业出版社教育服务网（www.cmpedu.com），注册后免费下载。咨询电话：010-88379375。

本书可作为高等职业院校机械设计与制造、机械制造及自动化等专业的教材，也可作为制造业相关技术培训教材，还可供相关工程技术人员参考。

图书在版编目（CIP）数据

数字化精密制造基础/赵明威，蔡锐龙主编. —北京：机械工业出版社，2023.12

高等职业教育机电类专业新形态教材

ISBN 978-7-111-73961-6

Ⅰ.①数… Ⅱ.①赵… ②蔡… Ⅲ.①数字化-机械制造工艺-高等职业教育-教材 Ⅳ.①TH16-39

中国国家版本馆 CIP 数据核字（2023）第 186001 号

机械工业出版社（北京市百万庄大街 22 号　邮政编码 100037）
策划编辑：王英杰　　　　　　　　责任编辑：王英杰
责任校对：张亚楠　梁　静　　　　封面设计：张　静
责任印制：常天培
北京机工印刷厂有限公司印刷
2023 年 12 月第 1 版第 1 次印刷
184mm×260mm · 17 印张 · 418 千字
标准书号：ISBN 978-7-111-73961-6
定价：49.80 元

电话服务　　　　　　　　　　　网络服务
客服电话：010-88361066　　　　机　工　官　网：www.cmpbook.com
　　　　　010-88379833　　　　机　工　官　博：weibo.com/cmp1952
　　　　　010-68326294　　　　金　书　网：www.golden-book.com
封底无防伪标均为盗版　　　　机工教育服务网：www.cmpedu.com

前言

制造业是国民经济的主体，是立国之本、兴国之器、强国之基。2015 年 5 月国务院印发《中国制造 2025》，确定了中国建设制造强国的战略，明确提出要以加快新一代信息技术与制造业深度融合为主线，以推进智能制造为主攻方向，实现制造业由大变强的历史跨越。为加快推进智能制造发展，近年来与制造业相关的国家政策陆续出台，为制造业的转型升级创造了宽松、良好的环境。2021 年，《中华人民共和国国民经济和社会发展第十四个五年规划和 2035 年远景目标纲要》提出"深入实施智能制造和绿色制造工程，发展服务型制造新模式"。党的二十大报告中也明确提出，"推动制造业高端化、智能化、绿色化发展"，到 2035 年基本实现新型工业化。

在制造业向智能化发展的初始阶段，制造过程的数字化及精密化是主要发展方向，也是智能制造发展的第一代范本。然而，当前我国大多数企业还未完成或未全面完成数字化转型，体现产业高端性的精密制造企业在制造过程中的数字化手段仍急需推广应用，因此，我国在推进智能制造战略中首先应该定位于数字化精密制造，以此夯实制造业智能化的发展基础。

本书紧密对接数字化精密制造，以 SurfMill 9.5 软件为载体，全面介绍产品构型、工艺路线制定、加工、在线测量等过程中的数字化技术应用。SurfMill 9.5 软件是北京精雕科技集团有限公司自主研发的一款基于虚拟加工技术的通用 CAD/CAM 软件。该软件操作界面简洁、直观、功能全面，生成的加工路径可转换成不同数控系统可用的加工文件，适用于不同的机床加工平台。该软件最为突出的特点是：

1）丰富的五轴编程策略和刀轴控制方式。方便用户根据加工零件的特点进行选择，快速生成安全、可靠的五轴加工路径，满足复杂形态零件加工、精密模具复合加工、产品外观件高光加工、难切削材料铣磨加工等多轴加工需求。

2）虚拟制造。将实际加工过程镜像到编程流程中，串联起软件编程、生产设备和实际加工过程，实现了编程智能化和规范化、物料使用透明化与生产过程可控化，为用户提供可靠、高效的加工解决方案。

3）在机测量。支持探测过程仿真、碰撞检查及干涉检查，可生成安全、高效的测量解决方案，助力实现工步检测、量化管控。

在本书编写过程中，编者团队系统分析了数字化设计与制造相关岗位（群）的工作任务和职业能力要求，充分考虑了模块化教学的需求，创新软件课程的学习策略，坚持少理论多实操的原则,重点讲授工程项目中常用的知识与技巧。本书内容由浅入深,循序渐进,工程实践性强,主要体现了以下特色。

1)编者团队结构为校企人员相结合,利于知识与技能互补。本书内容上以职业能力为本位实现基本原理和生产案例相融合,具有实战性和先进性。各案例均来源于合作企业的实际加工方案,突出体现新技术、新工艺、新规范的成功应用,涉及面广。

2)层次清晰、语言简明,既讲授知识、技巧,又增设职业拓展内容,将知识点细分、归纳、精练,最终落实到数控加工应用中。

3)学习资源丰富。本书提供思考题,便于教师进行个性化教学设计;还提供了操作视频资源二维码,便于师生随时观看。

4)本书共13章,在教学时可根据各专业需要进行选取,采用理实一体化教学模式灵活教学。

本书主要由陕西工业职业技术学院和西安精雕软件科技有限公司(北京精雕科技集团有限公司西安研发中心)联合编写,部分内容由金华职业技术学院编写,具体编写分工如下:

序号	章节		编者	编者单位
1	第一章		赵明威	陕西工业职业技术学院
2	第二章		王建军	陕西工业职业技术学院
3	第三章		赵明威	陕西工业职业技术学院
4	第四章		潘冠廷	陕西工业职业技术学院
5	第五章		邬凯	陕西工业职业技术学院
6	第六章	第一、二节	权超	陕西工业职业技术学院
		第三节	王帅	西安精雕软件科技有限公司
7	第七章	第一~三节	李银海	金华职业技术学院
		第四、五节	蔡锐龙	西安精雕软件科技有限公司
		第六~八节	李渊志	北京精雕科技集团有限公司
8	第八章	第一节	张文亭	陕西工业职业技术学院
		第二节	刘艳申	陕西工业职业技术学院
9	第九章		赵恒	西安精雕软件科技有限公司
10	第十章		高冬冬	西安精雕软件科技有限公司
11	第十一章		王建军	陕西工业职业技术学院
12	第十二章		潘冠廷	陕西工业职业技术学院
13	第十三章		赵明威	陕西工业职业技术学院

陕西工业职业技术学院苏宏志教授及北京精雕科技集团有限公司余旸、任宏涛、崔亚超、樊星、刘海飞、柴回归等专家为本书的编写提供了众多宝贵意见,在此对他们的帮助表示真诚的感谢。

限于编者水平,书中疏漏和不足之处在所难免,恳请广大读者批评指正。

编　者

二维码索引

名称	二维码	页码	名称	二维码	页码	名称	二维码	页码
01. 输入输出文件		33	09. 绘制矩形		53	17. 曲面边界线		60
02. 视图观察		40	10. 绘制多边形		54	18. 曲面流线		60
03. 对象操作		44	11. 两视图构造线		55	19. 曲面组轮廓线		61
04. 绘制点		50	12. 中位线		55	20. 网格曲面等距交线		61
05. 绘制直线		51	13. 投影到面		57	21. 提取孔中心线		62
06. 绘制样条		52	14. 吸附到面		58	22. 曲线倒角		62
07. 绘制圆弧		52	15. 包裹到面		58	23. 曲线裁剪		63
08. 绘制圆		53	16. 曲面交线		59	24. 曲线打断		64

（续）

名称	二维码	页码	名称	二维码	页码	名称	二维码	页码
25. 曲线延伸		65	35. 曲面倒角		76	45. 阵列		83
26. 曲线等距		66	36. 面面裁剪		77	46. 五轴曲线		87
27. 曲线组合		66	37. 曲面补洞		78	47. 分析		90
28. 曲线炸开		67	38. 曲面延伸		78	48. 新建绘图图层		94
29. 曲线桥接		67	39. 曲面等距		79	49. 绘制主要曲线		95
30. 拉伸面		69	40. 曲面炸开		80	50. 构造圆形曲面组		98
31. 旋转面		70	41. 3D 平移		81	51. 构造三角形曲面组		99
32. 直纹面		70	42. 3D 旋转		82	52. 构造顶部凸台		100
33. 单向蒙面		71	43. 3D 镜像		82	53. 构造边界平面		101
34. 扫掠		73	44. 3D 放缩		83	54. 刀具创建		105

（续）

名称	二维码	页码	名称	二维码	页码	名称	二维码	页码
55. 刀柄创建		107	65. 曲面精加工		167	75. 点		212
56. 走刀方式		126	66. 曲面清根加工		171	76. 探测点输入方式		214
57. 下刀方式		140	67. 成组平面加工		173	77. 圆		215
58. 单线切割		152	68. 五轴钻孔加工		175	78. 2D 直线		215
59. 轮廓切割		155	69. 五轴铣螺纹加工		177	79. 平面		216
60. 区域加工		158	70. 五轴曲线加工		178	80. 圆柱		216
61. 钻孔加工		159	71. 四轴旋转加工		179	81. 方槽		216
62. 铣螺纹加工		160	72. 曲面投影加工		183	82. 工件位置误差		217
63. 分层区域粗加工		163	73. 多轴侧铣加工		185	83. 工件位置误差修正		220
64. 曲面残料补加工		166	74. 多轴区域加工		187	84. 距离评价		221

（续）

名称	二维码	页码	名称	二维码	页码	名称	二维码	页码
85. 角度评价		222	90. 生成测量路径		226	95. 创建探测点		239
86. 平行度评价		222	91. 生成补偿加工路径		229	96. 生成测量路径		239
87. 垂直度评价		224	92. 创建曲面测量探测点		231	97. 生成加工路径		239
88. 同轴度评价		225	93. 生成测量路径		231			
89. 创建曲线测量探测点		226	94. 生成补偿加工路径		234			

目　录

前言
二维码索引
第一章　绪论 …………………………… 1
　第一节　制造业及先进制造技术 ……… 1
　第二节　数字化精密制造技术 ………… 8
　第三节　数字化精密加工系统 ………… 11
　思考题 …………………………………… 18
第二章　SurfMill 软件基础知识 ………… 20
　第一节　SurfMill 软件概述 …………… 20
　第二节　SurfMill 软件功能 …………… 21
　第三节　SurfMill 软件编程实现过程 … 27
　思考题 …………………………………… 29
第三章　SurfMill 软件基本操作 ………… 31
　第一节　文件操作 ……………………… 31
　第二节　系统设置 ……………………… 34
　第三节　自定义用户界面 ……………… 37
　第四节　显示操作 ……………………… 39
　第五节　图层操作 ……………………… 42
　第六节　对象操作 ……………………… 44
　第七节　访问帮助 ……………………… 47
　思考题 …………………………………… 48
第四章　SurfMill 软件模型创建 ………… 50
　第一节　曲线绘制 ……………………… 50
　第二节　曲线编辑 ……………………… 62
　第三节　曲面绘制 ……………………… 68
　第四节　曲面编辑 ……………………… 76
　第五节　变换 …………………………… 81
　第六节　专业功能 ……………………… 86
　第七节　分析 …………………………… 90
　思考题 …………………………………… 92

第五章　三角开关凸模构型 ……………… 94
　第一节　草图及辅助线的构建 ………… 94
　第二节　基于草图的三维模型构建 …… 98
　思考题 …………………………………… 101
第六章　虚拟制造环境及配置 …………… 102
　第一节　虚拟制造简介 ………………… 102
　第二节　物料标准化 …………………… 103
　第三节　编程标准化 …………………… 108
　思考题 …………………………………… 125
第七章　公共参数设置 …………………… 126
　第一节　走刀方式 ……………………… 126
　第二节　加工范围 ……………………… 130
　第三节　加工刀具 ……………………… 131
　第四节　进给设置 ……………………… 138
　第五节　安全策略 ……………………… 142
　第六节　计算设置 ……………………… 144
　第七节　辅助指令 ……………………… 147
　第八节　路径属性与路径变换 ………… 148
　思考题 …………………………………… 151
第八章　SurfMill 软件 2.5 轴与三轴
　　　　　编程策略 ……………………… 152
　第一节　2.5 轴加工 …………………… 152
　第二节　三轴加工 ……………………… 163
　思考题 …………………………………… 174
第九章　SurfMill 软件多轴编程策略 …… 175
　思考题 …………………………………… 190
第十章　经典案例解析——创意直尺
　　　　　制作 …………………………… 192
　第一节　案例引入 ……………………… 192
　第二节　编程介绍 ……………………… 193
　第三节　加工准备 ……………………… 202

第四节	在机加工……………	207
思考题	……………………	210

第十一章　SurfMill 软件在机测量编程策略 …… 211

第一节	在机测量概述…………	211
第二节	元素……………………	212
第三节	坐标系…………………	217
第四节	评价……………………	221
第五节	测量补偿………………	225
第六节	报表……………………	234
第七节	实例……………………	238
思考题	……………………	239

第十二章　文件模板功能 …… 240

第一节	文件模板的使用流程……	240
第二节	操作实例………………	240
思考题	……………………	243

第十三章　后置处理 …… 244

第一节	概述……………………	244
第二节	JDNcPost 介绍…………	245
第三节	经典案例解析——制作后处理文件	257
思考题	……………………	258

参考文献 …… 259

第一章

绪 论

知识点介绍

1）制造业的内涵与发展。
2）制造系统的构成。
3）先进制造技术的类型。
4）先进制造工艺技术的特点。
5）数字化精密加工技术。
6）数字化精密加工系统。

能力目标要求

1）了解制造业的概念与内涵。
2）了解制造业的未来发展方向。
3）熟悉先进制造技术的特点。
4）了解数字化制造的内涵与主要内容。
5）深刻认识数字化精密制造对推进新型工业化发展的重大意义。

第一节 制造业及先进制造技术

制造业是一个国家经济发展的重要支柱，在国民经济中占有重要份额。迄今为止，制造业经历了机械化、电气化、信息化三次跳跃，从生产方式、制造技术、资源配置等方面历经了几次重大变革。近年来，信息技术与网络技术的快速发展大大推动了大数据、物联网、云计算等新技术的突破，加速了制造业的信息化融合，促使制造业向智能化的第四次工业革命迈进。

作为现代制造业的重要基础，先进制造技术有效地促进了我国制造业的快速发展，使其适应市场全球化的趋势，推动着新一轮产业变革的深入发展。在先进制造技术不断发展的推动下，我国制造业不断向着高端化、智能化、绿色化的生产方式变革与进步，而且对动态、多变的个性化商品市场的适应能力和竞争能力不断增强。

一、制造业的内涵与发展

1. 制造与制造业

（1）制造的概念与内涵 所谓制造，就是人们以市场需求为导向，依据自身掌握的知识和技能,借助必要的能源和生产工具,采用合理的工艺方法和技术手段,将原材料转化为最终产品并投入市场的过程。制造在内涵上可分为广义制造与狭义制造两类,广义制造包括从市场调研与分析、产品设计、工艺制定、加工装配、质量检测与保证、生产管理、市场营销、销售服务直至产品报废处理的制造企业生产经营活动的全过程,而狭义制造则是日常所理解的产品加工或制作,是在生产车间通过加工、装配等生产步骤,使原材料成为成品的生产过程。

(2) 制造系统 制造系统是由软件、硬件及相关人员组成的能够实现某些特定功能的整体,是为了完成某些制造目标而构建的物理系统。其中,软件包括各种制造理论与技术、制造工艺与方法、制造精度控制与测量、制造信息获取与分析等;硬件包括厂房基础设施、能源、生产设备、工具材料以及各种辅助装置;相关人员是指在制造过程中承担不同岗位任务的设计、制造、检测、管理与销售等人员。

与制造的内涵类似,制造系统也有广义和狭义之分。制造系统在广义上可看作一个制造型企业,为满足市场需求,将原材料转化为用户所要求的商品,这类制造系统具有完善的企业生产经营功能,包括市场分析、产品设计、工艺规划、加工制造、产品销售等。狭义的制造系统可视为车间内的机床或产线,是将毛坯转化为成品零件的工具或工具的组合。

(3) 制造业 制造业是指按照市场要求,通过制造过程将物料、能源、设备、工具、资金、技术、信息和人力等制造资源转化为可供人们使用和利用的大型工具、工业品与生活消费产品的行业,涵盖国民经济中的众多行业。根据国民经济行业分类标准(GB/T 4754—2017),我国制造业包括食品制造业、纺织业、家具制造业、医药制造业、金属制品业、通用设备制造业、专用设备制造业、汽车制造业等共计 31 个大类。根据我国机械工业行业分类,机械制造业包含了 13 个行业大类(表 1-1-1),这些行业大类又被细分为 126 个行业小类。

表 1-1-1 机械工业行业分类

序号	行业分类	序号	行业分类
1	农业机械工业行业	8	机床工具工业行业
2	内燃机工业行业	9	电工电器工业行业
3	工程机械工业行业	10	机械基础件工业行业
4	仪器仪表工业行业	11	食品包装机械工业行业
5	文化办公设备行业	12	汽车工业行业
6	石油化工通用机械工业行业	13	其他民用机械工业行业
7	重型矿山机械工业行业	—	—

2. 制造业的地位及作用

一般来说,国民经济产业结构可分为农业、工业和服务业三大产业,制造业、建筑业、采掘业以及煤、电、水、气的生产供应业等隶属于工业类,因此,制造业属于第二产业。

从全球社会经济的发展来看,制造业是国民经济的基础,是国民经济收入的重要来源,是一个国家经济发展的支柱。制造业的发展水平是衡量一个国家创造力、竞争力和综合国力的重要体现,它直接关系到国民经济各部门的发展,影响国计民生和国防实力的强弱。在工业化国家,制造业在 GDP(国内生产总值)中占有较大的比重,制造业年产值可超过整个国家 GDP 的 30%。

制造业不仅为国家、社会提供物质产品，创造经济财富，而且也为国防和科学技术等国民经济各部门的发展提供各种先进的工具和技术装备，可有效推动各行各业快速、高质量发展。有人将制造业比作一个国家经济增长的"发动机"，为经济增长和国家发展源源不断地提供动力。

制造业在国民经济中的地位和作用可归纳为但不限于以下几个方面。

1）制造业可为市场提供各类所需的商品，是提高消费水平的主要物质基础。

2）制造业为农业与服务业提供物质与设备保障，是确保农业基础地位、支持服务业更快更好发展的重要条件。

3）制造业是加快农业劳动力转移和就业的重要途径。

4）制造可为科学研究提供先进的实验装备，还可为教育事业提供完备的教学设备，是加快发展科学技术和教育事业的重要物质支撑。

5）制造业是影响发展对外贸易的关键因素。

6）制造业与信息技术产业相互促进。制造业是加快信息产业发展的物质基础，信息技术的突破可促进制造业向高端升级。

7）制造业的技术发展是实现社会经济稳定增长的物质保证，其发展水平不仅决定了一个国家在国际社会中的竞争力，更决定了全社会长远效益和经济增长的持续性。

8）制造业为实现军事现代化和保障国家安全提供装备基础。

3. 制造业的发展与未来

自 18 世纪 60 年代以来，人类历史上先后发生了三次工业革命。18 世纪 60 年代，蒸汽机的出现促使机器代替手工劳动，成为第一次工业革命的标志，开创了制造业的机械化时代，历史学家称这个时代为"蒸汽时代"。19 世纪中期，人们将电气元器件融入了机械设备，以发电机取代蒸汽机，由此开始了第二次工业革命，制造业进入电气化发展的时代。第三次工业革命是随着计算机的应用和通信方式的改变，以数字信号代替了电气时代的模拟信号，使制造业迅速进入了数字化、信息化时代。当前，制造业面临着全球化和可持续发展的压力，开始进入第四次工业革命，即制造智能化和绿色化革命。

自第一次工业革命至今已有两百多年历史，制造业无论在生产方式、制造技术，还是在资源配置方式等方面均经历了多次重大的变革，如图 1-1-1 所示。

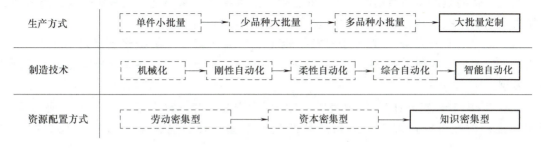

图 1-1-1　制造业的发展过程

二、制造业主要发展战略

随着科学技术的快速发展，全球性市场竞争更加激烈。在此背景下，国际社会掀起了新一轮工业革命浪潮,世界工业大国纷纷提出了各自的发展战略。例如,德国的"工业4.0"、美国的"工业互联网"、英国的"工业2050"、日本的"无人化工厂",以及我国的"中国制造2025"等,这些制造业发展战略必将影响全球范围内制造业的未来发展和产业结构的变化。

1. 工业4.0

"工业4.0"由德国于2011年提出,并由德国联邦教研部与经济技术部于2013年正式发布。"工业4.0"旨在通过互联网推动第四次工业革命形成雏形,支持工业领域新技术的研发与创新,描绘了制造业的未来发展方向。"工业4.0"主要内容包括以下几个方面。

(1) 信息物理系统(Cyber Physical System,CPS) CPS是一个将计算、通信、控制技术进行有机融合和深度协作,实现工程系统的实时感知、动态控制和信息服务的网络化物理设备系统,如图1-1-2所示。在信息物理系统的网络环境下,应用数字化技术将物理实体抽象为数字对象,通过一系列计算进程和物理进程的融合和反馈循环,实现系统对象间的相互通信与操作控制,使系统具有计算、通信、控制、远程协作和自治管理的功能。

(2) 领先的市场和供应商 通过领先的市场和领先的供应商这种双重策略,使工业4.0成为德国用于撬动市场潜力的杠杆,以增强德国装备制造业。

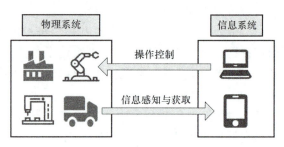

图1-1-2 信息物理系统

(3) 资源及信息的集成与整合 通过信息系统实现企业间的资源整合,推动企业间的研产供销、经营管理与生产控制、业务与财务流程的无缝衔接和综合集成,实现在不同企业间的产品开发、生产制造、经营管理等信息共享和业务协同,并且要求在各个企业内部实现信息流、资金流和物料流的集成。

因此,工业4.0的战略核心就是通过信息物理系统网络实现人、设备、产品的实时连通、相互识别和高效交流,从而构建一个高度灵活的个性化和数字化的智能制造模式。

2. 工业互联网

工业互联网是以美国通用电气为首的企业联盟倡导的未来制造业发展新模式,强调通过智能机器间的连接,结合软件和大数据技术来重构全球制造业。

(1) 工业互联网战略目标 随着新一轮工业革命的爆发,美国将互联网与工业融合,作为抢占发展先机的切入点,以重塑制造业竞争优势,推动以工业互联网为代表的先进制造业的发展。

工业互联网概念于2012年由美国通用电气率先提出,致力于发展一套工业互联网通用标准,借此可以打破不同公司产品的技术壁垒,使得各厂商的设备实现数据共享与融合。

工业互联网的核心内容是充分发挥互联网、数据采集、大数据和云计算的作用,为基于互联网的工业应用打造一个稳定、可靠、安全、实时、高效的全球工业互联网络,将智能化的机器与机器、机器与人进行连通,帮助人类和机器设备做出智能分析和决策,以全面提升整个工业产业链的工作效率。

（2）工业互联网的特点

1）从概念和内涵来说，工业互联网是通用互联网的扩展和延伸，旨在将人、数据和机器连接起来，引导研发、服务等环节新模式、新业态的产生，推动整个产业生态体系的变革。

2）工业互联网侧重于软件、网络和大数据技术，强化软实力的渗透与带动作用。

3）工业互联网强调生产制造的效率目标，关注基于联网设备的数据采集、分析和价值转化，通过传感设备收集数据，并利用大数据分析挖掘技术，提供降低成本、改进效率的决策建议。

3. 中国制造 2025

"中国制造2025"是我国应对全球新一轮科技革命和产业变革，提升制造业全球竞争力的重要举措，也是着眼于国际、国内经济社会发展、产业变革大趋势所制定的一个长期战略性规划，是实现为世界制造业提供中国力量的战略支撑。

（1）发展背景 在新一轮产业变革浪潮中，全球许多国家都在布局制造业，全球制造业格局面临重大调整，我国制造业发展面临发达国家和发展中国家的"双重竞争"，这就要求中国制造业必须放眼全球，积极应对，努力在新的竞争格局中找准定位，把建设制造强国作为提高全球竞争力的关键举措。

一方面，我国工业体系齐全，是全世界唯一拥有联合国产业分类中全部工业门类的国家，具备了建设工业强国的基础和条件。另一方面，当前新一轮科技革命和产业变革蓬勃发展，数字经济和实体经济融合发展正深刻改变经济形态、制造方式和企业组织模式，为我国制造业的数字化转型与高端化、智能化、绿色化发展提供了良好的环境。

（2）发展阶段 针对我国国情和当前制造业的现实状况，"中国制造2025"采用三步走战略，以实现制造强国的宏伟目标。

第一步：到2025年基本实现工业化，使中国制造业迈入制造强国行列，制造强国综合指数接近德国、日本，达到工业化时代的制造强国水平。在创新能力、全员劳动生产率、两化融合、绿色发展等方面迈上新台阶，形成一批具有较强国际竞争力的跨国公司和产业集群，在全球产业分工和价值链中的地位明显上升。

第二步：到2035年成为名副其实的工业强国，制造强国综合指数达到世界制造强国阵营中的中等水平，创新能力大幅提升，优势行业形成全球创新引领能力，制造业整体竞争能力显著增强。

第三步：到中华人民共和国成立一百年时进入世界强国第一方阵，建成全球领先的技术体系和产业体系，成为具有全球引领影响力的制造强国。

（3）十大重点发展领域 "中国制造2025"所规划重点发展的十大领域包括信息技术、机床、航空航天、海洋与船舶等行业，如图1-1-3所示。

当前，人工智能、大数据、云计算、物联网、区块链等现代信息技术快速发展并与制造业深度融合，推进了制造业数字化转型，引发了影响深远的产业变革，更体现了党的二十大报告中对"推动制造业高端化、智能化、绿化化发展"的要求。

制造业是我国经济命脉所系，是立国之本、强国之基。推进新型工业化，意味着要促进我国制造业步入全球价值链的中高端，攻关"卡脖子"核心制造技术，推动制造业产业链、供应链多元化，促进先进制造业和现代服务业深度融合，夯实新发展格局的产业基础，为全面建设、建成制造强国提供有力支撑。

三、先进制造技术的内涵与发展现状

1. 先进制造技术的概念

先进制造技术（Advanced Manufacturing Technology，AMT）是传统制造技术结合微电子、自动化、信息化等先进技术形成的新型制造技术概念。具体地说，就是指集机械工程技术、电子技术、自动化技术、信息技术等多种技术为一体所产生的技术、设备和系统的总称。

2. 先进制造技术的产生与发展

图 1-1-3 "中国制造 2025" 重点发展领域

人类漫长的历史发展中，使用工具进行产品制造是基本生产活动之一。直到 18 世纪 60 年代的工业革命以前，制造都是手工作业和作坊式生产。工业革命中诞生的能源机器（蒸汽机）、作业机器（纺织机）和工具机器（机床），为制造活动提供了能源和技术，并开拓了新的产品市场。经过 100 多年的技术积累和市场开拓，到 19 世纪末已初步形成制造业，其主要生产方式是机械化加电气化的批量生产。20 世纪初到 20 世纪 50 年代，以机械技术和机电自动化技术为基础的制造业空前发展，以大批量生产为主的机械制造业成为制造活动的主体。随着计算机的出现与发展，数字化制造技术相继问世并应用。

先进制造技术是一门综合性、交叉性前沿学科和技术，学科跨度大、内容广，涉及制造业生产与技术、企业经营管理、市场预测与评估等各个方面。先进制造技术就是在传统制造技术的基础上，利用计算机技术、网络技术、控制技术、传感技术与机、光、电、液等方面技术的最新进展，不断发展完善。

3. 先进制造技术的特点

先进制造技术是在计算机与网络等高新技术发展的基础上逐步形成的，是传统制造工艺在高新技术下的深化与升级，其具备以下几个特点。

1）先进制造技术涉及产品从市场调研、产品开发及工艺设计、生产准备、加工制造、售后服务等产品生命周期的所有内容，是面向工业应用的技术。

2）先进制造技术强调计算机技术、信息技术、传感技术、自动化技术、新材料技术和现代系统管理技术在产品设计、制造和生产组织管理、销售及售后服务等方面的应用，是生产过程的系统工程。

3）先进制造技术的最新发展阶段保持了传统制造技术的有效要素，同时吸收了各种高新技术成果。

四、先进制造技术的分类

1. 现代设计技术

所谓设计技术，即在设计过程中解决具体设计问题的各种方法与手段。传统设计技术基

于人们长期工作的经验，表现为手工的、静态的、被动的各种技术方法。现代设计技术则是以满足应市产品的质量、性能、时间、成本、效益最优为目的，以计算机辅助设计为主体，以多种科学方法及技术为手段，在创新、研究、改进产品过程中所用到的技术群体的总称。

2. 先进制造工艺技术

机械制造工艺是将原材料通过改变其形状、尺寸和性能，使之成为成品或半成品的技术手段，是人们在从事产品制造过程中对长期经验的总结和积累。机械制造工艺是机械制造业一项基础性技术，是产品高质量、低成本生产的前提和保证。

随着科学技术的进步和市场竞争的需要，制造工艺技术也得到快速的发展。尤其近半个世纪以来，伴随着计算机技术、微电子技术以及网络信息技术在制造工艺技术上的应用，传统制造工艺得到不断改进和提高，涌现出一批先进制造工艺技术，在机械加工的各个方面均有体现，包括材料成形技术、精密加工技术、高速切削加工技术、特种加工技术、增材制造技术等。

3. 制造自动化技术

制造自动化技术是先进制造技术的一个重要组成部分。采用自动化的制造技术，可以大大减轻操作者的劳动强度，提高生产率和产品质量，降低制造成本，增强企业的市场竞争力。制造自动化技术的发展加速了制造业由劳动密集型向技术密集和知识密集型产业转变的步伐，是制造业技术进步的重要标志。

4. 现代企业信息化管理技术

所谓现代企业信息化，是将信息技术、现代企业管理技术和制造技术相结合，应用计算机网络，在企业生产经营、管理决策、研究开发、市场营销等产品全生命周期内，通过对信息和知识资源的有效开发利用，重构企业组织结构和业务流程，以提高企业的市场竞争力。

5. 数字化制造与智能制造技术

通俗地将数字化制造定义为：数字化制造就是指制造领域的数字化，它是制造技术、计算机技术、网络技术与管理科学的交叉、融合、发展与应用的结果，也是制造企业、制造系统与生产过程、生产系统不断实现数字化的必然趋势。

国内的权威专家将智能制造定义为："智能制造是面向产品全生命周期，以新一代信息技术为基础，以制造系统为载体，在其关键环节或过程具有一定自主性的感知、学习、分析、决策、通信和协调控制能力，能动态地适应制造环境变化，从而实现预定目标的新型制造模式"。

数字化制造是智能制造的基础。当我们逐步把方法、知识和经验变成软件和模型的时候，我们就在逐步地走向智能；当软件化的工业技术体系趋向成熟，软件定义的生产体系成为主流，肯定会带来生产关系的优化和重构，最终进入智能制造。

中国工程院将"数字化制造"作为智能制造的第一种基本范式和第一代智能制造，并将数字化制造描述为在制造领域广泛应用数字化技术，至少包括了三部分内容：数字化技术、数字化装备、数字化制造系统，见表 1-1-2。

表 1-1-2　数字化制造的基本内容

数字化内容	具 体 描 述
数字化技术	既包括数字化感知、控制、存储、传输、处理等基础数字技术，也包括计算机辅助设计、计算机辅助工程分析、计算机辅助工艺规划、产品数据管理、生产执行系统

(续)

数字化内容	具体描述
数字化装备	指在传统的机电设备中，融入传感器、集成电路、软件和其他信息元器件，使之具有系统数据模型、配置网络接口、容易被系统集成、可以被集中管理与协同控制、可以通过软件升级功能等特点，如数控机床、工业机器人等
数字化制造系统	是数字化技术、制造技术、管理科学的融合，是自动化系统的升级以及与信息化系统的融合。系统具备内、外部通信功能，能够收集和调配资源信息，对材料、工艺、资源、任务等进行分析、规划和重组，实现对产品设计和功能的仿真以及原型制造，控制生产过程，按期生产出达到数量、质量和功能要求的产品

第二节 数字化精密制造技术

数字化精密制造技术是将精密加工技术的方法、知识和经验进行数字化处理，将其变成工业软件中的各项关键数字、数据、功能和模型，是一套可高度复制、准确执行的软件化工业技术，能够形成一套软件定义的生产体系。

一、数字化制造

1. 数字化的提出

当前，数字化的提法已经铺天盖地，从数字化社会到数字化城市、数字化工厂以及数字化装备等，数字化俨然成了信息化和智能化的代名词。

早期的数字化限于工程学上的"数字信号处理"，是指将连续变化的输入（信号）转变（表示）成不连续的标准单元的过程。数据组成具有特定含义的、长短不一的"数据单元"，"数据单元"按某种规则组织在一起形成表征某一特定事物或过程的"数字模型"或"数字信息"。

2. 数字化制造的主要内容

数字化制造主要依靠软件实现产品设计、加工、装配等环节相关数据的可视化，包括计算机辅助设计、计算机辅助工程、计算机辅助制造等，具体见表1-2-1。

表1-2-1 数字化制造主要内容

主要内容	英文名称	具体内涵
计算机辅助设计	Computer Aided Design/CAD	综合应用计算机及其相关技术辅助设计人员进行产品设计的技术；由早期的计算机辅助绘图发展至现在的计算机辅助产品设计、分析、优化的综合性技术
计算机辅助工程	Computer Aided Engineering/CAE	通常指有限元分析和机构的运动学及动力学分析。有限元分析可完成力学分析（线性、非线性、静态、动态）、场分析（热场、电场、磁场等）、频率响应和结构优化等；机构分析能完成机构内零部件的位移、速度、加速度和力的计算，机构的运动模拟及机构参数的优化
计算机辅助制造	Computer Aided Manufacturing/CAM	能根据CAD模型自动生成零件加工的数控代码，对加工过程进行动态模拟，同时完成在实现加工时的干涉和碰撞检查。简单来说，CAM就是用数控机床按数字量控制刀具运动，完成零件加工
计算机辅助工艺规划	Computer Aided Process Planning/CAPP	借助于计算机软硬件技术和支撑环境，利用计算机进行数值计算、逻辑判断和推理等功能来制定零件机械加工工艺过程，可以解决手工工艺设计效率低、一致性差、质量不稳定、不易达到优化等问题

(续)

主要内容	英文名称	具体内涵
产品数据管理	Product Data Management/PDM	PDM 系统除了管理产品生命周期内的全部数据外,还要对相关的市场需求、分析、设计与制造过程中的全部更改历程、用户使用说明及售后服务等数据进行统一有效的管理
逆向工程	Reverse Engineering/RE	对实物进行快速测量,并反求为可被 3D 软件接受的数据模型,进而对模型进行修改和详细设计,达到快速开发新产品的目的

二、精密加工技术

1. 精密加工的内涵

随着科技的发展,工业生产中所涉及的仪器必然呈现出精密化发展的趋势。因此,精密加工技术研究,除了可以解决当前加工水平较低的问题,同时也可为未来发展奠定基础。从技术上来看,精密加工主要指的是精密切削加工(如金刚镗、精密车削、宽刃精刨等)和高精度磨削。精密加工的加工精度一般为 $0.1\sim1\mu m$,表面粗糙度 Ra 值在 $0.1\mu m$ 以下。

2. 精密加工的特点

精密加工是以精度高、刚性好的机床和精细刃磨的刀具为基础,用很高或极低的切削速度、很小的切削深度和进给量在工件表面切去极薄一层金属的过程。显然,这个过程能显著提高零件的加工精度,极大地提高表面加工质量。

3. 典型的精密加工技术

(1) 高速切削加工技术 高速切削加工是集高效、优质、低耗于一身的先进制造技术。与传统切削加工相比,高速切削加工发生了本质性的飞跃,其单位功率的金属切除率可提高 30%~40%,切削力可降低 30%,刀具寿命可提高 70%,留于工件的切削热大幅降低。高速切削比常规切削速度高出了一个数量级,其切削机理和切削特征有很大不同,具有切削力小、热变形小、材料切除率高、加工质量高等特点。

(2) 在机测量技术 所谓在机测量,就是以机床硬件为载体,附以相应的测量工具,在机床上完成零件几何特征测量的测量方式。在机测量除了用于零件尺寸和精度的测量,还可以用于工件的找正、刀具破损检测、机床健康状态检测以及加工误差补偿和参数设置,对提高加工精度、构造大闭环系统有重要指导意义,尤其对复杂曲面来说,工件越复杂、精度要求越高,其优势越明显。

在机测量主要由接触式测头(图 1-2-1)与工件接触获得接触点的位置参数,并将参数信息发送到加工中心内的接收器,接收器将信号传送到机床控制系统进行处理和应用,用以实现以下两个主要功能。

1)确保正确的加工状态——工件、夹具的找正和补偿。"找正",是指为了保证工件的正确安

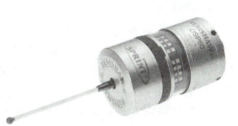

图 1-2-1 接触式测头

装、定位而采取的相应措施,是确保工件加工质量的基础。对于夹具"找正"过程中测得的偏差,以及由于受到温度变化和刀具磨损等因素作用,在机测量系统也会采取一些补偿措施。

2)工件的自动检测。在一道工序完毕后,或者在所有工序都完成后再对工件进行自动测量,即直接在机床上实施成品检验,是在机测量的又一个功能。此时,相当于把一台坐标测量机移到了机床上,能够有效避免脱机测量,提高了测量效率。

三、数字化精密制造典型案例

1. 七级叶轮

图1-2-2所示为七级叶轮的数字化精密加工案例,该叶轮采用数字化工艺方法,让传统的基于经验的加工变成一种规范化的操作。该案例中应用虚拟加工技术、在机测量技术、过程管控技术,从毛坯的来料检测到小批量的产品加工,从CAM软件的编程、刀具的优化到加工工艺的制定等方面形成了一套完整的、可量化、可管控的加工方案。

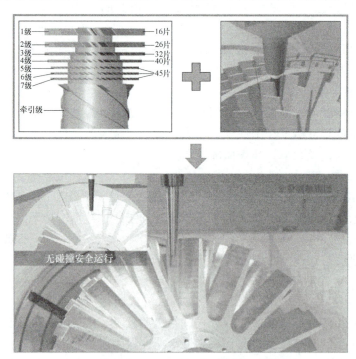

图1-2-2 七级叶轮的数字化精密加工案例

2. 精密磨削

以现有高速加工中心为基础,集成一套完整的、成熟的磨削体系,如图1-2-3所示。从设备端的磨削防护系统、磨削过滤系统、砂轮修整器、清洁刀柄等方面着手,采用数字化精密制造在机测量技术、数控系统磨削专用功能、CAM软件编程等,实现精密磨削方案。

数字化精密制造技术的应用,将常见的通用机床改进为专业的金属精密磨削机床,并能够实现"一键启动",可有效避免人工干预磨削过程所带来的时间损失,如图1-2-4所示。

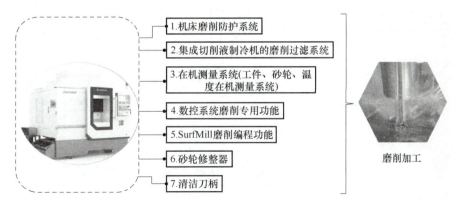

图 1-2-3　数字化精密磨削加工平台

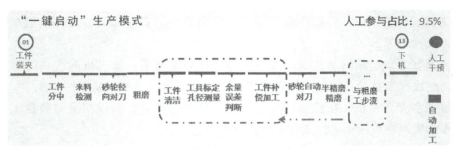

图 1-2-4　"一键启动"生产模式示意图

第三节　数字化精密加工系统

一、精密制造系统

1. 精密制造系统概念

精密制造系统是在计算机统一控制下，将加工、刀具、夹具、检测等系统连接起来，构成适合于多品种、中小批量生产的一种先进制造系统，也是当前制造技术水平层次最高、应用较为广泛的机械制造装备。

2. 精密制造系统的组成

精密制造系统包括加工子系统、工件运储子系统、刀具运储子系统、夹具子系统、在机测量子系统、计算机控制子系统和软件系统，其核心为中央控制计算机，主要包括刀具管理计算机、加工单元控制计算机和物料管理计算机 3 部分。其中，刀具管理计算机主要用于控制中央刀具库；加工单元控制计算机主要用于控制制造设备（加工中心或工业机器人）；物料管理计算机主要用于控制自动化仓库、自动化运输设备，并将数据传递给销售部门，如图 1-3-1 所示。

（1）加工子系统　由多台 CNC 机床、加工中心以及测量机、动平衡机和各种特种加工设备组成。

（2）工件运储子系统　负责工件、原材料以及成品件的自动装卸、输运和存储等，由

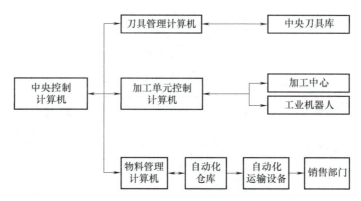

图 1-3-1 精密制造系统的组成

工件装卸站、自动化输运小车、工业机器人、自动化仓库等组成。

（3）刀具运储子系统　包括中央刀库、机床刀库、刀具装卸站、刀具输运车、工业机器人、换刀机械手等。

（4）夹具子系统　精密制造系统所加工的零件类型较多，要求机床夹具的结构种类不一。精密制造系统夹具的合理选用将直接影响工件装夹时间及装夹稳定性。

（5）在机测量子系统　在机测量就是以机床硬件为载体，附以相应的测量工具，在工件加工过程中实时在机床上进行工件几何特征的测量。

（6）计算机控制子系统　负责精密制造系统计划调度、运行控制、物流管理、系统监控和网络通信等任务。

（7）软件系统　利用计算机和 CAM 软件进行仿真加工，输入信息是零件的工艺路线和工序内容，输出信息是刀具加工时的运动轨迹和数控程序。

除了上述基本组成部分之外，精密制造系统还包含冷却润滑系统、切屑输运系统、自动清洗装置等附属系统。

图 1-3-2 所示为典型的精密制造系统，由 JDMR600 机床、JDCT800TH 机床、KR500 机器人等组成，配置人机交互系统、人工装载站、地轨、装夹系统等，通过数字化技术的应用实现精密零件的加工制造，提升零件加工品质，提高企业整体数字化覆盖率，有效解决实际生产过程中的各类问题。

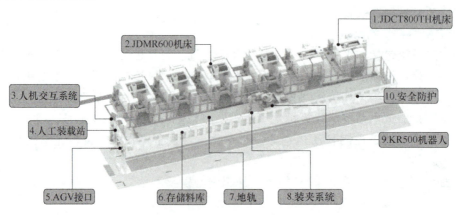

图 1-3-2 典型的精密制造系统——数字化精密制造产线

二、数字化精密加工系统的优越性

1. 提升了精密加工系统的安全性与可靠性

当前精密数控加工主要采取"软件驱动设备"的作业模式,即在软件端编写程序,然后将程序导入设备中,驱动设备进行加工。然而,伴随着加工设备的精密化与复杂化,其使用风险也有所增加。以五轴高速加工中心为例,由于加入旋转轴的运动,因此在加工过程中存在碰撞风险(图1-3-3)。

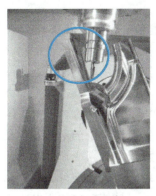 

a) 刀柄与工件碰撞　　b) 刀柄与夹具、主轴与法兰盘碰撞

图 1-3-3　五轴高速加工中常见的碰撞

机床出现碰撞后,容易引发安全事故,增加机床维修成本,并且造成不必要的货期延误损失。因此,需要借助基于数字孪生的数字化精密制造技术来提升精密数控加工作业的安全性及可靠性。

2. 提高了精密加工系统的生产效率

精密数控加工首先要进行工艺编程,然后再上机加工。但在常规的精密数控加工作业模式下,由于工艺编程和上机加工阶段存在信息"裂缝",在上机试制阶段常出现生产停滞或返工调试问题,严重影响生产效率。因此,需要借助数字化精密制造技术增强加工过程的连续性,提高生产效率。

3. 提升了精密加工系统的资源使用效率

由于信息"裂缝"的存在,工艺编程阶段将无法获取工厂实际的物资情况,导致空闲设备、物资不能得到有效利用,极大影响设备、物资的使用效率。因此,需要借助数字化精密制造技术提升精密数控加工作业的资源使用效率。

三、数字化精密加工系统的重要载体与工具——CAM软件

基于数字孪生技术的CAM软件,允许用户在软件中根据真实的加工环境(物理模型)搭建一个虚拟的加工环境(数字环境),包括机床、夹具、工件、刀具刀柄等模型。在这种编程模式下,数字模型和物理模型在不同的阶段都保持着映射关系,这就是在CAM软件中引入数字孪生(Digital Twin)技术的理念,这项技术称为虚拟加工技术。

我国在CAM软件的研发方面已由原来的引进、模仿、追赶发展到与国外软件功能同步甚至超越的水平,诞生了多种具有自主知识产权的CAM软件,如JD Soft SurfMill、中望3D、

CAXA制造工程师、SINOVATION等。基于以上CAM软件,虚拟加工技术将软件编程、生产准备和实际加工过程串联起来,推进了工艺、工具、机床之间的深度融合,使得整个生产过程安全可控。

1. 从物理实体到软件环境

在CAM软件编程时可使用的设备、物料都是生产实际中真实存在的,编程人员可以在现有资源的基础上进行工艺规划和编程。在规划刀具轨迹时,程序会自动检测各种碰撞风险,用户可以根据软件提示优化轨迹,生成安全可靠的路径。

2. 从软件编程到实际加工

根据在CAM软件编程时使用的物料进行生产准备,将计算得到的路径输入到机床上后,可以直接加工,整个过程就像数字环境下切削形态在真实加工环境下的再现。虚拟加工技术有助于降低精密数控加工的编程难度和多轴机床的使用难度。

3. 数字化精密加工系统的构建

数字化精密加工系统的构建主要包括三步:①安装(升级)CAM软件,为软件中的物料映射提供基础;②映射物理加工环境,即把真实生产环境中的所有物料信息映射到软件环境中;③使用建立好的系统编程加工,并进行验证和调整。

在映射物理加工环境时,需要将真实加工中用到的物理模型分类导入软件中,按类别建立数据库,形成编程环境与真实加工环境的映射关系,具体包含以下几方面内容。

(1) **机床的映射** 该映射包括机床模型的几何参数、主轴信息和数控系统信息,如图1-3-4所示。机床仿真时根据机床几何参数进行碰撞检查;机床的主轴信息用于在添加刀柄时作为筛选条件,使选择的刀柄与主轴适配,保证刀柄选择合理。

图1-3-4 机床的映射

(2) **刀具和刀柄的映射** 系统刀具库是刀具库在软件中的映射。构建系统时根据现场刀具库的实际情况,录入库中所有刀具,依此定制用户专属的系统刀具库。软件系统刀具库中每一把刀具的基本信息、刀具参数、推荐加工参数都与库中的刀具相对应,如图1-3-5所示。

系统刀柄库是刀柄库在软件中的映射,包含库中所有的刀柄型号。构建系统时根据现场刀柄库的实际情况录入刀柄信息,定制用户专属的系统刀柄库,如图1-3-6所示。

(3) **夹具的映射** 系统夹具库是夹具库在软件中的映射,如图1-3-7所示,主要分为标准夹具和非标准夹具两大类。标准夹具主要指的是常用夹具,可以直接进行系统调用;非标准夹具主要指根据零件造型设计的非通用夹具,需在系统中构建夹具模型来满足虚拟装夹要求。

第一章　绪论

图 1-3-5　刀具的映射

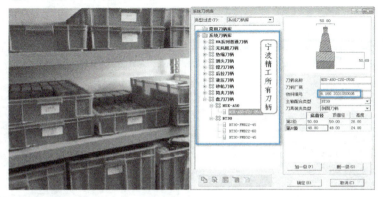

图 1-3-6　刀柄的映射

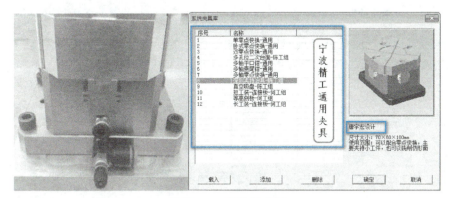

图 1-3-7　夹具的映射

四、数字化精密加工系统的应用

数字化精密加工系统将真实的生产要素全部映射到了软件环境中，即可在工艺编程过程中对加工路径、刀柄碰撞进行检查；由于系统的机床、刀具、刀柄参数与真实加工环境相同，也保证了机床仿真时检查结果的有效性。同时，由于在工艺编程中严格定义了生产过程，因此可有效提高生产过程的顺畅性和资源利用率。

15

下面以某铝合金样件为例,介绍数字化精密加工系统的应用方法。如图 1-3-8 所示,已知工件材料为 YZAlSi11Cu3 压铸铝合金,尺寸为 373.3mm×298.3mm×208mm,质量为 3.18kg,需完成图 1-3-8 中所示 1、2、3、4 几个部位面和孔的加工。

1. 编程阶段

(1) 加载文件模板　加载文件模板就是选择虚拟机床制造环境的过程,本例中选择北京精雕五轴高速加工中心 JDGR400_A15SH 完成此零件的加工。

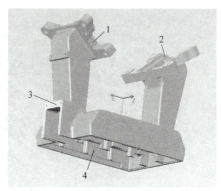

图 1-3-8　铝合金样件

(2) 导入加工模型　导入工件模型,并从系统夹具库中加载夹具模型,按照装夹状态调整好工件与夹具之间的位置关系,如图 1-3-9 和图 1-3-10 所示。

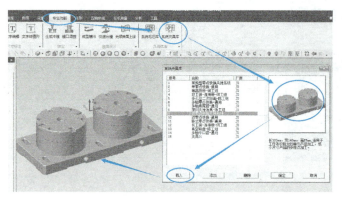

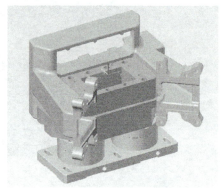

图 1-3-9　导入夹具　　　　　　　　　　图 1-3-10　导入加工模型

(3) 建立刀具表　从系统刀具库中选择加工所需的所有刀具,并依次修改刀具输出编号、加工速度及加工参数,完成刀具的添加,如图 1-3-11 所示。

 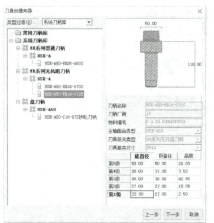 

a) 选择刀具　　　　　　　　　b) 选择刀柄　　　　　　　　c) 修改参数

图 1-3-11　添加刀具

（4）**编制程序**　该工件需采用单线切割的加工方法，在计算加工路径时，软件自动完成过切检查和刀柄碰撞检查，生成加工路径。计算结束后，会弹出图 1-3-12 所示的路径计算结果，提示信息包括路径的安全情况（有无过切或碰撞）及刀具装夹指导信息。

（5）**机床仿真**　机床仿真是将工件摆上机床模型后进行的，可以看作是实际加工状态在软件中的模拟，如图 1-3-13 所示。其目的在于检查机床钣金与工件夹具之间是否存在干涉，以及各个运动轴是否有超程现象。

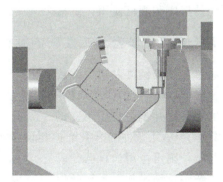

图 1-3-12　路径计算结果　　　　　　图 1-3-13　机床仿真

（6）输出工艺文件和 NC 程序

1）输出工艺文件。工艺文件中包含了输出路径及所用物料的各类信息，是沟通编程与加工的重要桥梁，如图 1-3-14 所示。

序号	路径名称	加工方法	刀具编号	刀具物料编号	刀具直径	圆角半径	刀柄物料编号	侧边余量	底面余量	安全高度	用对定位高度	路径间距	吃刀深度	主轴转速	进给速度	输出文件目录	加工时间
1	单线切割(关闭)	单线切割	13	4.3.06.07.00187	10	—	6.150.2020060089	0	0	20	20	—	0.5	16000	6000	C:\Users\haowenru\Desktop\宁波桥工-天桥试算.NC	0:00:00
2	复制单线切割(关闭)	单线切割	2	0.0.00.0000000000	10	—	6.150.2020060089	0	0	20	20	—	1	8000	3000	C:\Users\haowenru\Desktop\宁波桥工-天桥试算.NC	0:00:00
3	单线切割(关闭)	单线切割	4	4.3.06.07.00187	10	—	6.150.2020060089	0	0	20	20	—	0.5	16000	6000	C:\Users\haowenru\Desktop\宁波桥工-天桥试算.NC	0:00:00
4	复制单线切割(关闭)	单线切割	2	0.0.00.0000000000	10	—	6.150.2020060089	0	0	20	20	—	1	8000	3000	C:\Users\haowenru\Desktop\宁波桥工-天桥试算.NC	0:00:00
5	单线切割(关闭)	单线切割	2	0.0.00.0000000000	10	—	6.150.2020060089	0	0	20	20	—	1	8000	3000	C:\Users\haowenru\Desktop\宁波桥工-天桥试算.NC	0:00:00
6	复制单线切割(关闭)	单线切割	2	0.0.00.0000000000	10	—	6.150.2020060089	0	0	20	20	—	1	8000	3000	C:\Users\haowenru\Desktop\宁波桥工-天桥试算.NC	0:00:00
7	钻孔	钻孔	2	0.0.00.0000000000	10	—	6.150.2020060089	—	—	5	2	—	1	200	500	C:\Users\haowenru\Desktop\宁波桥工-天桥试算.NC	0:00:00
8	单线切割(左偏)	单线切割	1	0.0.00.0000000000	12	—	6.150.2020060089	-0.5	0	10	10	—	0.8	6000	3000	C:\Users\haowenru\Desktop\宁波桥工-天桥试算.NC	0:00:00
9	复制单线切割(左偏)	单线切割	3	0.0.00.0000000000	10	—	6.150.2020060089	0	0	10	10	—	0.8	8000	3000	C:\Users\haowenru\Desktop\宁波桥工-天桥试算.NC	0:00:00
10	复制(2)单线切割(左偏)	单线切割	3	0.0.00.0000000000	10	—	6.150.2020060089	0	0	10	10	—	0.8	8000	3000	C:\Users\haowenru\Desktop\宁波桥工-天桥试算.NC	0:00:00
11	单线切割(关闭)	单线切割	3	0.0.00.0000000000	10	—	6.150.2020060089	0	0	10	10	—	0.8	8000	3000	C:\Users\haowenru\Desktop\宁波桥工-天桥试算.NC	0:00:00
12	单线切割(右偏)	单线切割	3	0.0.00.0000000000	10	—	6.150.2020060089	0	0	10	10	—	0.8	8000	3000	C:\Users\haowenru\Desktop\宁波桥工-天桥试算.NC	0:00:00
13	复制(刀)单线切割(右偏)	单线切割	3	0.0.00.0000000000	10	—	6.150.2020060089	0	0	10	10	—	0.8	8000	3000	C:\Users\haowenru\Desktop\宁波桥工-天桥试算.NC	0:00:00
14	单线切割(左偏)	单线切割	3	0.0.00.0000000000	10	—	6.150.2020060089	0	0	10	10	—	0.8	8000	3000	C:\Users\haowenru\Desktop\宁波桥工-天桥试算.NC	0:00:00
15	钻孔	钻孔	5	0.0.00.0000000000	3.4	—	6.150.2020060089	—	—	5	2	—	3	3000	1000	C:\Users\haowenru\Desktop\宁波桥工-天桥试算.NC	0:00:00
16	M4		6	0.0.00.0000000000		—	6.150.2020060089			5	2	—	13	500	375	C:\Users\haowenru\Desktop\宁波桥工-天桥试算.NC	0:00:00
17	单线切割(关闭)	单线切割	3	0.0.00.0000000000	10	—	6.150.2020060089	0	0	10	10	—	0.8	8000	3000	C:\Users\haowenru\Desktop\宁波桥工-天桥试算.NC	0:00:00
18	钻孔	钻孔	7	0.0.00.0000000000	4.2	—	6.150.2020060089	—	—	10	10	—	3	2500	1000	C:\Users\haowenru\Desktop\宁波桥工-天桥试算.NC	0:00:00
19	钻孔	钻孔	8	0.0.00.0000000000	5	—	6.150.2020060089	—	—	10	10	—	3	400	320	C:\Users\haowenru\Desktop\宁波桥工-天桥试算.NC	0:00:00
加工总时间																	0:00:00

图 1-3-14　工艺文件

2）输出 NC 程序。程序文件中包含了加工路径、测量路径、刀具信息及管控信息等，可通过移动存储器保存至机床端，为后续加工提供数据支撑。

2. 加工过程

加工前，机床操作人员需对照工艺文件进行刀具、刀柄、毛坯和夹具等物料的准备工作，并进行工件的装夹。按下程序启动键后，机床可以自动按程序设计运行，完成工件加工。

综上所述，相比于传统编程和加工过程，基于 CAM 软件和虚拟加工技术的数字化精密加工系统不再拘泥于"编程"这个概念,而是承担起连接编程上下游环节的角色,其变化是显而易见的。

1) 规范的编程流程和全程安全检查降低了程序本身的风险。

2) 编程人员在 CAM 软件端就能看到所有可用资源,程序输出带有完整的物料信息,打通了编程和加工的壁垒,提升了加工效率和资源使用率。

3) 从编程到加工的各个环节,均可避免因误操作带来的撞机风险。通过数字化精密加工系统的搭建和规范使用,使整个生产过程变得安全可控。

五、数字化精密加工系统的维护与升级

通过上述案例可以知道,数字化精密加工系统可有效地将虚拟仿真与实际加工过程联系起来,将 CAM 软件的作用从单一的编程工具拓展到现场管理。然而在实际生产中,数字化精密加工系统并不是一成不变的,需根据用户及加工现场的实际情况动态地进行维护与升级。其中,CAM 软件的升级维护和设备更新的部分由系统厂商负责,而后续现场数据库的更新与维护则可由用户自己完成。

在数字化精密加工系统的维护升级中,现场数据库的维护尤为关键,主要包括以下几方面。

(1) 机床数据更新　制造厂商需要以用户现场添加的新型号机床为依据,在系统机床库中添加机床模型,并确保编程中计算和模拟时使用的机床模型参数与真实机床相对应。

(2) 夹具数据更新　由用户将新增夹具模型导入到系统软件中,方便编程人员在编程时从系统夹具库中调用。

(3) 刀具形态和切削参数更新　刀具库更新内容主要包括刀具的几何参数和绑定在刀具上的推荐切削参数,可由用户自行更新。

(4) 刀柄数据更新　刀柄数据库的更新与刀具类似,用户可依据刀柄的变化在系统刀柄库中进行增减和修改。

(5) 根据行业特点形成专业编程模式　制造厂商可根据不同行业工件的工艺特点,为其制作适用的编程模板和软件界面,确保系统编程和仿真过程符合行业习惯。

思 考 题

1. 讨论题

(1) 什么是制造系统?其中的软件和硬件分别包括什么?

(2) "中国制造 2025"的发展背景是什么?

(3) "中国制造 2025"战略分几步,分别都是什么?

(4) 先进制造技术的特点是什么?

(5) 什么叫作先进制造工艺?

(6) 精密加工的特点是什么?

(7) 为什么需要在机测量技术?可以用它实现什么功能?

2. 填空题

(1) 先进制造技术包括 (　　)、(　　)、(　　)、(　　)、(　　) 5 项。

(2) 无论从经济技术还是从社会效益角度,都可清晰地看出,先进制造工艺具有 (　　)、(　　)、

低耗、洁净和灵活的特点。

（3）数字化制造主要依靠软件实现产品设计、加工、装配等环节相关数据的可视化，包括计算机辅助设计、计算机辅助工程、计算机辅助制造、（　　）、（　　）、（　　）。

（4）自第一次工业革命至今已有两百多年历史，制造业在生产方式上已经由多品种小批量走向（　　）。

（5）数字化精密加工系统的优越性体现在（　　）、（　　）、（　　）。

（6）在映射物理加工环境时，需要将真实加工中用到的物理模型分类导入软件中，按类别建立数据库，形成编程环境与真实加工环境的映射关系，具体包括机床的映射、（　　）、（　　）。

（7）在数字化精密加工系统的维护升级中，现场数据库的维护尤为关键，主要包括机床数据更新、夹具数据更新、（　　）、（　　）、根据行业特点形成专业编程模式。

3. 选择题

（1）下列（　　）不属于高速切削加工的特点。

A. 切削力大　　　　　　　　　B. 热变形小
C. 材料切除率高　　　　　　　D. 加工质量高

（2）中国工程院将"数字化制造"作为智能制造的第一种基本范式和第一代智能制造，并将数字化制造描述为在制造领域广泛应用数字化技术，至少包括了三部分内容，下列（　　）不属于其中的一项。

A. 数字化技术　　　　　　　　B. 数字化装备
C. 数字化制造系统　　　　　　D. 数字化研发

（3）下列（　　）不属于"工业4.0"的主要内容。

A. 信息物理系统　　　　　　　B. 领先的市场和供应商
C. 资源及信息的集成与整合　　D. 高端机床的研发

第二章

SurfMill软件基础知识

知识点介绍

1）SurfMill 软件概况。
2）SurfMill 软件工作环境。
3）SurfMill 软件编程流程。

能力目标要求

1）熟悉 SurfMill 软件的界面。
2）熟悉 SurfMill 软件的三大功能模块。
3）了解 SurfMill 软件的编程流程。
4）通过对 SurfMill 基础知识的学习，养成踏实稳重的学习习惯。

第一节　SurfMill 软件概述

一、SurfMill 软件简介

SurfMill 软件是北京精雕科技集团有限公司自主研发的一款通用且极具特色的 CAD/CAM 软件，是数字化精密制造载体。它具有完善的基于曲面造型的设计功能，包含丰富的平面加工和曲面加工策略，具有专业的智能化在机检测程序编制功能模块，具备完善且开放的制造数据库，可为用户提供可靠的数字化精密制造平台，能够有效支撑基于制造工艺的数字端虚拟验证，同时具备叶轮加工、齿轮加工等专业领域制造解决方案，广泛应用于精密模具制造、精密电极制造、光学模具制造、精密零件制造等行业。

二、SurfMill 软件的安装

1）运行 SurfMill X64 安装包，弹出安装界面，如图 2-1-1 所示，软件提供了三种语言环境，选择安装语言，单击"下一步按钮"，开始安装。

2）接受用户协议，选中"我接受许可证协议中的条款（A）"，单击"下一步"按钮，如图 2-1-2 所示。

3）选择 SurfMill 安装路径，单击"下一步"按钮，如图 2-1-3 所示。

4）选择所需要的安装类型，单击"下一步"按钮，如图 2-1-4 所示。

第二章 SurfMill软件基础知识

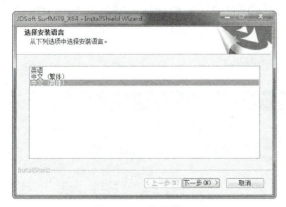

图 2-1-1 安装界面

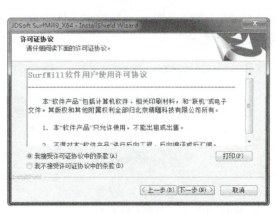

图 2-1-2 接受许可证协议

图 2-1-3 选择安装路径

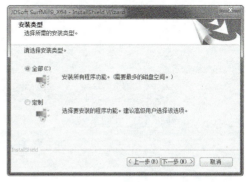

图 2-1-4 选择安装类型

5）软件开始安装，如图 2-1-5 所示。

6）安装完成，单击"完成"按钮，如图 2-1-6 所示。

图 2-1-5 正在安装

图 2-1-6 安装完成

第二节　SurfMill 软件功能

一、软件工作环境

SurfMill 软件主窗口主要由快速访问工具栏、菜单栏、Ribbon 区、导航工作区、状态提示栏、工具条、绘图区和参数输入区组成，包括 2D 绘制、3D 造型和加工环境三个导航区，如图 2-2-1 所示。

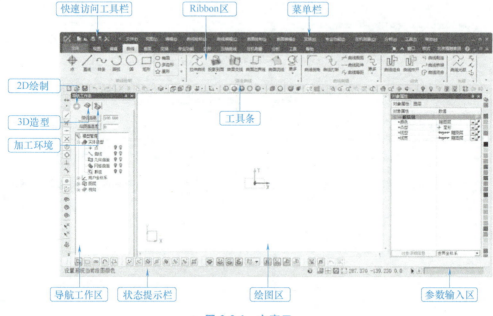

图 2-2-1　主窗口

1. 快速访问工具栏

显示快速访问工具命令，如"打开""新建""保存"等。

2. 菜单栏

菜单栏将系统的功能通过主菜单及其各级子菜单进行分类管理，系统中大多数命令都可以从菜单中启动。由于 SurfMill 软件引入了 Ribbon 区，所以默认将菜单隐藏起来，用户可以根据需要调出菜单。

3. Ribbon 区

Ribbon 区将常用功能入口放置在各个标签中，便于用户快速启动命令。在不同的工作环境下，其显示的标签也不同。它主要包含的公共标签有"文件""编辑""分析"和"帮助"。用户可以控制标签和命令的显示及隐藏。

"文件"标签主要用于创建、保存、输入、输出文件和系统设置等操作；"编辑"标签主要用于对图层、当前视图和坐标系等进行操作；"分析"标签主要提供了如长度、角度、曲面曲率分析等实用的工具；"帮助"标签主要提供了使用软件所遇到的各种问题的解决办法。

4. 导航工作区

导航工作区主要是提供一种快捷的操作导航工具，用于引导用户进行与当前状态或操作相关的工作，主要包含 2D 绘制、3D 造型和加工环境导航区。当进行命令操作时，会增加"命令"导航区。

5. 状态提示栏

状态提示栏主要是为了提示当前操作处于什么状态，以便进行下一步操作。

6. 工具条

工具条汇集了比较常用的工具，可以不必通过菜单层层选择，只需要通过单击各种工具按钮，即可调用命令。每个人经常使用的工具是不一样的，因此 SurfMill 软件提供了定制功能，用户可以根据自己的使用情况来定制工具栏。

另外，当工具图标右侧有 ▼ 符号时，表示这是一个工具组，其中包含数量不等、功能相近的工具按钮，单击该符号便会展开相应的列表框，如图 2-2-2 所示。单击工具条右上方的 ▼ ，可以自定义添加、删除工具按钮到工具条。

图 2-2-2 工具条

7. 绘图区

绘图区是工作界面中最大的区域，是进行模型设计和显示的场所。系统允许用户修改绘图区中的背景颜色。

8. 参数输入区

参数输入区主要用于输入点的坐标值和快速启动命令。

二、2D（平面）绘制

2D 绘制功能模块主要包括曲线、变换和艺术曲面等功能。图 2-2-3 所示为 2D 功能示例。"曲线"菜单主要提供了系统中常用的曲线绘制、曲线编辑命令；"变换"菜单主要提供了系统中常用的变换和转换命令；"艺术曲面"菜单主要提供了艺术曲面、标准曲面和展平及映射拼合等曲面绘制和变换命令。

三、3D（立体）造型

SurfMill 软件不仅具有强大的 2D 曲线绘制功能，而且具有完善的 3D 造型功能。单击导航工作区中的"3D 造型"按钮，进入 3D 造型主界面，如图 2-2-4 所示。

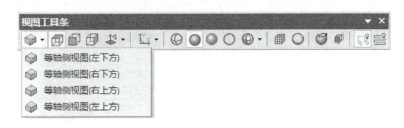

图 2-2-3 2D 功能示例

3D 造型功能模块主要包括曲线、曲面、变换、专业功能、五轴曲线和在机测量等功能。图 2-2-5 所示为 3D 功能示例。

"曲线"菜单主要提供了基本和派生曲线绘制、曲线编辑命令；"曲面"菜单主要提供了标准和自由曲面的造型、曲面编辑命令；"变换"菜单主要提供了常用的图形变化和类型转换命令；"专业功能"菜单主要提供文字编辑、齿轮造型和模具设计等专业功能所需的命令；"五轴曲线"菜单主要提供了五轴曲线的初始化、编辑等命令；"在机测量"菜单主要提供创建、编辑测量点等常用命令。

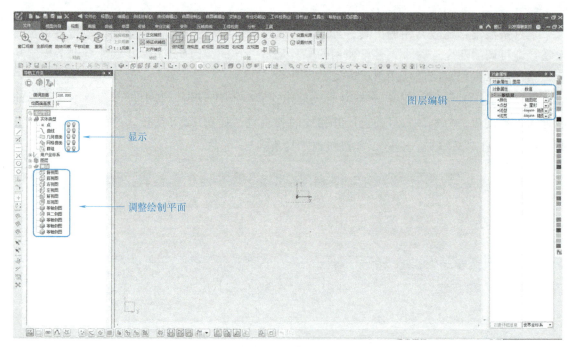

图 2-2-4　3D 造型主界面

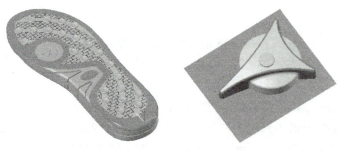

图 2-2-5　3D 功能示例

四、CAM 加工

为了提高软件编程的规范性和路径安全性，SurfMill 虚拟制造平台将实际生产加工流程映射到编程流程，新建文件时会自动进入精密加工环境，引导用户一步步规范编程。SurfMill 系统默认导航工作区的状态为加工环境，如图 2-2-6 所示。

加工环境模块主要包括项目设置、刀具路径、三轴加工、多轴加工、特征加工、在机测量和路径编辑等功能。

"项目设置"菜单主要提供了项目向导、项目设置的常用命令；"刀具路径"菜单主要提供刀具路径过切、碰撞检查和机床模拟等常用命令；"三轴加工"菜单提供了 2.5 轴和三轴加工方法；"多轴加工"菜单主要提供了五轴加工方法；"特征加工"菜单主要提供了叶轮、齿轮和倒角等特征类型的加工方法；"在机测量"菜单主要提供了工件位置偏差修正、元素检测、特性评价、补偿加工以及检测报告输出等功能。

第二章 SurfMill软件基础知识

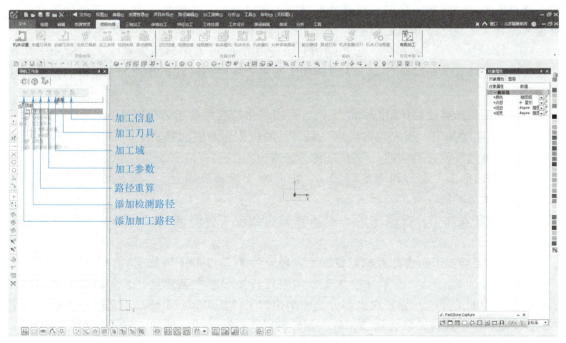

图 2-2-6 加工环境主界面

1. 数控编程

SurfMill 软件不仅提供了完善的曲面造型模块，还提供了 2.5 轴、三轴、多轴、特征加工等多种加工策略，能够为用户提供安全、稳定、高效的加工路径。图 2-2-7 所示为加工模块示例。

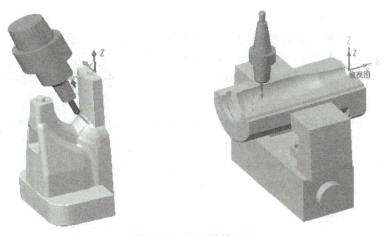

图 2-2-7 加工模块示例

（1）2.5 轴加工　SurfMill 软件提供了多种基于点、单线、闭合区域的 2.5 轴加工方法，主要有钻孔、扩孔、铣螺纹、单线切割、单线摆槽、轮廓切割、区域加工、残料补加工、区域修边和三维清角共 10 种。2.5 轴加工常应用于规则零件加工、玻璃面板磨削、文字雕刻等领域。

（2）三轴加工　三轴加工主要包括分层区域粗加工、曲面残料补加工、曲面精加工、

25

曲面清根加工、成组平面加工、投影加深粗加工和导动加工 7 种加工方式。三轴加工常应用于精密模具、工业产品等加工行业。

(3) 多轴加工　一般约定，运动轴数目大于 3 的机床为多轴加工机床。多轴加工是指多轴机床同时联合运动轴数目大于 3 时的加工形式，这些轴可以是联动的，也可以是部分联动的。

根据多轴机床运动轴配置形式的不同，可以将多轴数控加工分为以下几种。

1）四轴联动加工：指在四轴机床（最常见的机床运动轴配置是 X、Y、Z、A 四轴）上四根运动轴可同时联合运动的一种加工形式。

2）3+1 轴加工：也称四轴定位加工。它是指在四轴机床上，3 根直线轴可联动加工，而旋转轴间歇运动的一种加工形式。

3）五轴联动加工：指机床的 5 根运动轴在加工工件时能同时协调运动的一种加工形式。

4）五轴定轴加工：也称五轴定位加工，可分为 3+2 和 4+1 轴加工。3+2 轴加工是指在五轴机床上进行 X、Y、Z 三轴联合加工，两根旋转轴固定在某角度，3+2 轴加工是五轴加工中最常用的加工方式，能完成大部分侧面结构的工件加工；4+1 轴加工是指在五轴机床上 3 根直线轴和 1 根旋转轴联合运动，另一旋转轴做间歇运动的一种加工形式。

SurfMill 软件根据不同的加工需求和机床特点提供了五轴钻孔、五轴铣螺纹、五轴曲线、四轴旋转、曲面投影、曲面变形、曲线变形、多轴侧铣、多轴区域和多轴区域定位 10 种多轴加工策略。多轴加工常应用于模具、工业模型等行业以及多轴加工、多轴刻字、雕花、倒角修边加工领域。

(4) 特征加工　特征加工主要包括五轴叶轮加工、倒角加工等加工方式，常用于包括叶轮、倒角等特征类型的模型。

2. 虚拟制造

虚拟制造是利用计算机以可视化的、逼真的形式来直观表示零件数控加工过程，如车、镗、铣、钻等实际产品加工的本质过程。对干涉、碰撞、切削力和变形进行预测和分析，减少或消除因参数设置错误而导致的机床损坏、刀具折断以及因切削力和切削变形造成的薄型或精密零件的报废，从而进一步优化切削用量，提高加工质量和加工效率。

SurfMill 软件基于 DT 技术，在软件中构建虚拟制造场景，串联起编程端、物料端和机床端，实现精准虚拟制造，如图 2-2-8 所示，使用户在工艺规划阶段引入实际生产所需的刀具、刀柄和夹具等，提升物料准备的准确性。同时，对基于生产使用的物料进行安全检查和切削过程模拟，将在机床端才能发现的碰撞风险全部显示在编程端，以降低设备试切加工时间，提升设备运行效率。

3. 在机测量

在机测量是以机床为载体，附以相应的测量工具（硬件包括机床测头、机床对刀仪等，软件包括宏程序、专用 3D 测量软件等），在工件加工过程中，实时在机床上进行几何特征测量的一种检测方式。根据检测数据可以进行数学计算、几何评价、工艺改进等工作，因此在机测量是过程控制的重要环节。

SurfMill 软件的在机测量模块通过将测量程序的设计编写工作移植到 CAM 软件中，使其和刀具路径编程一样简便直观，提升了探测计算程序的编写效率，降低了在机测量技术的使

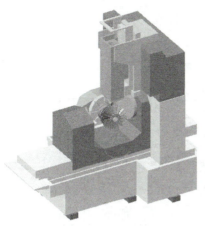 

图 2-2-8 虚拟制造示例

用难度。图 2-2-9 所示为在机测量示例。

 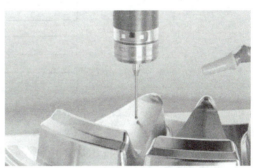

图 2-2-9 在机测量示例

第三节 SurfMill 软件编程实现过程

由于 SurfMill 软件的 CAD/CAM 功能已相当成熟，因此使得数控编程的工作也大大简化，对编程人员的技术背景、创造力的要求也大大降低。SurfMill 软件编程的实现过程如图 2-3-1 所示。

1. 选择文件模板

文件模板对于一台机床来说是加工环境和工艺方案的映射。文件模板可以保存机床、刀具刀柄、图层分类、常用的坐标系及刀具平面路径信息等，下次新建加工文件时可以直接调用，无须再次从机床开始配置相关参数，只需要根据模型稍作修改即可。对于同类型、不同型号的批量产品来说，使用文件模板进行编程十分快捷，常用于精密模具、微小零件中。

2. 输入 CAD 模型

CAD 模型是数据编程的前提和基础，任何 CAM 的程序编制必须有 CAD 模型为加工对象。获得 CAD 模型的方法通常有以下 3 种。

1）打开用 SurfMill 软件设计并保存的 CAD 文件。

2）使用 SurfMill 软件直接造型。

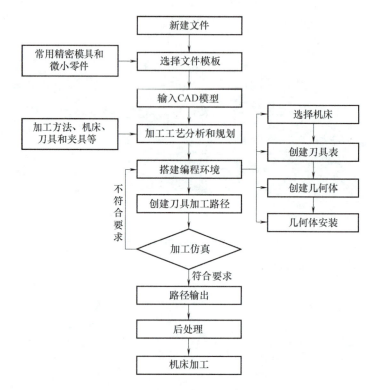

图 2-3-1 SurfMill 软件编程实现过程

3）将其他格式的模型文件转换成 SurfMill 软件可读取的格式文件。

3. 加工工艺分析和规划

加工工艺分析和规划的主要内容如下：

（1）加工机床　通过对模型的分析，确定工件的加工机床。

（2）安装位置和装夹方式　分析确定零件在机床上的安装方向、确定定位基准，并选择合适的夹角，确定加工坐标系及原点位置。

（3）加工区域规划　即对加工对象进行分析，按其形状特征、功能特征及精度、表面粗糙度要求将加工对象分成多个加工区域。对加工区域的合理规划可以提高加工效率和加工质量。

（4）加工工艺路线规划　即从粗加工到精加工再到清根加工的流程及加工余量分配。

（5）加工工艺和加工方式　如刀具的选择、加工工艺参数和切削方式选择等。

4. 搭建编程环境

在编写加工路径之前，需要对当前的加工环境进行配置，包括选择机床、创建刀具表、创建几何体和几何体安装。

（1）选择机床　选择合适的机床，对加工环境的机床进行虚拟配置。

（2）创建刀具表　针对每步工序选择合适的加工刀具并在软件中设置相应的加工参数。

（3）创建几何体　根据现有模型，设置工件、毛坯和夹具。

（4）几何体安装　对工件进行摆正，确定工件在机床上的安装方向，确定加工坐标系等。

5. 创建刀具加工路径

在完成编程环境的搭建后，就开始编写加工路径，包括：

（1）加工程序参数设置　包括进退刀位置及方式、切削用量、行间距、加工余量、安全高度等。这是 CAM 软件参数设置中最主要的一部分内容。

（2）路径计算　将编写的加工程序提交 SurfMill 系统，软件自动完成刀轨的计算。

6. 加工仿真

为确保程序的安全性，必须对生成的刀轨进行仿真模拟。

（1）过切、干涉检查　检查加工过程是否存在过切、碰撞等风险，保证加工安全。

（2）线框、实体模拟　进行线框、实体仿真加工。直接在计算机屏幕上观察加工效果，可以直观地检查是否过切或者干涉。

（3）机床仿真　采用与实际加工完全一致的机床结构，模拟机床动作，这个过程与实际机床加工十分类似。

对检查中发现问题的程序，应调整参数设置重新进行计算，再做检验。

7. 路径输出

进行路径输出时应检查路径安全状态，检查到过切、刀柄碰撞、机床碰撞的路径不允许输出，安全状态未知的路径需用户确认之后才能输出。输出路径文件主要有 ENG、NC 两种格式。

8. 后处理

后处理实际上是一个文本编辑处理过程，其作用是将计算出的刀具路径以规定的标准格式转化为 NC 代码并输出保存。

9. 机床加工

在后处理生成数控程序之后，还需要检查这个程序文件，特别是对程序头和程序尾部分的语句进行检查，如有必要可以修改。这个文件可以通过传输软件传输到数控机床的控制器中，由控制器按程序语句驱动机床加工。

在上述过程中，编程人员的工作主要集中在加工工艺分析和规划、创建刀具加工路径这两个阶段，其中加工工艺分析和规划决定了刀轨的质量，创建刀具加工路径则构成了软件操作的主体。

思　考　题

1. 讨论题

（1）SurfMill 软件是一款什么软件？可以实现什么功能？

（2）SurfMill 软件的三导航区分别是什么？

（3）SurfMill 软件的主窗口都由哪些栏目构成？

（4）什么是虚拟制造？

2. 填空题

（1）CAD 模型是 NC 编程的前提和基础，任何 CAM 的程序编制必须有 CAD 模型为加工对象。获得 CAD 模型的方法通常有（　　）、（　　）、（　　）。

（2）加工工艺分析和规划的主要内容包括机床加工、安装位置和装夹方式、（　　）、（　　）、（　　）。

（3）在编写加工路径之前，需要对当前的加工环境进行配置，包括（　　）、（　　）、（　　）、几何体安装。

（4）在完成编程环境的搭建后，就开始编写加工路径，其中需要对加工程序参数进行设置，包括进退刀位置及方式、（　）、（　）、（　）、安全高度等。这是 CAM 软件参数设置中最主要的一部分内容。

（5）为确保程序的安全性，必须对生成的刀轨进行仿真模拟。常用的三种模拟方式分别为（　）、（　）、（　）。

（6）进行路径输出时应检查路径安全状态，检查到过切、刀柄碰撞、机床碰撞的路径不允许输出，安全状态未知的路径需用户确认之后才能输出。输出路径文件主要有（　）、（　）两种格式。

3. 选择题

根据多轴机床运动轴配置形式的不同，可以将多轴数控加工分为 4 种，下列（　）不属于多轴加工的加工方式。

A. 四轴联动加工　　　　　　B. 3+1 轴加工
C. 五轴联动加工　　　　　　D. 导动加工

第三章

SurfMill软件基本操作

知识点介绍

1）文件的创建方法。
2）零件的选择。
3）显示模式以及图层的设置方法。

能力目标要求

1）掌握文件的各种操作方法。
2）掌握系统设置的方法。
3）掌握图层的设置管理方法。
4）学会自定义合适的用户界面。
5）学会查阅帮助文档。
6）通过对 SurfMill 软件基本操作的学习，更好地适应产业数字化变革。

第一节 文 件 操 作

"文件"菜单中包含各种常用的文件管理命令，可用于创建新的文件、打开已有的文件、保存或另存文件、查找 ESCAM 格式文件、输入/输出其他格式文件、打印文件、管理多文档等，如图 3-1-1 所示。

一、新建和打开文件

1. 新建文件

在 SurfMill 软件主窗口单击"文件"→"新建"按钮，即可打开"新建"对话框。

为了方便设计，SurfMill 软件增加了模板功能。新建文件时，系统会提供给用户一些常用文件模板，如图 3-1-2 所示。用户可以使用系统提供的模板文件，也可以自定义模板进行保存及使用，具体操作方法可查阅帮助文档。

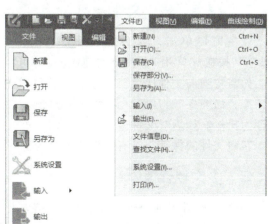

图 3-1-1 文件操作

图 3-1-2 选择文件模板

2. 打开文件

通过"打开文件"命令可以直接进入与文件相对应的操作环境。在主窗口单击"文件"→"打开"按钮，即可打开"打开"对话框，如图 3-1-3 所示。

在对话框中选择需要打开的文件，"预览"窗口将显示所选图形（需勾选"预览"复选框），然后单击"打开"按钮即可打开文件。

还可以通过"最近的文档"命令快速打开近期打开过的文件。

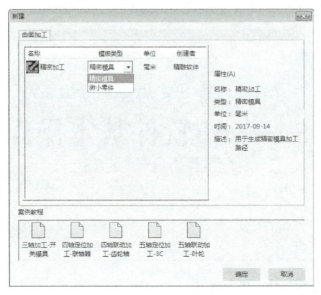

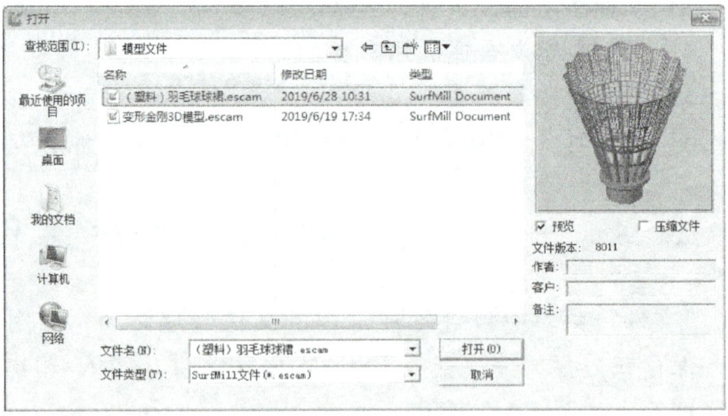

图 3-1-3 "打开"对话框

二、保存或另存文件

在主窗口单击"文件"→"保存"按钮（常用<Ctrl+S>快捷键），即可将文件保存到原路径。

如需将当前文件保存至其他路径，可单击"文件"→"另存为"按钮，打开"另存为"对话框，如图 3-1-4 所示，设置另存路径、文件名等后，单击"保存"按钮即可完成文件的另存为操作。如需对文件进行数据压缩，可勾选"压缩文件"复选框。

新建文件的保存与已有文件的另存为操作相同。

三、多文档管理

SurfMill 软件提供了多文档功能，支持多个文档同时打开。支持层叠、水平平铺和垂直平铺 3 种窗口显示样式，如图 3-1-5 所示。单击不同文件的名称，可以实现多窗口切换，即通过"窗口"菜单可在多个文档之间进行切换，如图 3-1-6 所示，便于在操作时查看其他文档。

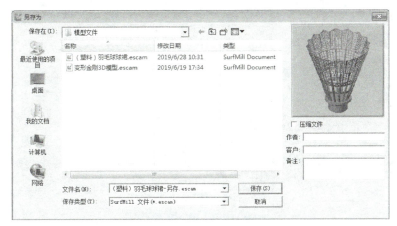

图 3-1-4 "另存为"对话框

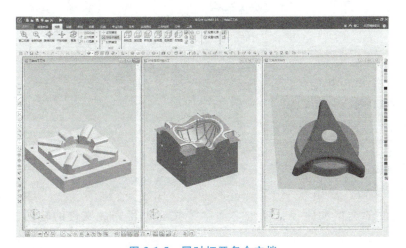

图 3-1-5 同时打开多个文档

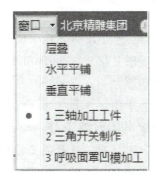

图 3-1-6 多文档切换

四、输入/输出文件

SurfMill 软件具有与其他软件进行数据共享的能力，支持丰富的交换格式，如 STEP、IGES、DXF 等通用格式。因此，可以充分利用其他专业软件所做的设计和加工数据。

1. 输入文件

"输入"命令与"打开"命令不同，"输入"命令不破坏当前的工作环境，新输入的数据与原设计并行存在，输入的数据独立成块，不影响原设计数据；而"打开"命令如同开始一个新设计一样，会破坏当前的工作环境，然后将工作环境全部交给新打开的图形数据。

01. 输入输出文件

如需打开设计软件创建的数据文件，需先打开或新建一个模型；再单击"文件"→"输入"按钮，选择种类，在弹出的"输入"对话框中设置文件类型并选择需要输入的文件，如图 3-1-7 所示，然后单击"打开"按钮，弹出图 3-1-8 所示对话框，确认无误后单击"确定"按钮，即可完成文件的输入。

图 3-1-7　输入文件

SurfMill 软件加工环境支持加工数据和系统文件的输入，不支持三维曲线、曲面和点阵图像的输入。

2. 输出文件

SurfMill 软件可将现有模型输出为其他类型文件，如 IGES、STL、OBJ、DXF 等，还可以输出为图片格式（SurfMill 软件加工环境无文件输出功能）。

单击"文件"→"输出"按钮，在导航栏选择输出图形的条件，单击 ✓ 按钮，弹出"输出"对话框，选择需要输出文件的类型和路径，单击"保存"按钮即可完成文件的输出，如图 3-1-9 所示。

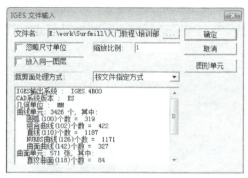

图 3-1-8　IGES 格式文件输入设置

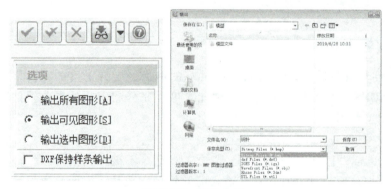

图 3-1-9　输出文件

第二节　系统设置

系统设置功能可以设置系统的默认值。在设计时，可以根据需要，对基本系统参数进行修改。单击"文件"→"系统设置"按钮，即弹出"系统设置"对话框，可根据需要设置不同的参数，单击"确定"按钮即完成设置，如图3-2-1所示。

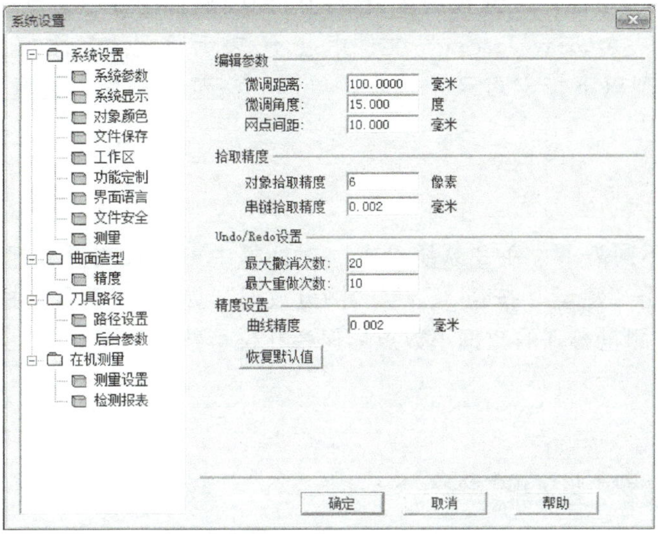

图 3-2-1 "系统设置"对话框

一、系统参数

在"系统设置"对话框中单击"系统参数"按钮，显示"系统参数"界面，包括"编辑参数""拾取精度""Undo/Redo 设置"和"精度设置"4 组参数。

1. 编辑参数

（1）微调距离　使用键盘的上、下、左、右键将被选图形在 4 个方向上移动的距离。

（2）微调角度　按住<Shift>键，使用键盘的上、下、左、右键将被选图形在平面内旋转所需角度。

（3）网点间距　使用网格捕捉时，设定坐标变化的位移量，也就是相邻两点间的距离。

2. 拾取精度

（1）对象拾取精度　用鼠标选择对象时，单击位置和拾取到的对象在屏幕上的最大像素误差值。

（2）串链拾取精度　串联拾取曲线链对象时，两相邻曲线能够成功被串联拾取时端点处的最大间隙值。

3. Undo/Redo 设置

（1）最大撤销次数　设置编辑菜单中撤销命令的最大有效次数。

（2）最大重做次数　设置编辑菜单中重做命令的最大有效次数。

4. 精度设置

（1）曲线精度　构成曲线关键点的两点间的距离。

（2）恢复默认值　将设置全部恢复到系统的默认值。

二、文件保存

为了减少某些意外导致的数据丢失，系统设置了软件自动备份功能。在"系统设置"

对话框中单击"文件保存"按钮，显示"自动保存"界面，如图 3-2-2 所示。

"文件保存"功能可以将设计数据按设定的时间间隔自动保存。默认保存到 SurfMill 应用程序目录下的"*_AutoSave.escam"文件中（*_表示原文件名称）；如需保存到指定目录，可选中"保存到以下指定目录"选项，单击"浏览"按钮，设置自动保存的文件夹位置。

三、测量

为满足用户的不同需求，在"系统设置"对话框中可设置测量数据的精度。在"系统设置"对话框中单击"测量"按钮，显示"测量数据"界面。"测量数据"默认值为 3，允许填写 1~10，表示测量得到的数据小数点后保留几位小数，如图 3-2-3 所示。

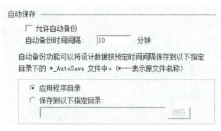

图 3-2-2　"自动保存"界面

图 3-2-3　测量

四、路径设置

针对刀具路径新建、计算、显示、输出等操作，提供了一些常用设置。在"系统设置"对话框中单击"路径设置"按钮，显示"路径设置"界面，如图 3-2-4 所示。

1. 刀具路径

勾选"启用多线程计算模式"，计算路径时可以提高多核 CPU 的使用率，缩短路径计算时间。同时，可通过"支持_核运算"来设置刀具路径计算时支持的最高 CPU 核数。

2. 刀具表/项目模板

勾选"新建文件时自动加载"，单击 选择模板，新建文件时可快速加载常用的刀具/项目模板。

3. 路径设置

勾选"变换加工方法时更改路径名称"，在"刀具路径"参数设置中更改加工方法后，路径名称更改为新的加工方法。输出路径时选择子程序模式，子程序号按照输入的数值开始增加。

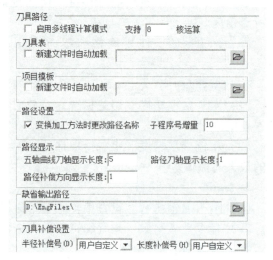

图 3-2-4　"路径设置"界面

4. 路径显示

（1）五轴曲线刀轴显示长度　用于控制五轴曲线刀轴的显示长度，如图 3-2-5a 所示。

(2) 路径刀轴显示长度　用于设置加工路径的刀轴显示长度，如图 3-2-5b 所示。

(3) 路径补偿方向显示长度　用于设置半径磨损补偿方向显示长度，如图 3-2-5c 所示。

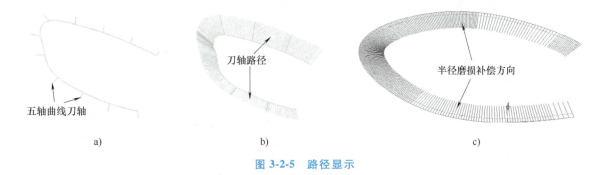

图 3-2-5　路径显示

5. 缺省输出设置

用于设定输出路径的默认存放位置。

6. 刀具补偿设置

刀具半径/长度补偿号的设定分为"输出编号"和"路径设定"两种方式。其中"输出编号"以当前路径中使用的刀具输出编号作为补偿号进行输出；"路径设定"以用户在当前路径中设定的补偿号为依据进行输出。

五、测量设置

在"系统设置"对话框中单击"测量设置"按钮，显示"测量显示"界面。勾选"测量点 ID 显示"，视图区生成的测量点旁边会默认显示 ID 号，且可以调整测量点 ID 尺寸和测量方向显示长度，如图 3-2-6 所示。

(1) 测量点 ID 尺寸　视图区显示的测量点 ID 数字的大小。

(2) 测量方向显示长度　视图区显示的测量点显示长度引线的尺寸，如图 3-2-7 所示。

图 3-2-6　测量设置　　　　　图 3-2-7　测量方向显示长度（左 2，右 5）

第三节　自定义用户界面

为了提高操作效率，系统允许用户根据自己的操作习惯来对菜单栏、工具条和快捷键等进行定制。右击菜单栏或者工具条区域，在弹出的右键菜单中选择"自定义"命令，在"自定义"对话框中可对菜单、工具条、快捷键或命令别名等进行定制，如图 3-3-1 所示。

一、自定义工具栏

根据自己的操作习惯，可以对系统提供的工具条进行定制。单击"自定义"对话框中的"工具栏"按钮,即切换到"工具栏"选项卡,如图3-3-2所示,勾选列表中工具条名称前的复选框,即可显示该工具条。单击"保存界面"按钮,可将自定义的工具栏以UIK格式保存为SurfMill配置文件;单击"载入界面"按钮,可将已保存的SurfMill配置文件载入并直接应用。

图3-3-1 "自定义"对话框

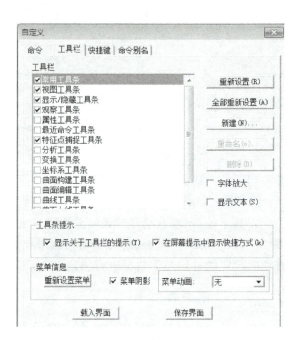

图3-3-2 "工具栏"自定义

二、自定义快捷键

根据自己的操作习惯,可以设置或更改快捷键。单击"自定义"对话框中的"快捷键"按钮,即切换到"快捷键"选项卡,如图3-3-3所示,单击需要设置快捷键命令的空白处,然后用键盘直接输入要设置的快捷键,即可完成快捷键的设置。单击"保存快捷键"按钮,可将对快捷键的设置以UIK格式保存为SurfMill配置文件;单击"读取快捷键"按钮,可将SurfMill配置文件载入并直接应用。

三、命令别名配置

在3D环境下,每一个命令都可以配置一个功能按键来快速启动命令,相当于对一个命令定义了一个别名。根据自己的操作习惯,可以给命令设置别名。单击需要设置别名的命令空白处,用键盘直接输入要设置的别名,即可完成命令别名的设置,如图3-3-4所示。单击"保存命令别名"按钮,可将对快捷键的设置以UIK格式保存为SurfMill配置文件;单击"读取命令别名"按钮,可将SurfMill配置文件载入并直接应用。

使用命令别名时,需通过单击"编辑"→"允许输入命令"按钮激活命令输入框(软件界面右下角),然后在命令输入框中输入该别名的英文字母后按<Enter>键,启动该字母所配置的命令,如图3-3-5所示。

图 3-3-3 "快捷键"自定义

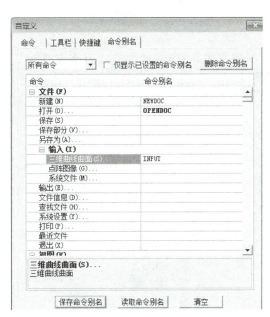

图 3-3-4 "命令别名"自定义

图 3-3-5 使用命令别名

第四节 显示操作

一、键盘操作

1. 键盘快捷键

为了提高产品设计的速度，SurfMill 软件针对常用命令操作提供了组合快捷键，供用户更加快速有效地操作该软件，如"新建"命令快捷键为<Ctrl+N>，窗口观察快捷键为<F5>，图层管理快捷键为<Alt+L>等。支持自定义。

2. 导航功能键

导航功能键是 SurfMill 软件特有的键盘快捷操作方式。之所以称为导航功能键，是因为这些键都出现在导航工具条中，随着不同的工具状态、不同的运行命令而动态地发生变化。用户可以通过按一个按键快速启动一个新的命令，或者完成命令中功能选项的选择。

一般而言，导航功能键都是可见的，凡在导航工具条中的按钮、检查框等控件，如果其标题具有一个被［］包括的下划线字符，那么该字符即是一个导航功能键。图 3-4-1 所示为绘制直线时导航工作条中的功能键配置，可通过<A><S><D><F><P>这几个导航功能键进行快速设置，从而完成各种不同方法的直线绘制。

3. 快速命令配置

可以通过输入自定义的命令别名来快速启动命令。

二、鼠标操作

鼠标在 SurfMill 软件中应用率非常高，而且应用功能强大，可以实现平移、缩放、旋转、绘制和拾取几何对象等操作。建议使用应用最广泛的三键滚轮鼠标，如图 3-4-2 所示。一个质量好的鼠标可以有效地提高设计造型的效率。

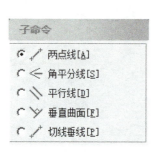

图 3-4-1 绘制直线子命令

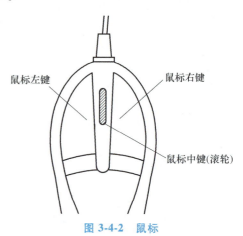

图 3-4-2 鼠标

（1）**鼠标左键** 单击鼠标左键，可用于选择命令菜单项、工具条按钮、绘制几何对象等。

（2）**鼠标中键** 在绘图区滚动鼠标的中键可进行视图的放大或缩小；长按鼠标中键并且移动指针可实现旋转视图观察。

（3）**鼠标右键** 单击鼠标右键可弹出快捷菜单；按住<Ctrl>键+鼠标右键并移动指针可实现旋转视图观察；按住<Shift>键+鼠标右键并移动指针可实现平移视图观察。

三、视图观察

在三维空间中观察三维模型，需要设定不同的观察角度，即图形视角。图形视角是当前屏幕上三维图形的观察角度，设定图形的观察视角相当于用照相机对模型从不同的角度进行拍照。在设计中常常需要通过观察模型来查看模型设计是否合理，SurfMill 软件提供的视图操作功能可以通过不同的视角来观察图形，也可以动态调整图形视角，让用户方便、快捷地观察模型，如图 3-4-3 所示。

02. 视图观察

1. 窗口观察

系统支持对图形进行窗口放大。用户可根据自己的需要，通过框选某一区域来对窗口内的对象进行放大观察。选择"窗口观察"命令后，指针会由 变为 ，在绘图区内通过按下鼠标左键并拖动框选某一区域，放开鼠标左键以确定窗口区域边界，再单击即可实现图形对象的窗口观察，如图 3-4-4 所示。

图 3-4-3 视图操作

2. 全部观察

系统支持在绘图区显示所有图形。用户可根据自己的需要快速观察到所有图形。选择"全部观察"命令后，当前视图内的图形会根据情况放大或缩小显示比例，以保证所有图形都能居中显示到绘图区，且尽可能地占满整个绘图区，如图3-4-5所示。

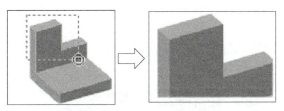
图3-4-4 窗口观察

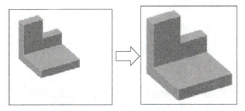
图3-4-5 全部观察

3. 旋转观察

系统支持对图形进行旋转观察。用户可根据自己的需要对创建的模型进行动态的旋转，可让模型停留在任何的角度，以方便观察。选择"旋转观察"命令后，指针会由 ↖ 变为 ↻，在绘图区内持续按下鼠标中键，然后拖动即可实现模型的旋转观察，如图3-4-6所示。

4. 平移观察

系统支持对图形对象的平移观察。用户可根据自己的需要通过平移对象来进行观察。选择"平移观察"命令后，指针会由 ↖ 变为 ✋，长按鼠标左键并拖动即可实现图形对象的平移观察，如图3-4-7所示。

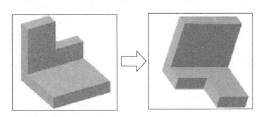
图3-4-6 旋转观察

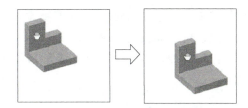
图3-4-7 平移观察

5. 放缩观察

系统支持对图形对象的放缩观察。用户可根据自己的需要对图形对象放大或缩小观察。选择"放缩观察"命令后，指针会由 ↖ 变为 🔍，在绘图区滚动鼠标中键即可实现对图形对象的放缩观察，如图3-4-8所示。系统定义向上滚动鼠标中键为放大，向下滚动鼠标中键为缩小。

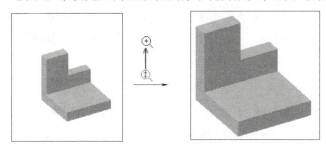
图3-4-8 放缩观察

四、显示观察

1. 显示/隐藏 Ribbon 区

在标题栏右上角单击"显示/隐藏 Ribbon 区"按钮，可选择显示或者隐藏 Ribbon 区域，如图 3-4-9 所示。

2. 全屏观察

在标题栏右上角单击"全屏观察"按钮或按快捷键<F12>，可以将绘图区全屏显示，如图 3-4-10 所示。

图 3-4-9 显示/隐藏 Ribbon 区

图 3-4-10 全屏观察

第五节 图 层 操 作

一、图层管理器

在 SurfMill 软件中，图层是一个非常重要的概念，它可以使绘图过程更简洁、清楚。在构造模型的过程中，可将属性相似的对象或同一绘图面上的曲线放在同一图层中，便于进行对象的选择、显示、加锁和编辑等操作。单击各功能菜单按钮，可以方便地进行图层的添加、删除、复制和移动等操作。

在图层管理器中，选中目标图层后右击，在弹出的快捷菜单中可选择更多的图层操作选项。

二、图层的命名

图层的命名可以更好地对图层进行管理。图层的命名操作只能在图层管理器中进行。选择目标图层（如"图层 3"）并右击，在弹出的快捷菜单中选择"更名"选项，输入图层的新名称，即实现图层的命名。

三、图层的可见性设置

图层的可见性包括图层的显示和隐藏。图层隐藏后该图层所包含的所有对象在绘图区也处于隐藏状态，使绘图区简洁明了，方便用户进行绘图操作。在需要对隐藏的图层对象进行操作时，再将其显示即可。

在图层管理器中单击"显示"栏中目标图层所属的 👁 或 ✗ 按钮，即可隐藏或显示该图层，如图 3-5-1 所示。其中 👁 表示图层处于显示状态；✗ 表示图层处于隐藏状态。同时选择多个图层，单击任一被选中图层的 👁 或 ✗ 按钮，可以实现多个图层的隐藏或显示操作。

四、设置当前图层

当前图层表示用户当前操作所处的图层。当前图层的设置可帮助用户明确绘制图形操作所处的图层。

在图层管理器中单击 —— 按钮，使图标变为 ✓，即可完成当前图层设置，如图 3-5-2 所示。

图 3-5-1　图层可见性设置

五、图层的加锁和解锁

在 SurfMill 实体造型过程中，为了绘图方便，需要将目标图层进行锁定，以保证该图层所包含的图形对绘图过程造成较少干扰。当需要操作该图层中的图形对象时，再进行解锁操作。

在图层管理器中选择需要加锁和解锁的图层，单击"加锁"栏中该图层对应的 🔓 或 🔒 按钮即可，如图 3-5-3 所示。其中 🔓 为解锁状态；🔒 为加锁状态。

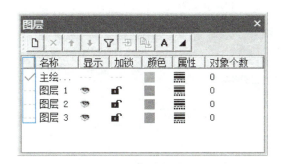

图 3-5-2　设置当前图层

图 3-5-3　图层的加锁和解锁

六、图层样式设置

图层样式设置可对图层的颜色、线型和线宽进行设置。用户可通过单击图层管理器中目标图层对应的 ▬ 按钮打开"设置图层属性"对话框，如图 3-5-4 和图 3-5-5 所示。

图 3-5-4　图层样式设置

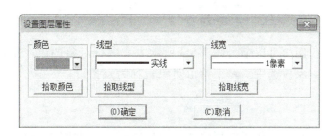

图 3-5-5　"设置图层属性"对话框

第六节　对象操作

SurfMill 软件主要面向工业产品、模具、小五金等雕刻加工行业，根据行业要求，需要支持相应的对象及其处理。因此，在进行三维造型环境介绍之前，有必要了解系统能够对哪些类型的对象进行操作处理。

03. 对象操作

SurfMill 系统支持的对象类型包括点、曲线、组合曲线、几何曲面、组合曲面、网格曲面、群组、坐标系、图层等。其中，支持的曲线类型有直线、圆弧、非均匀有理 B 样条曲线（NURBS 曲线）、三维折线、等距曲线和曲面边界线。支持的几何曲面类型有直纹曲面、旋转曲面、NURBS 曲面和等距曲面。支持的群组有集点、线、面于一体的组合。

一、对象属性

SurfMill 软件造型过程中，了解图形对象的属性可以极大提高绘图效率。系统为用户提供了"对象属性"对话框，帮助用户快捷查看或修改对象属性。

用户需要对图形对象的属性进行修改时，可通过"编辑"选项卡下的"对象属性"命令进行操作，如图 3-6-1 所示。

在"对象属性"对话框中，用户可以设置当前选中对象的颜色、线型、点样式、层别和线宽等属性，如图 3-6-2 所示。单击"对象属性"对话框右下角的黑色三角按钮，可以进行"世界坐标系"与"当前工作坐标系"之间的切换；单击"对象详细信息"按钮，

图 3-6-1　启动"对象属性"命令

将弹出"详细信息"对话框，用户可快捷了解到所选对象的详细信息描述。

二、按类型选择对象

SurfMill 软件提供了按类型选择对象的功能，适用于重叠图形、交叉图形的选择，在图形错综复杂的时候，方便用户进行对象筛选操作。

三维造型状态下，在模型管理器中右击需要操作的对象类型（如几何曲面）；在弹出的快捷菜单中，可对几何曲面采用全选、去选和反选 3 种方式进行选择，如图 3-6-3 所示。

三、单个拾取对象

用户可以通过图 3-6-4 所示方式进行对象的单个拾取：将指针移动到指定的对象上，单击对象被选中。单个拾取对象也称为点拾取。

四、窗口拾取对象

系统提供了矩形框选对象的方法，帮助用户一次性选择多个对象。在绘图区按住鼠标左键并拖动，形成一个蓝色的矩形线框，以单击的位置为相对点，可以向左移动，也可以向右

移动。其中向右移动的框选模式称为包含框选；向左移动的框选模式称为相交框选，如图 3-6-5 所示。

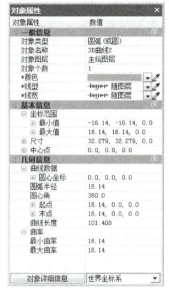

图 3-6-2 "对象属性"对话框

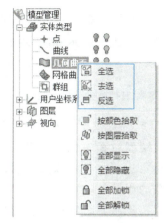

图 3-6-3 右键菜单-选择对象

图 3-6-4 点拾取

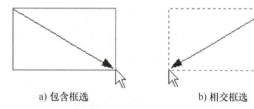

图 3-6-5 窗口拾取

1. 包含框选

按住鼠标左键从左到右拖动，形成一个蓝色的由实线构成的矩形线框，完全包含在矩形框内部的对象被选择，在框外以及与矩形框相交的对象都没有被选中，如图 3-6-6 所示。

2. 相交框选

按住鼠标左键从右到左拖动，形成一个蓝色的由虚线构成的矩形线框，包含在矩形框之内以及与矩形框相交的对象均被选中，如图 3-6-7 所示。

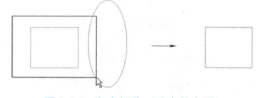

图 3-6-6 包含框选（选中长方形）

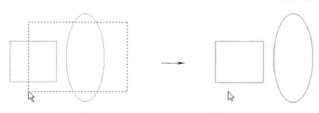

图 3-6-7 相交框选（全部选中）

五、显示隐藏对象

在构造模型的过程中，常常需要将一些暂时不操作的对象隐藏起来，使得需要进行操作的对象更加清晰，以提高构造模型的效率；在需要对隐藏的对象进行操作时，再将其显示即可。隐藏与显示只是控制对象的显示状态，隐藏后对象的位置关系和对象本身保持不变，而且隐藏的对象不再参与任何编辑（包括选择）。如果需对对象进行再编辑，将其显示即可。

用户可以通过"编辑"工具条中相应的命令按钮，或单击模型管理器中的 💡 和 💡，按类型对图形对象进行显示和隐藏操作，如图3-6-8所示。

六、对象的加锁和解锁

SurfMill 软件提供了对象的加锁和解锁功能。构造模型过程中常常要将一些暂时不操作的对象进行加锁，以减少对需要进行操作对象的干扰；在需要对加锁的对象进行操作时，再将其解锁即可，方便用户

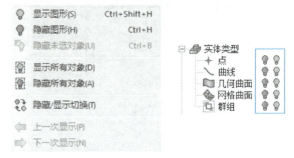

图 3-6-8　显示/隐藏图形对象

对图形的操作。加锁与解锁只是控制对象的拾取状态，加锁后对象的位置关系和对象本身保持不变，只是在对象编辑中不能被拾取；加锁对象被解锁后，又可以进行正常的拾取操作。

1. 单种实体类型的加锁和解锁

右击模型管理器中的目标实体类型（如几何曲面），在弹出的快捷菜单中可进行加锁和解锁功能的操作，如图3-6-9所示。

2. 全部实体类型的加锁和解锁

右击模型管理器中的 🗔 实体类型 在弹出的快捷菜单中可进行全部实体类型的加锁和解锁功能的操作，如图3-6-10所示。

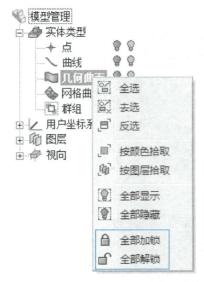

图 3-6-9　单种实体类型的加锁、解锁

图 3-6-10　全部实体类型的加锁、解锁

七、对象显示模式

SurfMill 软件造型过程中，不同的显示模式有时既方便了模型的制作（如捕捉曲面上的点时，线框显示模式下较容易捕捉），又方便了用户对所构造模型的观察。用户可以通过单击"视图工具条"中相应的命令按钮开启不同的显示模式。图 3-6-11 所示为常用的线框显示、渲染显示、边界显示效果。

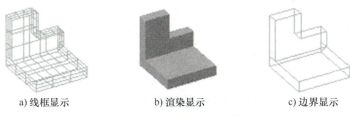

a) 线框显示　　　　b) 渲染显示　　　　c) 边界显示

图 3-6-11　常用显示模式效果

除以上常用显示模式外，系统还支持剖视图显示，即在指定位置剖切造型面，方便用户观察复杂模型，如图 3-6-12 所示。剖视图状态中的不可见图形并未处于隐藏状态，仍然可以被拾取到。右击可结束剖视图操作命令，模型保持剖视状态，需再次选择剖视图命令才能结束剖视状态。

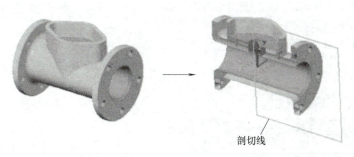

图 3-6-12　剖视图

第七节　访问帮助

帮助菜单集合了帮助主题、升级说明、精雕软件官网和关于 4 个功能，为用户提供软件使用指导。

一、查看软件说明书

软件自带了在线帮助和离线帮助说明书，当用户不会用某个功能时，进入该功能后，按 <F1> 键，即可在线查看该功能的使用说明书。

1. 在线帮助

用户可以通过以下多种方法访问 SurfMill 在线帮助。

1）单击菜单栏中的【帮助】→【帮助主题】按钮，到帮助文件的主界面。

2）单击菜单栏中的【帮助】→【升级说明】按钮，到帮助文件的升级说明主界面。

3）在操作过程中，按<F1>键访问该功能所对应的上下文相关的帮助界面。
4）在对话框中单击【帮助】按钮来访问与对话框所对应的选项相关的帮助界面。

2. 离线帮助

软件绝大部分功能支持在线查看其对应的功能介绍，个别功能不支持。当按<F1>键无法调出帮助文档时，可通过以下方式查找离线功能使用说明：软件安装目录中（\JDSoft-SurfMill9_X64\Help）保存了软件整套说明书文档（chm 格式）。按照功能所属分类，即可查找到目标功能对应的使用说明。

二、升级说明

软件发布新版本时，随软件会自带"升级说明书"，当用户想知晓新版本改动内容时，可在菜单栏中选择"帮助"→"升级说明"命令，即可调出"软件升级说明书"，可查看从 SurfMill8.0-1084 版本开始，已发布的各软件版本更新的内容。

三、访问精雕软件官网

用户可以直接打开精雕软件官网进行相关查询，如图 3-7-1 所示。

图 3-7-1　精雕软件官网

思 考 题

1. 讨论题

（1）文件的"输入"与"打开"的不同之处在哪？如何实现文件的输入？

（2）在 SurfMill 软件中，鼠标的左、中、右 3 个按键，分别可以实现什么功能？

2. 填空题

（1）SurfMill 软件自带了在线帮助和离线帮助说明书，当用户不会用某个功能时，进入该功能后，按

（　　），即可在线查看该功能的使用说明书。

（2）在绘图区按住鼠标左键并拖动，形成一个蓝色的矩形线框，以单击的位置为相对点，可以向左移动，也可以向右移动。其中向右移动的框选模式称为（　　）；向左移动的框选模式称为（　　）。

（3）SurfMill 软件提供了对象的加锁和解锁功能。加锁后，对象的位置关系和对象本身（　　）；加锁对象被解锁后，可以进行（　　）。

（4）可通过单击"视图工具条"中相应的命令按钮开启不同的显示模式。常用的 3 种显示模式分别为线框显示、（　　）、（　　）。

（5）SurfMill 软件提供的视图操作功能可以通过不同的视角来观察图形，方便用户查看图形，它们分别是窗口观察、全部观察、（　　）、（　　）、（　　）。

第四章

SurfMill软件模型创建

知识点介绍

1）曲线、曲面的绘制和编辑方法。
2）图形的分析方法。
3）模型的创建及编辑方法。

能力目标要求

1）掌握各类曲线的创建和编辑方法。
2）掌握各类曲面的创建和编辑方法。
3）熟悉分析曲线曲面的常用操作方法。
4）通过对 SurfMill 模型创建的学习，培养创新思维和想象力。

第一节 曲线绘制

曲线是构造三维线架模型和曲面模型的基础，SurfMill 软件不仅提供了三维造型点、直线、圆弧、样条曲线等基本曲线绘制功能，还提供了圆、椭圆、矩形、多边形、包围盒和二次曲线等一些特征图形曲线的绘制功能。

曲线绘制根据其性质可以分成 3 类：基础曲线绘制、借助曲线生成曲线和借助曲面生成曲线。

一、基础曲线绘制

1. 绘制点

"点"命令一般用作绘图或者放置参考。执行"点"命令后，在绘图区中的任何位置，都可以绘制点，绘制的点不影响建模的外形，只起参考作用。

在多轴加工中，点常用于孔或类孔的加工辅助点。利用"点"命令可以生成两个不平行线段的交点、曲线投影在另一条曲线上的投影点、网格点、等分点、圆周点、投影截断点、线面交点和特征点。下面以"等分点"为例，绘制点。

单击 Ribbon 菜单中的"曲线"→"点"按钮，打开"点"导航栏，选中"等分点"；设置点间距的计算方法；根据左下角状态栏的提示，拾取曲线；图 4-1-1 所示为按间距生成的等分点。右击结束当前命令。

04. 绘制点

第四章　SurfMill软件模型创建

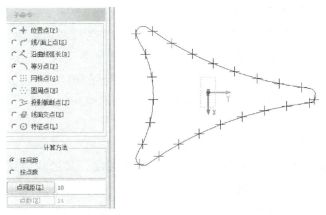

图 4-1-1　创建"等分点"

注：SurfMill 软件的"点"命令不但提供了一系列创建点的方法，也提供了一些特殊的形状，便于用户在绘图时区分。在"属性工具条"中单击"点"的子命令按钮，效果如图 4-1-2 所示。

2. 绘制直线

"直线"命令用于生成两点线、角平分线、平行线、曲面的垂线、曲线的切线或垂线。

直线作为组成平面的图形，在空间中无处不在。例如，空间中的任意两点都可以生成一条直线，在两个平面相交时可以产生一条直线。下面以"两点线"为例，绘制直线。

图 4-1-2　"属性工具条"

单击 Ribbon 菜单中的"曲线"→"直线"按钮，打开"直线"导航栏，选择"两点线"；单击"指定角度参考线"按钮；根据左下角状态栏的提示，依次拾取或输入角度参考线的起点和末点；在导航工具条中设置旋转角度，按<Enter>键，即可锁定该值；再拾取直线的起点，输入直线长度，即可生成两点线，如图 4-1-3 所示。右击结束当前命令。

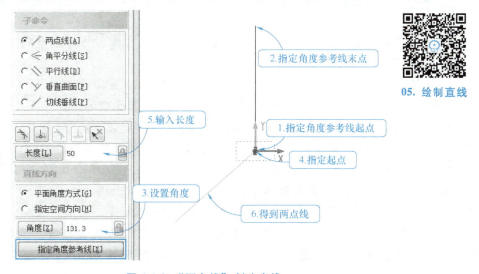

图 4-1-3　"两点线"创建直线

51

其中，定义直线方向有两种方式。

1）选中"平面角度方式"选项，输入的角度值定义为绕当前绘图面的 X 轴正方向逆时针方向转过的角度；通过在绘图区中拾取两个点来定义参考直线（指定角度参考线），定义的角度方向即为当前绘图区内将该参考直线逆时针方向转过的角度方向。

2）选中"指定空间方向"选项，即在绘图区中拾取空间中的两个点来定义要绘制直线的方向。

3. 绘制样条曲线

样条曲线是指通过多项式曲线和设定的点来拟合曲线，其形状由这些点来控制。样条曲线可以创建自由的曲线，是建立自由形状曲面（或片体）的基础。绘制样条曲线至少需要两个点，并且可以在端点指定相切，也可以自由控制其形状。

06. 绘制样条

单击 Ribbon 菜单中的"曲线"→"样条"按钮，打开"样条曲线"导航栏，系统提供了"过顶点"和"控制点"两种创建方式。

（1）"过顶点" 该方式创建的样条曲线完全通过点，定义点可以捕捉存在的点，也可以用指针直接定义点。选择"过顶点"方式，直接在绘图区指定点，右击完成样条曲线的绘制，如图 4-1-4 所示。

（2）"控制点" 利用该方式绘制样条曲线时，在曲线定义的同时绘图区动态显示不确定的样条曲线，可以交互地改变定义点处的斜率、曲率等参数。该方式绘制样条曲线与"过顶点"方式的操作步骤类似，如图 4-1-5 所示。

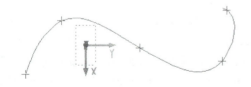 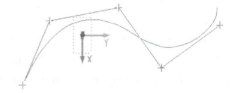

图 4-1-4 "过顶点"绘制样条曲线　　**图 4-1-5 "控制点"绘制样条曲线**

注：以"控制点"方式绘制样条曲线时，除端点外，绘制的样条曲线不通过控制点；当控制点在一条水平线上时，将得到直线。

4. 绘制圆弧

"圆弧"命令可以用来生成指定半径和弧度的圆弧以及完整的圆。

单击 Ribbon 菜单中的"曲线"→"圆弧"按钮，打开"圆弧"导航栏，系统提供了三点圆弧、圆心半径角度和圆心首点末点 3 种绘制圆弧的方式。下面以"三点圆弧"为例，绘制圆弧。

07. 绘制圆弧

该方法以 3 个点分别作为圆弧的起点、末点和圆弧上的 1 个点来创建圆弧。另外，也可以选取两个点和输入半径来确定圆弧。其中，还可以增加圆弧约束条件。选中"三点圆弧"，然后单击"切点优先捕捉"按钮，在绘图区依次选取起点、末点并设置圆弧半径，此时可能会出现多条符合条件的圆弧，如图 4-1-6 所示。

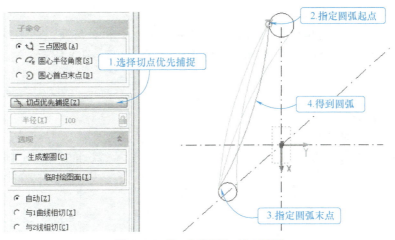

图 4-1-6 "三点圆弧"创建圆弧

注：输入的 3 个点不能在一条直线上，否则将不能生成满足条件的圆弧；定义的圆弧半径值不能小于所输入的圆弧起点末点之间距离的一半，否则将不能生成满足条件的圆弧。

5. 绘制圆

"圆"命令用于生成给定圆心和半径大小的圆。

圆常用于创建模型的截面，由它生成的实体曲面包括多种类型，如球面、圆柱面、圆台面等。圆又可以看作是圆心角为 360°的圆弧，因此在绘制圆时，既可以用"圆"命令，也可以用"圆弧"命令。

单击 Ribbon 菜单中的"曲线"→"圆"按钮，打开"圆"导航栏，系统提供了圆心半径、两点半径圆、三点圆、径向两点圆和截面圆 5 种绘制圆的方式。下面以"截面圆"为例，绘制圆。

08. 绘制圆

"截面圆"是通过曲线上某一点生成垂直于这条曲线的指定半径的圆。选中"截面圆"，在导航栏中输入截面圆的半径后按<Enter>键，此时半径大小为锁住状态，然后拾取截面圆圆心，即完成截面圆的绘制，如图 4-1-7 所示。右击结束当前命令。

 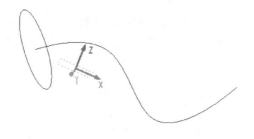

图 4-1-7 "截面圆"绘制圆

注：移动指针靠近圆，当圆的圆心获得焦点高亮显示时，单击可绘制同一圆心的圆。

6. 绘制矩形

"矩形"命令用于绘制直角矩形、圆角矩形和槽口等。

单击 Ribbon 菜单中的"曲线"→"矩形"按钮，打开"矩形"导航栏。系统提供了直角矩形、圆角矩形、三点矩形 3 种绘制矩形的方式。下面以

09. 绘制矩形

"直角矩形"为例,绘制矩形。

"直角矩形"以矩形对角线上的两点或矩形的一中心点和对角线上的一点来创建矩形。在绘图区依次选取矩形的两个点,即可完成矩形的绘制,如图4-1-8所示。

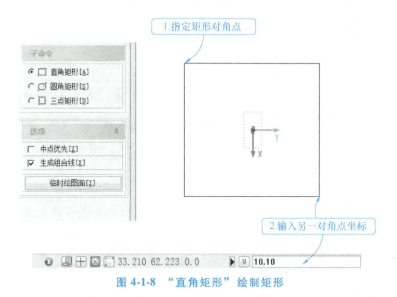

图 4-1-8 "直角矩形"绘制矩形

7. 多边形

"多边形"命令用于生成 3~N 边数的等边多边形。

"多边形"命令可以生成等边三角形、正方形、等边五边形等所有内角相等且所有棱边都相等的规则多边形。

单击 Ribbon 菜单中的"曲线"→"多边形"按钮,打开"多边形"导航栏,系统提供了内接多边形、外切多边形、边长多边形 3 种绘制多边形的方式。下面以"内接多边形"和"边长多边形"为例,绘制多边形。

(1)"内接多边形" 该方法主要通过外接圆和多边形的边数来创建多边形,即通过指定多边形的边数、外接圆圆心和外接圆半径来创建多边形。选中"内接多边形",指定多边形的边数,在绘图区依次选取外接圆的圆心(多边形的中心点)、外接圆上的一点(多边形的顶点),即可完成多边形的绘制,如图 4-1-9 所示。

10. 绘制多边形

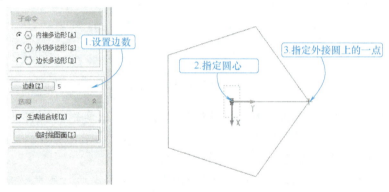

图 4-1-9 "内接多边形"绘制多边形

(2)"边长多边形" 该方法通过给定多边形的边数和边长来绘制多边形。选中"边长多边形",指定多边形的边数,在绘图区依次选取多边形一边的两个端点,即可完成多边形的绘制,如图 4-1-10 所示。

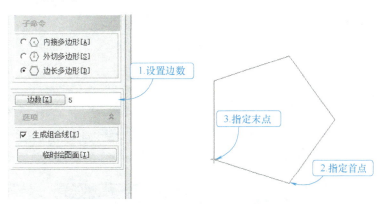

图 4-1-10 "边长多边形"绘制多边形

二、借助曲线生成曲线

有一些曲线的构造要依赖于已有的几何曲线。这类曲线是指由已知曲线通过某种方式构造新的曲线,包括两视图构造线、中位线等。

1. 两视图构造线

"两视图构造"命令用于将两个相交平面的曲线合成为一条立体曲线。其原理是将每条曲线沿垂直于所在平面的方向拉伸成为曲面,然后生成这两组曲面的交线,该交线即为两视图构造线。在原曲线的视图方向上看,两视图构造线与原曲线相同。

11. 两视图构造线

单击 Ribbon 菜单中的"派生曲线"→"更多"按钮,在下拉菜单中选择"借助曲线生成"→"两视图构造"命令。根据状态栏提示,拾取视图一中的曲线,右击确认;再拾取视图二中的曲线,右击确认,即可生成一条新的空间曲线,如图 4-1-11 所示。

注:拾取的视图曲线必须为平面上的线。

2. 中位线

"中位线"命令用于生成两条曲线的中心线。

单击 Ribbon 菜单中的"曲线"→"拉伸曲线"按钮,在下拉菜单中选择"中位线"命令,打开"中位线"导航栏,系统提供了"两线中位线"和"锥刀划线"两种生成中位线的方法。

(1)"两线中位线" 选中"两线中位线",根据状态栏提示,依次拾取两条曲线,即可生成这两条曲线的中位线,如图 4-1-12 所示。右击结束当前命令,或继续拾取创建中位线。

(2)"锥刀划线" "锥刀划线"常用于绘制

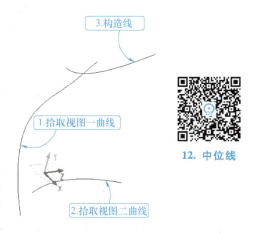

12. 中位线

图 4-1-11 两视图构造线

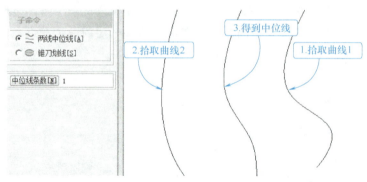

图 4-1-12 "两线中位线"创建中位线

浮雕图像，如雕刻树叶，如图 4-1-13 所示。

图 4-1-13 "锥刀划线"的应用

选中"锥刀划线"，在导航栏中设置参数，根据状态栏提示，依次拾取曲面上的两条曲线；再拾取曲线所在的曲面，右击开始计算，即得到锥刀划线，如图 4-1-14 所示。

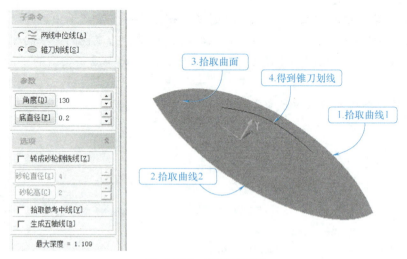

图 4-1-14 "锥刀划线"

注：
① 导航栏的参数中，"角度"为锥刀的角度；"底直径"为锥刀的底直径；锥刀加工的"最大深度"值，系统会根据所给刀具参数自己计算，用户只需要把它作为参考。

②当选择"转成砂轮侧铣线"模式时,系统自动取消"最大深度"设置。

三、借助曲面生成曲线

曲线是构造曲面的基础,但是有一些曲线的构造却依赖于已有的几何曲面。

这些曲线一类为几何曲面上的特征线,如曲面边界线、曲面流线、曲面交线、曲面分模线等。这些曲线隐含在曲面内,在某些情况下需要把它们显式地抽取出来,为其他操作提供便利。

另一类与曲面相关的曲线则是将几何曲面外的曲线通过某种方式映射到曲面上,得到贴合在曲面上的对应曲线。这类曲线的构造方法包括投影到面、吸附到面和包裹到面等。

1. 投影到面

"投影到面"命令用于将一组曲线沿指定方向投射到面上,从而得到一组贴合于该面的曲线。其原理是将原始曲线上的各点沿一个矢量方向平行投射到曲面(平面)上,将这些投影点依次相连,即可得到原始曲线在曲面(平面)上的投影。

13. 投影到面

单击 Ribbon 菜单中的"曲线"→"投影到面"按钮,打开"投影到面"导航栏,系统提供了"投影到面"和"吸附到面"两种创建曲线的方式。

选中"投影到面",拾取要投影的曲线,右击结束拾取;接下来拾取一个曲面,右击结束拾取;此时会在投射曲线上产生一个默认的投射方向箭头,也可自行选择投射方向;右击结束当前命令,即可生成投影到面的一条立体投影曲线,如图 4-1-15 所示。

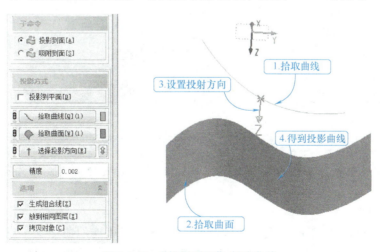

图 4-1-15 "投影到面"创建曲线

注:

①当投影线落在曲面外部时,无法生成完整的投影曲线。

②在拾取曲线、曲面和投射方向的时候,注意按钮前方的红绿图标。红色图标为必选项目,绿色图标为可选或已选项目。

③系统默认一个投射方向给用户使用,其规则为:拉伸曲线是平面曲线时,系统默认的拉伸方向为平面曲线所在平面的法向;拉伸曲线是直线或者立体曲线时,系统默认的拉伸方向是当前绘图面的法向。

④ 若默认方向不符合用户要求，可以选择多种方式重新定义拉伸方向，具体做法是直接单击"选择投影方向"按钮，弹出方向定义选择框，如图4-1-16所示，用户可根据需要进行选择。

图 4-1-16　方向定义选择框

2. 吸附到面

"吸附到面"命令用于将一组曲线沿某一方向吸附到面上，从而得到一组贴合于该面的曲线。其原理是原始曲线上的每一点都可以在曲面（平面）上找到一个与它距离最近的点，将这些最近点依次相连即得到原始曲线在曲面（平面）上的吸附线。该方式适用于曲线上各点距离曲面（平面）较近的情况或某些不能用简单方向矢量投影的场合。曲线吸附到平面上相当于沿平面的法向将曲线投射到平面上。

14. 吸附到面

单击Ribbon菜单中的"曲线"→"投影到面"按钮，在下拉菜单中选中"吸附到面"命令，拾取要吸附的曲线，右击结束拾取；接下来拾取一个曲面，右击结束拾取；即可生成吸附到面的一条立体吸附曲线，如图4-1-17所示。

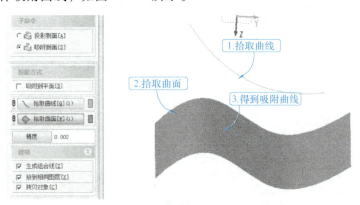

图 4-1-17　"吸附到面"创建曲线

注：当吸附线落在曲面外或曲面边界上时，无法生成吸附曲线或只能生成一部分吸附曲线。

3. 包裹到面

"包裹到面"命令用于将一组曲线包裹到一张或一组相连的曲面上。它与"投影到面"的区别在于它是将曲线沿曲面的起伏趋势进行变形，以便将曲线贴合在曲面上，因而不会显著地改变曲线的尺寸（长度）；而曲线投影是将曲线沿指定方向映射到曲面上，当曲面起伏较大时，其尺寸（长度）可能发生较大变化。

15. 包裹到面

单击Ribbon菜单中的"曲线"→"投影到面"按钮，在下拉菜单中选择"包裹到面"命令，弹出"包裹到面"导航栏。拾取曲线，右击结束拾取；拾取一张曲面作为包裹基准面；依次定义曲线坐标系原点和曲面坐标系原点，此时曲线将被变换到定义的曲面坐标系，通过对坐标系参数进行设置可调整变换后的曲线方位；右击确认，即得到包裹在曲面上的曲线，如图4-1-18所示。

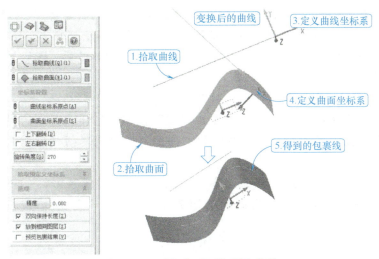

图 4-1-18 "包裹到面"创建曲线

注：
① 定义的曲线坐标系原点可以为空间任意一点，但是曲面坐标系原点必须在曲面上。
② 组合曲面无法进行包裹到面；平面图形只能往一张曲面上包裹，不能拾取多张曲面。当需要往多张相邻的曲面上包裹图形时，应当先把这几张曲面融合为单张曲面。

4. 曲面交线

"曲面交线"命令用于得到两组相交曲面的交线。

单击 Ribbon 菜单中的"曲线"→"曲面交线"按钮，打开"曲面交线"导航栏，系统提供了"曲面曲面交线"和"曲面平面交线"两种创建曲面交线方式。下面以"曲面曲面交线"为例，创建曲线交线。

16. 曲面交线

选中"曲面曲面交线"命令，根据状态栏提示，拾取第一组曲面，右击结束拾取；拾取第二组曲面，右击结束拾取；右击开始计算，即可生成曲面交线，如图 4-1-19 所示。若勾选了"一组曲面内求交"，则只需要依次拾取曲面，右击结束拾取，再次右击结束当前命令，系统会计算出所有曲面之间的交线。

图 4-1-19 创建曲面交线

注：由于曲面的原始交线是由一系列非常密集的交点组成的折线段，数据量太大，因此需要用光滑的样条曲线来逼近（拟合）这些折线段。交线精度用于控制拟合样条曲线与折线段的最大偏差。交线精度越高，样条曲线与原始交线越接近，但数据量也越大。

5. 曲面边界线

"曲面边界线"命令用于提取曲面的边界线。

单击 Ribbon 菜单中的"曲线"→"曲面边界线"按钮，打开"曲面边界线"导航栏，系统提供了"曲面边界线"和"曲面组边界线"两种创建曲面边界线的方式。

17. 曲面边界线

(1) "曲面边界线" 选择"曲面边界线"，曲面的边界线被激活，在绘图区拾取曲面的边界线，即可得到曲面边界线，如图 4-1-20 所示。右击即可结束当前命令。

(2) "曲面组边界线" 选择"曲面组边界线"，在绘图区拾取曲面，可以对单张曲面提取所有的边界线，也可以对多张曲面提取整体的边界线，右击结束当前命令。

注："拟合精度"用于控制拟合样条曲线与折线段的最大偏差。拟合精度越高，样条曲线与原始边界越接近，但数据量也越大；拟合时可将一根边界线在不光滑连接的地方断开，分成多段光滑样条曲线。当边界线前

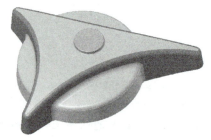

图 4-1-20 拾取"曲面边界线"

后两段形成的夹角大于设定的"最大转角"时，认为边界线在此处不光滑，应予以断开。

6. 曲面流线

"曲面流线"命令用于根据给定方向从曲面上提取出一条或多条曲面流线（等参考线）。

单击 Ribbon 菜单中的"曲线"→"曲面流线"按钮，打开"曲面流线"导航栏，系统提供了等 U 参数线、等 V 参数线和 UV 双向 3 种创建曲面流线的方式。下面以"等 U 参数线"为例，创建曲面流线。

18. 曲面流线

选中"等 U 参数线"，根据状态栏提示，拾取一张曲面（非组合面），此时在被拾取曲面上产生了 U、V 两个流线方向的指示；拾取曲面上的流线通过点，即可生成曲面流线，该点的参数值将会反映到导航栏的参数值编辑框中，如图 4-1-21 所示，右击

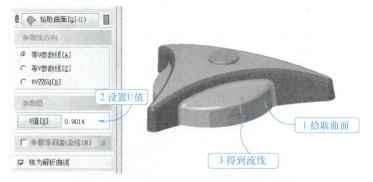

图 4-1-21 "等 U 参数线"提取曲面流线

结束当前命令。

7. 曲面组轮廓线

"曲面组轮廓线"命令用于提取一组曲面在当前加工坐标系中投影的最大外轮廓线,该轮廓线可用于在曲面加工中限制加工区域。

单击 Ribbon 菜单中的"曲线"→"派生曲线"→"更多"按钮,在下拉菜单中选择"曲面组轮廓线",打开"曲面组轮廓线"导航栏,系统提供了"外围轮廓线"和"分层轮廓线"两种创建曲面组轮廓线的方式。下面以"外围轮廓线"为例,创建曲面组轮廓线。

19. 曲面组轮廓线

选择"外围轮廓线",根据状态栏提示,拾取一组曲面;设置参数,在导航栏中选择加工坐标系,设置偏移距离和曲面精度,右击开始计算,此时在绘图区中央会出现计算进度条,待计算完成后,即生成外围轮廓线,如图 4-1-22 所示。

8. 网格曲面等距交线

"网格曲面等距交线"命令用于获得曲面与一组相互平行且等距的平面的交线。

单击 Ribbon 菜单中的"曲线"→"派生曲线"→"更多"按钮,在下拉菜单中选择"网格曲面等距交线",打开"网格曲面等距交线"导航栏;拾取网格曲面,可以是单张曲面,也可以是一组光滑相接的曲面,右击结束拾取;此时系统会

图 4-1-22 绘制外围轮廓线

20. 网格曲面等距交线

预览生成等距交线,如图 4-1-23 所示。默认的截面方向是 X 轴,若符合要求,右击结束当前命令;若不符合要求,需定义新的截面方向,默认定义方式是两点法,右击结束当前命令,即得到生成的网格曲面等距交线,如图 4-1-24 所示。

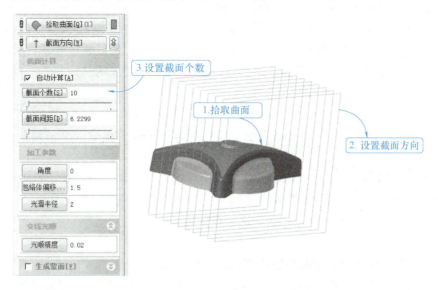

图 4-1-23 设置"网格曲面等距交线"

9. 提取孔中心线

"提取孔中心线"命令用于获取孔或类孔曲面的孔中心线。在多轴加工中，孔或类孔曲面加工经常需要提取孔中心线或顶点作为加工辅助线，用户可通过该命令，自动获取孔中心线。

单击 Ribbon 菜单中的"曲线"→"派生曲线"→"更多"按钮，在下拉菜单中选择"提取孔中心线"，打开"提取孔中心线"导航栏；拾取孔或类孔面，此时系统会预览孔的中心线，如图 4-1-25 所示。右击结束当前命令或继续拾取。

21. 提取孔中心线

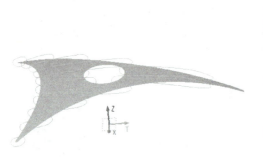

图 4-1-24 得到网格曲面等距交线

图 4-1-25 提取孔中心线

第二节 曲 线 编 辑

绘制曲线后，常需要对图形进行编辑修改，如快速修剪去除不需要的部分，组合分段曲线为一组曲线等，以完善图形。

一、曲线倒角

"曲线倒角"命令用于在曲线之间进行过渡。

单击 Ribbon 菜单中的"曲线"→"曲线倒角"按钮，打开"曲线倒角"导航栏；系统提供了两线倒圆角、轮廓倒圆角、两线倒斜角、两线倒尖角和轮廓倒尖角 5 种曲线倒角方式。下面以"两线倒圆角"和"两线倒斜角"为例，编辑曲线。

22. 曲线倒角

1. 两线倒圆角

"两线倒圆角"命令用于将两条曲线的交叉处裁剪掉角部，生成一个与两条曲线都相切的圆弧。

选中"两线倒圆角"，在"圆角半径"文本框中输入半径值，然后依次选取倒圆角的两条曲线，即生成圆角，如图 4-2-1 所示。

注：当两线不在同一平面内时，则无法生成圆角。

2. 两线倒斜角

"两线倒斜角"命令用于在两条直线之间进行斜角过渡。

选中"两线倒斜角"，在"距离"文本框中依次输入距离，然后依次选取倒斜角的两条直线，即生成斜角，如图 4-2-2 所示。

第四章　SurfMill软件模型创建

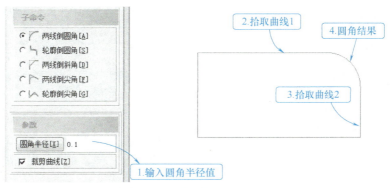

图 4-2-1　"两线倒圆角"编辑曲线

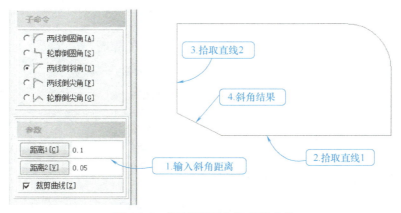

图 4-2-2　"两线倒斜角"编辑曲线

注：两线倒斜角仅适用于直线。

二、曲线裁剪

"曲线裁剪"命令用于将曲线裁剪到特定的点、线或面所限定的曲线边界处。

单击 Ribbon 菜单中的"曲线"→"曲线裁剪"按钮，打开"曲线裁剪"导航栏；系统提供了快速裁剪、用线/面裁剪、两线裁剪、单点裁剪和区域裁剪 5 种曲线裁剪方式。下面以"快速裁剪"和"用线/面裁剪"为例，裁剪曲线。

23. 曲线裁剪

1. 快速裁剪

"快速裁剪"命令可以自动对拾取曲线进行裁剪，如果拾取曲线与其他曲线有交点，将在交点位置处被裁剪；如果拾取曲线与其他曲线没有交点，则直接将拾取曲线删除。

选中"快速裁剪"，拾取待裁剪曲线或长按鼠标左键扫过待裁剪曲线，曲线即被裁剪，如图 4-2-3 所示。右击结束当前命令。

2. 用线/面裁剪

"用线/面裁剪"命令用于对曲线曲面相交或视向相交部分的曲线进行裁剪。

选中"用线/面裁剪"，根据状态栏提示，首先拾取曲面，然后拾取被裁剪曲线，曲线即在面相交处被裁剪，如图 4-2-4 所示。右击结束当前命令。

63

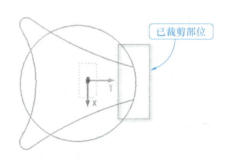

图 4-2-3 "快速裁剪"编辑曲线

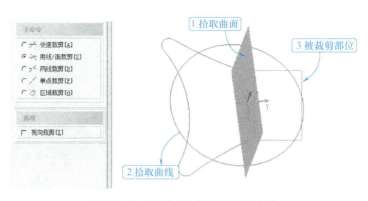

图 4-2-4 "用线/面裁剪"编辑曲线

注：
① 当不勾选"视向裁剪"时，线必须相交于面，且曲线与面被分割的段数需大于2。
② 当曲线曲面不相交时，如果在屏幕视向看，曲线曲面相交，那么勾选"视向裁剪"选项，可在屏幕视向交点处实现曲线曲面之间的裁剪。

三、曲线打断

"曲线打断"命令用于将一条曲线用其他曲线、曲面或点分割为两条或多条曲线。

单击 Ribbon 菜单中的"曲线"→"曲线打断"按钮，打开"曲线打断"导航栏；系统提供了点打断、用点/线/面打断、快速打断、交点处打断、整线等分和按弧长等分 6 种曲线打断方式。下面以"点打断"和"快速打断"为例，打断曲线。

24. 曲线打断

1. 点打断

"点打断"命令用于将某一段曲线分割为多段曲线。

选中"点打断"，根据状态栏提示，首先拾取被打断的曲线，然后拾取断开点，曲线即在该点处被打断，如图 4-2-5 所示。连续两次右击结束当前命令。

2. 快速打断

"快速打断"命令用于将曲线与曲线/曲面在相交处进行打断。

选中"快速打断"命令,拾取被打断曲线,则该曲线在与其他曲线或曲面相交处被打断,如图 4-2-6 所示。右击结束当前命令。

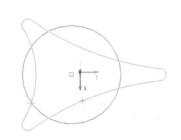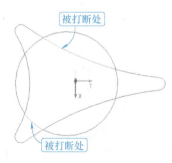

图 4-2-5 "点打断"编辑曲线　　　　　图 4-2-6 "快速打断"编辑曲线

四、曲线延伸

"曲线延伸"命令用于将曲线沿某一方向延伸到最近的交点或边界处。

单击 Ribbon 菜单中的"曲线"→"曲线延伸"按钮,打开"曲线延伸"导航栏;系统提供了直线延伸、圆弧延伸、延伸到线/面、长度延伸、圆弧转为圆和延伸面上线 6 种曲线延伸方式。下面以"直线延伸"和"延伸到线/面"为例,延伸曲线。

25. 曲线延伸

1. 直线延伸

"直线延伸"命令用于将延伸曲线按直线延伸至目标处。

选中"直线延伸",根据状态栏提示,首先拾取待延伸曲线,移动光标可预览延伸效果,然后拾取目标点,即得到延伸曲线,如图 4-2-7 所示。

2. 延伸到线/面

"延伸到线/面"命令用于自动将延伸的曲线按直线或曲线延伸至目标处。

选中"延伸到线/面",根据状态栏提示,首先拾取延伸目标,然后拾取被延伸曲线,即得到延伸曲线,效果对比如图 4-2-8 和图 4-2-9 所示。

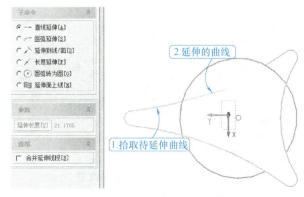

图 4-2-7 "直线延伸"编辑曲线

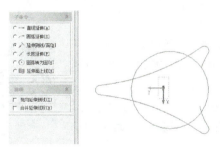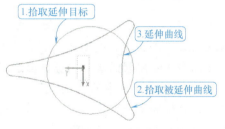

图 4-2-8 曲线延伸前　　　　　图 4-2-9 曲线延伸后

五、曲线等距

"曲线等距"命令用于将原始曲线按照特定要求进行等距偏移，生成等距曲线。

单击 Ribbon 菜单中的"曲线"→"曲线等距"按钮，打开"曲线等距"导航栏；系统提供了单线等距、区域等距和法向等距 3 种曲线等距方式。下面以"单线等距"和"区域等距"为例，等距曲线。

26. 曲线等距

1. 单线等距

"单线等距"命令用于在原始曲线一侧的一定距离处创建等距曲线。单线等距分为两种类型：恒等距偏移和变等距偏移。"变等距"是通过定义首末端点不同的偏移值将曲线在其一侧偏移，得到一条距离原始曲线成线性变化的曲线（"恒等距"操作比较简单，此处不再赘述）。

选中"单线等距"中的"变等距"，拾取曲线（拾取点近处的曲线端点为起始端）；设置等距距离 1 和等距距离 2；设置偏移方向，即得到变等距曲线，如图 4-2-10 所示。右击结束当前命令。

2. 区域等距

"区域等距"命令用于将区域轮廓曲线向区域内或区域外偏移一定的距离，得到其等距轮廓曲线。

选中"区域等距"，拾取轮廓曲线，右击结束拾取；设置等距距离和等距个数，选择偏移方向等；即得到等距的区域轮廓线，如图 4-2-11 所示。

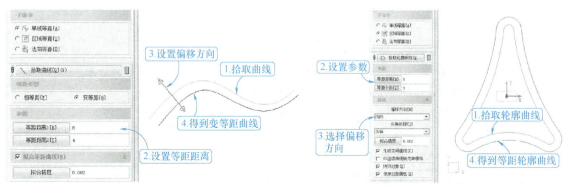

图 4-2-10 "单线等距"编辑曲线　　　　图 4-2-11 "区域等距"编辑曲线

注：区域等距拾取的轮廓曲线必须为首尾相连的封闭曲线。

六、曲线组合

"曲线组合"命令用于将一条曲线链上多条首尾相接的曲线组合成一条组合曲线或样条曲线。曲线组合常用于构造曲面的轮廓线，如拉伸截面线、旋转截面线、蒙皮截面线、扫掠截面线或轨迹线等。

单击 Ribbon 菜单中的"曲线"→"曲线组合"按钮，打开"曲线组合"导航栏；系统提供了转为组合线和转为样条线两种方式。下面以"转为组合线"为例进行介绍。

27. 曲线组合

选择"转为组合线",拾取待组合的曲线,根据需要勾选相关选项,右击结束当前命令,即得到组合曲线。

注:

① 导航工具条中"拷贝对象"选项决定在组合过程中是否保留原始曲线。

② 组合的曲线存在间隙时,间隙小于设定的间隙精度,系统自动使用毗连方式连接曲线;

③ 进行曲线组合时也可以先选择要进行组合的曲线,再单击"曲线组合"按钮,曲线将自动被组合。

七、曲线炸开

"曲线炸开"命令用于将一条组合曲线恢复为组合前的多条首尾相接的曲线。

单击 Ribbon 菜单中的"曲线"→"曲线炸开"按钮,拾取待炸开的组合曲线,曲线将自动被炸开,右击结束当前命令。

28. 曲线炸开

注:

① 进行"曲线组合"时选择"转为组合线"选项,则生成的曲线为一条组合曲线,该曲线可以被炸开为组合前的多条曲线。

② 进行曲线组合时选择"转为样条线"选项,则生成的曲线为一条样条曲线,该曲线不能被炸开为组合前的多条曲线。

③ 进行曲线炸开时也可以先选择组合的曲线,再单击"曲线炸开"按钮,组合曲线将自动被炸开。

八、曲线桥接

"曲线桥接"命令用于按照指定的连续条件、连接部位将两条曲线或一条曲线和一个点快速地连接起来。曲线桥接是曲线连接中常用的方法。

29. 曲线桥接

单击 Ribbon 菜单中的"曲线"→"曲线桥接"按钮,打开"曲线桥接"导航栏;系统提供了线线桥接、线点桥接和多线桥接 3 种曲线桥接方式,下面以"线线桥接"为例进行介绍。

"线线桥接"命令是将两条曲线(包括单根曲线、组合线或几何曲面边界线)按指定的连续条件用一根曲线快速进行连接。

选中"线线桥接",依次拾取要桥接的两条曲线或曲面边界线;设置端点连续条件并调整控制点,如图 4-2-12 所示。右击完成桥接。

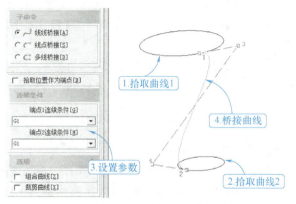

图 4-2-12 "线线桥接"编辑曲线

注：

① 要进行桥接的曲线可以是单根曲线、组合线或几何曲面边界线。

② G0 连续：即位置连续，将消除两曲线间的连接间隙；G1 连续：即切矢连续，在消除两曲线间间隙的基础上，将两曲线调整到光滑连接状态；G2 连续：即曲率连续，两曲线在连接端点处不仅相互连接、相切，而且曲率相同。

③ 可以通过调节桥接曲线上的控制点来调整桥接曲线的形状，如拖动控制点 1、2 可以调节切点的起始位置，拖动控制点 3、4 可以调节桥接曲线的饱满程度。

④ 拾取要进行桥接的两条曲线，拾取位置应尽量靠近要进行桥接的端点，如图 4-2-13 所示，否则可能生成不同的桥接曲线，如图 4-2-14 所示。

图 4-2-13　靠近桥接端点

图 4-2-14　远离桥接端点

九、曲线光顺

"曲线光顺"命令用于在给定的精度范围内自动调整曲线形状，使曲线曲率变化较大的位置变得相对平滑。由于对曲线光顺性的判断带有一定的主观因素，可能需要用户根据光顺效果以及光顺曲线与原始曲线的偏差等多种因素进行多次曲线光顺操作。

第三节　曲面绘制

几何曲面主要包含两种曲面类型：标准曲面和自由曲面。SurfMill 软件中的自由曲面造型采用了 NURBS 作为几何描述的主要方法。

标准曲面是可以用简单的函数来表达的规则曲面，包括球面、柱面、锥面和环面等。标准曲面可以精确转化为 NURBS 曲面。构造标准曲面的操作过程比较简单，只要输入相应的参数，即可生成标准曲面。

构造自由曲面的操作过程相对复杂一些，一般来说需要通过拾取一些特征曲线并执行相应的曲面构造命令来构造曲面。自由曲面包括平面、拉伸面、旋转面、直纹面、蒙面、扫掠面等。

一、标准曲面

"标准曲面"命令用来构造简单的规则曲面。

单击 Ribbon 菜单中的"曲面"→"标准曲面"按钮，打开"标准曲面"导航栏；系统提供了球面、柱面、锥面、环面、椭球面和方体 6 种标准曲面构造方式。球面、柱面、锥面、环面和椭球面均有 3 种类型：凸、凹、完整模型。下面以"球面"为例进行介绍。

选中"球面",拾取球心坐标,设置球半径,右击结束当前命令,即得到球面,如图 4-3-1 所示。

图 4-3-1　绘制球面

二、平面

"平面"命令用于根据点或边界线来绘制平面。与绘图平面不同,该平面是实际存在的几何面,是具有边界的,可以对它进行裁剪、倒角等曲面编辑操作。

单击 Ribbon 菜单中的"曲面"→"平面"按钮,打开"平面"导航栏;系统提供了两点平面、三点平面和边界平面 3 种平面构造方式。下面以"边界平面"为例进行介绍。

"边界平面"是通过拾取空间上的封闭轮廓线来构造平面的。

选中"边界平面",根据状态栏提示,拾取边界线,右击确认,即可得到平面,如图 4-3-2 所示。右击结束当前命令。

图 4-3-2　绘制边界平面

三、拉伸面

"拉伸面"命令用于将曲线沿指定方向、指定距离拉伸成拉伸面。拉伸时还可指定倾斜角度,以形成一个带拔模斜度的拉伸面。

30. 拉伸面

单击 Ribbon 菜单中的"曲面"→"拉伸面"按钮,打开"拉伸面"导航栏;系统提供了沿方向拉伸、拉伸到平面、带状拉伸和法向拉伸 4 种拉伸面构造方式。下面以"沿方向拉伸"为例,构造拉伸面。

选中"沿方向拉伸",拾取拉伸曲线,选择拉伸方向,设置拉伸距离,根据需要设置拉伸选项，即得到拉伸面，如图 4-3-3 所示。右击结束当前命令。

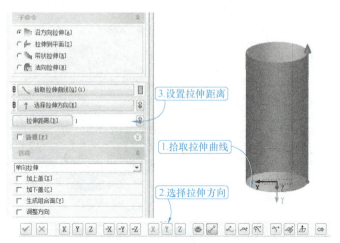

图 4-3-3　绘制拉伸面

四、旋转面

"旋转面"命令用于将轮廓曲线按给定的起始角度和终止角度绕一旋转轴线旋转而形成旋转面。

31. 旋转面

单击 Ribbon 菜单中的"曲面"→"旋转面"按钮，打开"旋转面"导航栏；根据状态栏提示，依次拾取轮廓线、旋转轴线；设置旋转角度，右击确认，即得到旋转面，如图 4-3-4 所示。

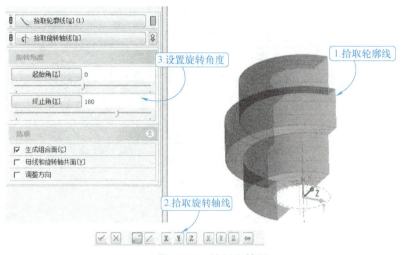

图 4-3-4　绘制旋转面

五、直纹面

"直纹面"命令用于将两条截面线串相连而生成直纹面。其中通过曲面的轮廓称为截面线串，它可以由多条连续的曲线、曲面边界线组成，也可以

32. 直纹面

选取曲线的点或端点作为截面线串。

单击 Ribbon 菜单中的"曲面"→"直纹面"按钮，打开"直纹面"导航栏，系统提供了两曲线、曲线单点、两轮廓和轮廓单点 4 种绘制直纹面的方式。下面以"两曲线"和"曲线单点"为例，绘制直纹面。

1. 两曲线

选中"两曲线"，根据状态栏提示，依次拾取曲线 1 和曲线 2，即得到直纹面，如图 4-3-5 所示。右击结束当前命令。

2. 曲线单点

选中"曲线单点"，根据状态栏提示，依次拾取曲线和点，即得到直纹面，如图 4-3-6 所示。右击结束当前命令。

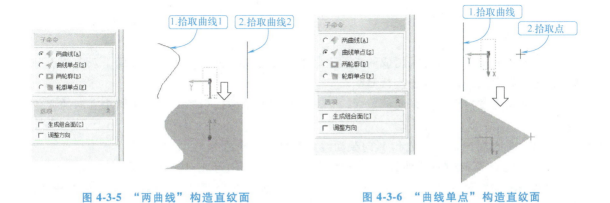

图 4-3-5　"两曲线"构造直纹面　　　　图 4-3-6　"曲线单点"构造直纹面

六、单向蒙面

以一组方向相同、形状相似的截面线为骨架，在其上蒙上一张光滑曲面，称为单向蒙面，构造出来的曲面只能反映截面线法向一个方向的变化趋势。

33. 单向蒙面

单击 Ribbon 菜单中的"曲面"→"单向蒙面"按钮，打开"单向蒙面"导航栏，根据状态栏提示，拾取截面线，即可预览蒙面，如图 4-3-7 所示。右击结束拾取，再次右击结束当前命令。

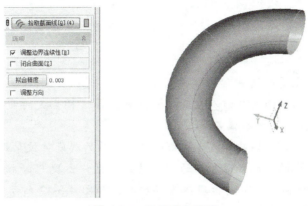

图 4-3-7　构造单向蒙面

注：拾取的截面线个数和顺序反映了生成的蒙面形状，如图 4-3-8 和图 4-3-9 所示；当截面个数为 2 时，生成的蒙面与"两曲线"生成的直纹面一致。

图 4-3-8　截面线个数反映的蒙面形状　　　　图 4-3-9　截面线顺序反映的蒙面形状

七、双向蒙面

在两组纵横交错的截面线构成的骨架上蒙上一张光滑曲面，称为双向蒙面。双向蒙面分别通过两组截面线，并光滑连接截面线。

双向蒙面通过指定两个方向的截面线，进一步控制了曲面形状，反映了两个方向的变化趋势。

双向蒙面的 U 向截面线数和 V 向截面线数都可以大于或等于 2，但不能小于 2。

单击 Ribbon 菜单中的"曲面"→"单向蒙面"按钮，在下拉菜单中选择"双向蒙面"，打开"双向蒙面"导航栏；根据状态栏提示，依次拾取至少两条 U 向截面线，右击确认；再依次拾取至少两条 V 向截面线，即得到双向蒙面预览显示，如图 4-3-10 所示。右击结束当前命令。

图 4-3-10　构造双向蒙面

注：
① 截面线必须为光滑曲线。
② 纵横两个方向的截面线应该在网孔端点处相交，这样生成的曲面才能很好地蒙在截面线上，否则将会产生不确定的偏差。
③ 截面线两端可以伸出网孔外，生成曲面时网孔外的线段将被忽视，如图 4-3-11 所示。
④ 两组截面线形成的网孔必须为四边形网孔，不允许出现三边形或五边形网孔，且每行和每列的网孔数必须相等，不能出现不完整网孔，如图 4-3-12 所示。当各个四边形网孔形状较为规则和均匀时，生成的曲面形态才较好。

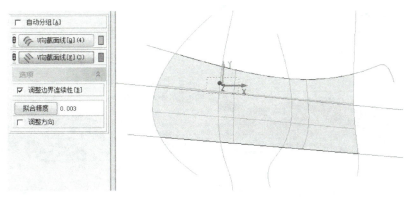

图 4-3-11 截面线伸出网孔

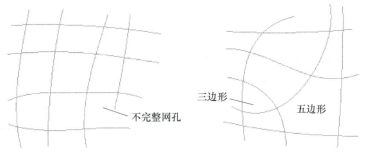

图 4-3-12 异常网孔

⑤ 当截面线较为规则时，在拾取 U 向和 V 向截面线时可以选中所有截面线，此时系统可以自动区分 U 向和 V 向截面线，并生成曲面。

八、扫掠

将截面线沿着一条或两条轨迹线运动而扫出的曲面，称为扫掠面。截面线构成扫掠面的骨架，用来控制扫掠面一个方向上的形状，轨迹线则用来引导和约束截面线的运动，确定截面线在空间的位置。

34. 扫掠

扫掠面的构造规则是非常灵活多样的。截面线的数量可以为一条或多条，轨迹线也可以为一条或两条。在扫掠过程中，可以对截面线和轨迹线施加不同的几何约束，让截面线和轨迹线之间保持不同的位置关系，还可以对截面线施加各种变形规则，从而生成形状多样的扫掠面。

1. 单轨扫掠

"单轨扫掠"命令是通过将一条或多条截面线沿单条轨迹线的方向运动扫掠，从而形成曲面。

单轨单个截面线扫掠时，是将一条截面线沿着单条轨迹线的方向运动扫掠而形成的曲面；单轨多个截面线扫掠时，初始截面线沿着轨迹线扫掠，并逐步平滑过渡到下一个截面线，生成的扫掠面将插值（通过）所有截面线，并在各截面线间平滑过渡。

单击 Ribbon 菜单中的"曲面"→"单轨扫掠"按钮，打开"单轨扫掠"导航栏；拾取轨迹线，拾取截面线，右击结束截面线拾取，即可预览创建的单轨扫掠面。根据需要，也可以在"选项"栏中设置截面变形参数。截面线为单条和多条时的扫掠面分别如图 4-3-13 和图 4-3-14 所示。

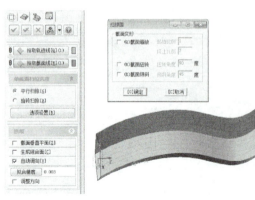

图 4-3-13　单截面单轨扫掠　　　　　　　　图 4-3-14　多截面单轨扫掠

当截面线为单条线时，系统提供了平行和旋转两种扫掠方式。

（1）平行扫掠　平行扫掠是指截面线在轨迹线各点处的方位保持不变，即截面线所在平面的法向矢量在运动过程中始终平行于其初始方向，如图 4-3-15 所示。

（2）旋转扫掠　旋转扫掠是指截面线沿轨迹线运动时，按照轨迹线各点处的切向矢量方向做相应的旋转，从而保持截面线所在平面的法向矢量方向与轨迹线的切向矢量方向的相对角度不变，如图 4-3-16 所示。

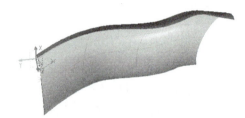

图 4-3-15　单截面平行扫掠　　　　　　　　图 4-3-16　单截面旋转扫掠

当截面线为单条线时，系统提供了截面缩放、截面扭转和截面倾斜 3 种扫掠面变形方式。

（1）截面缩放　截面线在扫掠过程中进行缩放，缩放比例由起始比例平滑过渡到终止比例。图 4-3-17 所示为起始比例为 1、终止比例为 3，对截面进行放大过程的扫掠面。

（2）截面扭转　截面线在扫掠过程中进行扭转，也就是截面线将在自身平面内绕着轨迹线的切向矢量进行旋转，旋转角度从 0° 逐步过渡到扭转角度。图 4-3-18 所示为截面扭转 90°的扫掠面。

（3）截面倾斜　截面线所在平面在扫掠过程中绕着截面线平面与轨迹线平面的交线进行旋转（前倾或后倾），旋转角度从 0° 逐步过渡到倾斜角度。如果截面线为直线则不进行倾斜。图 4-3-19 所示为截面倾斜 45°的扫掠面。

图 4-3-17　截面缩放　　　　　图 4-3-18　截面扭转　　　　　图 4-3-19　截面倾斜

注：在生成扫掠面之前，应当将轨迹线和截面线都摆放在希望曲面生成的位置上，并调整好截面线与轨迹线的空间位置。只有当轨迹线的起点落在截面线上时曲面才会既通过截面线又通过轨迹线。截面线所在平面最好垂直于轨迹线，这样生成的扫掠面才比较光顺。

2. 双轨扫掠

双轨扫掠是将截面线搭在两条轨迹线上，并沿着轨迹线的方向运动扫掠而形成曲面。

单击 Ribbon 菜单中的"曲面"→"单轨扫掠"按钮，在下拉菜单中选择"双轨扫掠"，打开"双轨扫掠"导航栏；连续拾取两条轨迹线；然后拾取截面线，右击结束拾取，即可预览创建的双轨扫掠面，如图 4-3-20 所示。右击结束当前命令。

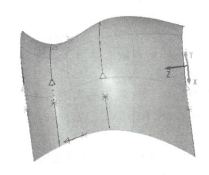

图 4-3-20　双轨扫掠

注：在生成扫掠面时，两条轨迹线的方向必须一致，否则生成的曲面将是扭曲的。

3. 旋转扫掠

将截面线绕指定旋转轴旋转，同时对截面线进行调整（平移和缩放等），以保证其端点搭在轨迹线上，这样形成的轨迹曲面称为旋转扫掠面。旋转扫掠可以视为旋转与扫掠的结合。旋转扫掠的轨迹线可以为一条也可以为两条。

单击 Ribbon 菜单中的"曲面"→"旋转扫掠"按钮，打开"旋转扫掠"导航栏；依次拾取截面线、轨迹线，右击结束拾取；拾取旋转轴线，右击确认，即得到旋转扫掠后的图形，如图 4-3-21 所示。

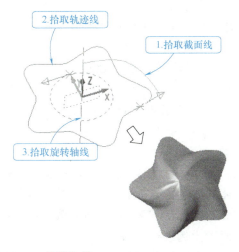

图 4-3-21　旋转扫掠

注：在生成扫掠面之前，应当将轨迹线和截面线都摆放在希望曲面生成的位置上，并调整好截面线与轨迹线的空间位置，只有当轨迹线与截面线有交点时曲面才会既通过截面线又通过轨迹线。

第四节 曲面编辑

曲面编辑是对已存在的曲面进行修改。当曲面被创建后，常需要对绘制的曲面进行编辑修改，如快速修剪去除不需要的曲面部分，组合分片的曲面为一组曲面等，以完善曲面形状。

一、曲面倒角

"曲面倒角"命令是用截面为圆弧的过渡曲面将两张曲面光滑连接起来，同时根据过渡曲面对原曲面进行裁剪，形成整体光滑的效果。

35. 曲面倒角

"两面拼接"命令也可以对两张曲面进行光滑连接，但其主要用于将两张不相连的曲面连接起来，不需要对原始曲面进行裁剪，而且生成的过渡面的截面线一般都不是圆弧。

单击 Ribbon 菜单中的"曲面"→"两面倒角"按钮，打开"两面倒角"导航栏；系统提供了等半径倒圆角和变半径倒圆角两种曲面倒角方式。下面以"等半径倒圆角"为例进行介绍。

选中"等半径倒圆角"，依次拾取曲面 1 和曲面 2，单击曲面改变箭头方向，使两曲面上的箭头均指向过渡面的圆弧截面的圆心；右击确认，即形成圆角，如图 4-4-1 所示。

二、曲面裁剪

曲面裁剪是对已生成的曲面进行修剪，保留需要的部分，去除不需要的部分。被裁剪后的曲面称为裁剪面，被裁去区域称为裁剪区域，被裁去区域的边界称为裁剪边界，封闭的裁剪边界称为裁剪环。

系统提供了线面裁剪、面面裁剪、流线裁剪和一组面内裁剪 4 种曲面裁剪方式。下面主要介绍常用的线面裁剪和面面裁剪。

 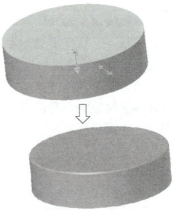

图 4-4-1 "等半径倒圆角"编辑曲面

1. 线面裁剪

"线面裁剪"命令通过投影边界轮廓来修剪片体。系统将根据指定的投射方向，将一边界（曲线、片体的边界）投射到目标片体，从而修剪出相应的轮廓形状。线面裁剪分为 3 种操作方式：快速裁剪、分割曲面和拾取裁剪域，系统默认的裁剪方式为"分割曲面"。下面以"分割曲面"为例进行介绍。

分割曲面是用裁剪曲线沿投射方向分割曲面，保留所有分割出来的曲面片。

单击 Ribbon 菜单中的"曲面"→"线面裁剪"按钮,打开"线面裁剪"导航栏;选中"分割曲面",拾取裁剪曲线,右击确认;拾取曲面,右击确认;选择投射方向,再次右击确认,即得到被裁剪曲线分割的曲面,如图 4-4-2 所示。

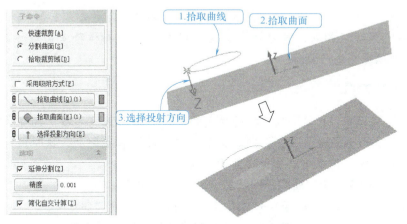

图 4-4-2 线面裁剪之"分割曲面"

注:在线面裁剪过程中,曲线的投射方向默认为当前绘图平面的法向,如需修改,可单击"选择投影方向"按钮来调整投射方向。

2. 面面裁剪

面面裁剪是指系统利用两组曲面的交线作为剪切线对两组曲面进行相互裁剪。面面裁剪分为 3 种操作方式:快速裁剪、分割曲面和拾取裁剪域,系统默认的裁剪方式为"分割曲面"。下面以"拾取裁剪域"为例进行介绍。

36. 面面裁剪

单击 Ribbon 菜单中的"曲面"→"线面裁剪"按钮,在下拉菜单中选择"面面裁剪",打开"面面裁剪"导航栏,选中"拾取裁剪域";拾取曲面组 1,右击确认;拾取曲面组 2,右击确认;拾取裁剪区域,右击确认,即得到裁剪后的图形,如图 4-4-3 所示。

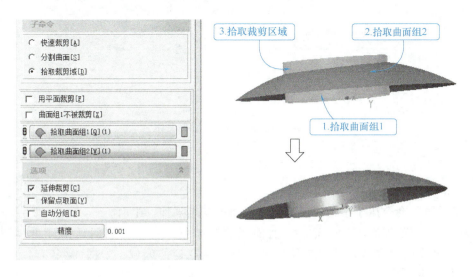

图 4-4-3 面面裁剪之"拾取裁剪域"

注：

① "保留点取面"是指拾取的区域被保留还是被删除，系统默认不勾选，即选择的区域将被删除，否则被保留。

② 当两曲面没有交线或交线不能形成有效剪切线时，无法进行面面裁剪，面面裁剪必须满足以下条件：一个有效的剪切线，不能和曲面边界线重合或部分重合；一个有效的剪切线，不能和其他剪切线相切；当剪切线不能形成裁剪环又不横跨曲面边界时，必须勾选"延伸裁剪"选项才能进行裁剪。

三、曲面补洞

在模具加工过程中，可能需要将裁剪面上的某些空洞（裁剪区域）用曲面填上，以方便刀具轨迹的生成，但同时又不希望破坏原有裁剪面，这时可以使用曲面修补功能。这里重点介绍"曲面补洞"命令。

37. 曲面补洞

"曲面补洞"命令用于对曲面上的裁剪区域（环）进行填补。

单击 Ribbon 菜单中的"曲面"→"曲面补洞"按钮，打开"曲面补洞"导航栏；系统提供了单个环（域）、所有内环、所有外环、所有裁剪环和缺口洞 5 种补面方式。下面以"所有内环"为例进行介绍。

选中"所有内环"，根据状态栏提示，拾取裁剪曲面，右击确认，拾取裁剪环，即可预览待补洞区域，如图 4-4-4 所示。再次右击结束当前命令。

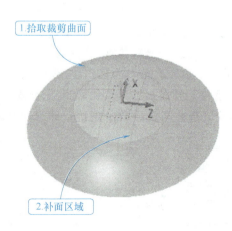

图 4-4-4 曲面补洞之"所有内环"

四、曲面延伸

"曲面延伸"命令用于按距离或与另一组面的交点延伸一组面。

38. 曲面延伸

单击 Ribbon 菜单中的"曲面"→"曲面延伸"按钮，打开"曲面延伸"导航栏；拾取曲面边界线，设置延伸长度，即可预览延伸区域，如图 4-4-5 所示。右击确认延伸。

第四章　SurfMill软件模型创建

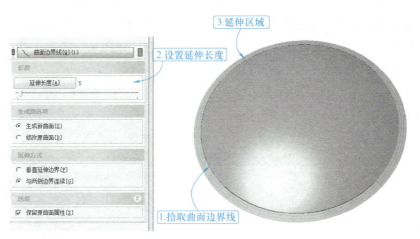

图 4-4-5　曲面延伸

注：

① 延伸方式仅适用于生成新曲面，用来控制延伸后曲面与原曲面之间的连续性，具体包括两种连续方式，"与两侧边界连续"和"垂直延伸边界"。

② "与两侧边界连续"是指延伸曲面的两侧边界与要进行延伸的曲面边界两端的相邻边界线保持连续，如图 4-4-6 所示；"垂直延伸边界"是指延伸曲面的两侧垂直于延伸边界，如图 4-4-7 所示。

③ 对旋转面、球面和柱面等具有旋转特征的旋转曲面进行延伸操作时，当所选延伸边界线为其母线时，在选中"修改原曲面"的前提下，将按照其自然定义方式进行延伸（改变旋转角度），如图 4-4-8 所示。

　　　　　　　　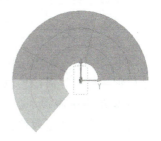

图 4-4-6　与两侧边界连续　　　图 4-4-7　垂直延伸边界　　　图 4-4-8　旋转面延伸

五、曲面等距

39. 曲面等距

"曲面等距"命令是将已知曲面沿曲面法向偏移一个恒定的或多个可变的距离，以得到等距面。

单击 Ribbon 菜单中的"曲面"→"曲面编辑"→"更多"按钮，在下拉菜单中选择"曲面等距"，打开"曲面等距"导航栏；系统提供了恒等距和变等距两种曲面等距方式。下面以"恒等距"为例进行介绍。

恒等距是通过给定等距（偏移）方向和距离，生成与已知曲面等距的曲面。等距面的性质与等距线相似，等距面的各个点到原始曲面的距离等于给定的距离。

等距面的形状不仅受原始曲面的影响，而且与等距距离及等距方向有关。

选中"恒等距"，根据状态栏提示，拾取曲面，设置等距距离，选择等距方向，即得到等距曲面，如图 4-4-9 所示。

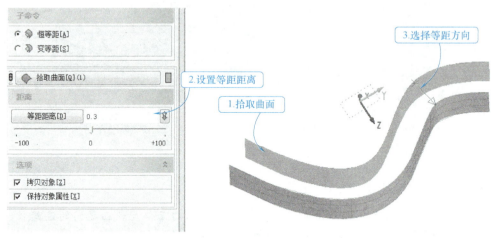

图 4-4-9 "恒等距"曲面

注：
① 当原始曲面上某些点处不光滑或法线不唯一时，则不能生成等距面或出现错误。
② 如果等距距离大于原始曲面的最小曲率半径，等距面可能出现异常，如原始曲面的一部分在等距面上消失、等距面自相交或出现尖棱等，如图 4-4-10 所示。

图 4-4-10 等距异常

六、曲面组合

"曲面组合"命令用于将相邻曲面组合为一张组合曲面，以加快交互界面的拾取操作，例如，在曲面裁剪和定义加工区域时可以加快拾取过程。

单击 Ribbon 菜单中的"曲面"→"曲面组合"按钮，拾取相邻的曲面，右击确认，即得到组合面；或者先选取待组合的曲面，再单击"曲面组合"按钮，也可以得到组合面。

注：
① 为了操作快捷，先拾取需组合的曲面，再选择"曲面组合"命令，也可直接完成组合面操作。
② 组合曲面的图层、颜色、线型、线宽属性与系统当前属性保持一致。
③ 与"曲面融合"命令不同，组合后的曲面可通过"曲面炸开"分解成原来的单个曲面。
④ 不相邻的曲面无法组合。

七、曲面炸开

"曲面炸开"命令用于将组合在一起的曲面打散为一张张独立的曲面，

40. 曲面炸开

可视为曲面组合的逆过程。

单击 Ribbon 菜单中的"曲面"→"曲面组合"按钮，在下拉菜单中选择"曲面炸开"，拾取组合曲面，右击确认，即得到独立的曲面；或者先选取组合曲面，再单击"曲面炸开"按钮，也可得到独立曲面。

八、曲面光顺

"曲面光顺"命令用于在给定的偏差范围内以及边界约束条件下自动调整曲面形状，使曲面曲率变化较大的部分变得较平滑。

由于曲面的光顺性影响几何外形的美观，带有一定的主观因素，需要用户根据光顺效果以及光顺曲面与原始曲面的偏差等多种因素进行多次光顺操作。

单击 Ribbon 菜单中的"曲面"→"曲面光顺"按钮，打开"曲面光顺"导航栏，拾取曲面，右击确认，系统将自动对曲面进行处理，若光顺成功，则弹出"曲面光顺成功"信息；否则，会显示光顺不成功处。

注：导航栏中的参数含义如下：
① 自由：对曲面边界不施加任何约束条件。
② 固定角点：光顺前后曲面的 4 个角点位置保持不变。
③ 固定边界：光顺前后曲面的四条边界保持不变。
④ 保持边界切矢：光顺前后曲面的四条边界以及沿边界的切矢保持不变。

第五节　变　　换

图形变换主要包括 3D 平移、3D 旋转和 3D 镜像等，这些变换均是相对于当前坐标系进行的变换操作；图形的聚中、对齐和翻转等变换；曲线曲面方向调整和类型转换。

41. 3D 平移

一、3D 平移

"3D 平移"命令用于将图形在 3D 空间中移动或复制至新的位置。

单击 Ribbon 菜单中的"变换"→"3D 平移"按钮，打开"3D 平移"导航栏，系统提供了两点平移、沿方向平移和位移平移 3 种 3D 平移方式。下面以"两点平移"为例进行介绍。

两点平移通过定义平移参考点和目标点来确定图形平移后的位置。

根据状态栏提示，拾取对象，单击"两点平移"按钮，依次拾取基准点、平移目标点，即可预览平移图形，如图 4-5-1 所示。

注：只有勾选了"拷贝对象"选项后，系统才会弹出"保持对象

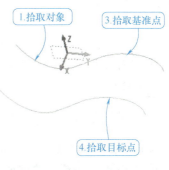

图 4-5-1　"两点平移"变换图形

属性"和"平移个数"两个设置选项。

二、3D 旋转

"3D 旋转"命令用于将图形绕空间任意轴进行旋转移动或旋转复制。

单击 Ribbon 菜单中的"变换"→"3D 旋转"按钮,打开"3D 旋转"导航栏,拾取旋转对象,拾取旋转轴并设置旋转角度,即可预览旋转后的图形,如图 4-5-2 所示。

42. 3D 旋转

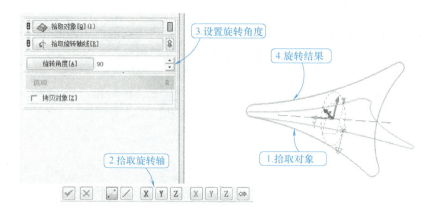

图 4-5-2 "3D 旋转"变换图形

注:

① 所定义的旋转轴可以为空间中任意方向和位置的轴线,与当前绘图平面无关。

② 定义多个图形旋转复制数目,可以实现图形的圆形阵列,如图 4-5-3 所示。

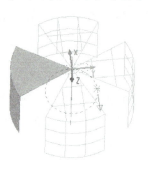

图 4-5-3 圆形阵列

③ 只有勾选了"拷贝对象"选项后,系统才会弹出"保持对象属性"和"旋转个数"两个设置选项。

三、3D 镜像

"3D 镜像"命令用于将图形相对于空间任意平面进行镜像变换。

单击 Ribbon 菜单中的"变换"→"3D 镜像"按钮,打开"3D 镜像"导航栏,拾取镜像对象、镜像平面,即可预览镜像后的图形,如图 4-5-4 所示。

43. 3D 镜像

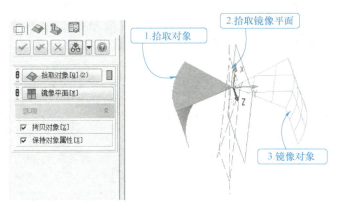

图 4-5-4 "3D 镜像"变换图形

四、3D 放缩

"3D 放缩"命令用于将图形在 3D 空间中相对于当前用户坐标系的 X、Y 和 Z 3 个方向进行等比例或不同比例的尺寸放缩。

单击 Ribbon 菜单中的"变换"→"3D 放缩"按钮,打开"3D 放缩"导航栏,拾取对象,右击确认;拾取放缩中心,设置放缩比例,即可预览放缩后的图形,如图 4-5-5 所示。

44. 3D 放缩

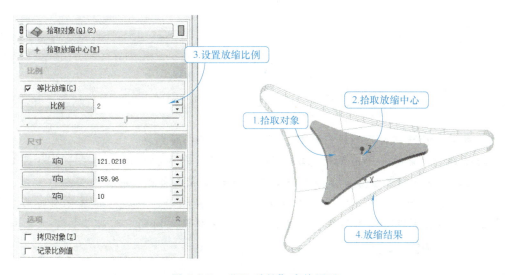

图 4-5-5 "3D 放缩"变换图形

五、阵列

图形阵列变换是相对于当前绘图面而言的,包括矩形阵列、圆形阵列和曲线阵列。下面以"曲线阵列"为例进行介绍。

拾取对象,此时"曲线阵列"图标被激活,单击 Ribbon 菜单中的

45. 阵列

"变换"→"矩形阵列"按钮,在下拉菜单中选择"曲线阵列",打开"曲线阵列"导航栏;根据状态栏提示,拾取阵列图形路径;在图形路径上拾取阵列基准点并选择阵列方向,根据需要在参数导航栏中定义阵列参数,即得到阵列图形,如图4-5-6所示。

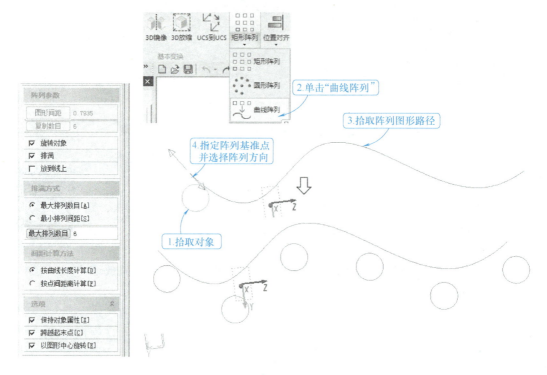

图 4-5-6 "曲线阵列"变换图形

注:
① 旋转对象:阵列时图形进行旋转,并沿着曲线径向排列。
② 按曲线长度计算:图形元素基准点间的曲线长度相等,即阵列的第一个与第二个图形基准点间对应的曲线长度等于第二个与第三个图形基准点间对应的曲线长度。
③ 按点间距离计算:图形元素基准点间的直线距离相等,即阵列的第一个与第二个图形基准点之间的直线距离等于第二个与第三个图形基准点之间的直线距离,此选项与"按曲线长度计算"互锁。

六、图形聚中

"图形聚中"命令用于将所选图形的某一特征点(即其包围盒的某一特征点)对齐到当前坐标系的原点位置,以对图形进行快速移动和聚中对齐。

单击Ribbon菜单中的"变换"→"图形聚中"按钮,打开"图形聚中"导航栏;拾取需要进行聚中操作的曲线或曲面图形对象,即可预览聚中对象,如图4-5-7所示;可在参数导航栏中定义所选图形在当前坐标系X、Y、Z 3个轴方向上的特征点与当前坐标系的原点的对应聚中方式,右击确认。

 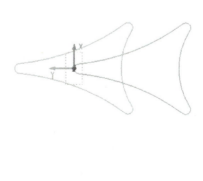

图 4-5-7 "图形聚中"变换图形

注：该功能常用于将从外部输入的 IGES 文件的曲面模型进行快速聚中变换操作，方便后续的操作和刀具路径的输出。

七、图形翻转

"图形翻转"命令用于将选中的图形绕当前坐标系的某一坐标轴旋转一个角度。

单击 Ribbon 菜单中的"变换"→"图形翻转"按钮，打开"图形翻转"导航栏；拾取需要进行翻转操作的曲线或曲面对象，设置翻转轴和翻转角度，即可预览翻转后的对象，如图 4-5-8 所示。

 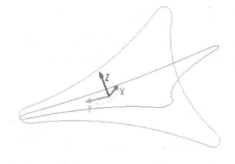

图 4-5-8 "图形翻转"变换图形

八、方向和起点

"方向和起点"命令用于调整曲线、流线方向或曲面的法向矢量或一条闭合组合曲线的起始点。

单击 Ribbon 菜单中的"变换"→"方向和起点"按钮，打开"方向和起点"导航栏；拾取对象，单击图形，即可使图形反向，如图 4-5-9 所示；或者单击"调整曲线起点"按钮，拾取曲线上的某一点，则曲线上靠近该点的端点将被作为起点。

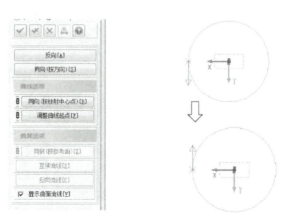

图 4-5-9 "方向和起点"变换图形

注：

① 同向、反向：与指定方向夹角小于 90°的方向即可认为是同向；与指定方向夹角大于 90°的方向即可认为是反向。

② 系统自定义的曲面方向：指曲面在 U、V 向线中心点处的法向矢量方向。

第六节　专业功能

一、文字编辑

1. 文字编辑

"文字编辑"命令用于在绘图区完成文字的输入，并可对字体的类型、高度、宽度等进行设置。

单击 Ribbon 菜单中的"专业功能"→"文字编辑"按钮，打开"文字编辑"导航栏；拾取文字基点，在导航栏中输入文字，设置文字的相关属性及对齐方式，按<Enter>键或在绘图区单击，即可预览所输入文字，如图 4-6-1 所示。

图 4-6-1　文字编辑

2. 文字转图形

"文字转图形"命令用于将文字对象转换为图形集合对象，常用于将文字转化为可操作的曲线，以对文字进行拉伸、投影等操作。

单击 Ribbon 菜单中的"专业功能"→"文字转图形"按钮，打开"文字转图形"导航栏，系统提供了组合整个字串、组合单个字符和组合单个笔画 3 种文字转化为图形的方式。

其中，"组合整个字串"用于将选定的整个文字串组合为一个图形集合对象；"组合单个字符"用于将每个字符转换为一个独立的图形集合对象；"组合单个笔画"用于将每个单独的与其他笔画不连接的笔画转换为一个独立的图形集合对象。

注：若文字为字母组或数字组合，可以选择将文字转化为"组合单个字符"；若为汉字则建议选择"组合单个笔画"，以实现将文字转化为组合曲线。

二、五轴曲线

五轴曲线是 SurfMill 的一项重要功能，是五轴加工的一种辅助手段。用来在五轴联动加工中控制刀轴方向，使刀轴在空间范围偏摆，实现一些具有复杂五轴特征的零件加工。

46. 五轴曲线

1. 初始化五轴曲线

单击 Ribbon 菜单中的"五轴曲线"→"初始化五轴曲线"按钮，打开"初始化五轴曲线"导航栏，系统提供了生成五轴曲线和初始化五轴曲线两种方式，下面以"生成五轴曲线"为例进行介绍。

生成五轴曲线是将 2D 和 3D 曲线通过一种初始化方式快速地生成所需要的近似五轴曲线。

选中"生成五轴曲线"，拾取曲线，设置初始化参数、初始化方式和基线类型，即可预览生成的五轴曲线，右击如图 4-6-2 所示。

图 4-6-2 "生成五轴曲线"创建五轴曲线

下面对导航栏中的重要参数进行详细说明。

（1）初始化方式　系统提供了 6 种初始化方式：曲面法向、指向点、指向曲线、由点起始、由曲线起始和仰角与方位角。其中，"仰角与方位角"最常用，其他 5 种方式与五轴加工中的刀轴控制方式一一对应。在进行五轴曲线刀轴定义的过程中，对出现问题的刀轴控制点软件进行默认处理，对出现问题的刀轴控制点以红色进行标记。

1）仰角与方位角初始化方式。

① 仰角初始化。系统提供了 3 种仰角初始化方式，分别是"设为同一值"：把仰角设为一固定值；"指向曲线"：在方位角确定后，旋转刀轴，由刀轴正向延伸线与刀轴控制线的交点来控制仰角大小；"由曲线起始"：在方位角确定后，旋转刀轴，由刀轴反向延伸线与

刀轴控制线的交点来控制仰角大小。

"仰角":在世界坐标系下,刀轴与 XOY 平面的夹角,范围为-90°~90°。

② 方位角初始化。

系统提供了两种方位角初始化方式,分别是"垂直曲线":指刀轴方向始终与对应曲线切线方向垂直,当仰角为固定值时,有垂直左侧和右侧之分;"设为同一值":方位角固定。

"方位角":在世界坐标系下,刀轴在 XOY 平面上的投影与 X 轴顺时针方向的夹角,范围为 0°~360°。当仰角为±90°时,方位角无效。

2)曲面法向:刀轴的控制方式通过选择的曲面法向来确定。

3)指向点:生成的五轴曲线刀轴方向都指向选定的点。

4)指向曲线:五轴曲线刀轴方向都指向选定的曲线。曲线对应方式有最小距离对应和参数对应两种。

5)由点起始:生成的五轴曲线刀轴方向都由选定的点起始。

6)由曲线起始:生成的五轴曲线刀轴方向都由选定的曲线起始。

(2)基线类型 基线类型只有在"生成五轴曲线"命令中才有,系统提供了两种生成五轴曲线的类型,分别是"B 样条":对选取的曲线按照 B 样条形式生成五轴曲线;"NURBS 曲线":对选取的曲线按照 NURBS 曲线形式生成五轴曲线。

2. 编辑曲线

"编辑曲线"命令用于对初始化的五轴曲线的控制点进行编辑,通过调整仰角和方位角,达到所需要的效果。

单击 Ribbon 菜单中的"五轴曲线"→"编辑曲线"按钮,打开"编辑曲线"导航栏,如图 4-6-3 所示;拾取五轴曲线,设置"操作设置""控制点参数"等选项,右击结束当前命令。

下面对导航栏中的重要参数进行详细说明。

(1)显示刀具 显示加工所用的刀具并设置其显示方式。仅当当前刀具表存在刀具时,该选项才被激活。

(2)多点编辑 多个控制点同时编辑,常用于完成多个刀轴控制点的同时调整,以节省时间。选择该功能与不选择该功能的差异如图 4-6-4 和图 4-6-5 所示。进行多点编辑的目的:在进行多个点(至少 3 个)刀轴编辑时,中间控制点的仰角和方位角根据两端控制点的角度渐变过渡。

图 4-6-3 "编辑曲线"导航栏

图 4-6-4 "单点"控制点参数编辑

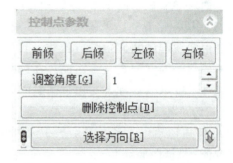

图 4-6-5 "多点"控制点参数编辑

（3）插入点刀轴　指在两个控制点间插入控制点时，插入点的刀轴控制方式，包括相邻控制点角度插值（按照直线插补的方式）和初始化方式（按照初始化刀轴控制方式来控制）。

（4）拖动点刀轴　对选定的刀轴控制点进行动态拖动。在动态拖动过程中，刀轴方向可以按照"保持不变""相邻控制点角度插值""初始化方式"3种形式进行选择。

（5）预览刀具扫掠面功能操作说明

1）拾取五轴曲线。

2）勾选"预览刀具扫掠面"选项。

3）单击"编辑路径参数"按钮，在弹出的"刀具路径参数"对话框中设置参数，如图4-6-6所示，并单击"保存"按钮保存。

图 4-6-6　"刀具路径参数"对话框

4）单击"重算刀具扫掠面"按钮，将自动生成刀具扫掠面的预览图，如图4-6-7所示。

5）勾选"显示刀具"选项，可以在选择的控制点处显示刀具（支持自定义刀具），如图4-6-8所示。

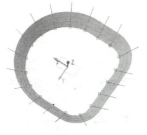

图 4-6-7　刀具扫掠面预览图

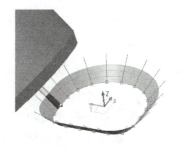

图 4-6-8　显示刀具

注：

① 编辑路径参数中刀具应选择平底刀、锥度平底刀或截面线光滑的自定义刀具。

② 加工方式选择底刃和划槽加工时，必须为二维加工路径。

③ 加工环境下当前刀具必须有编辑路径参数所使用的刀具。

④ 勾选"预览刀具扫掠面"选项时，将按照"刀具路径参数"对话框中设置的参数显示刀具；否则将按照导航工作区"显示刀具"处的设置显示刀具。

第七节 分 析

在绘图过程或编辑路径时，有时需要对已建立的曲线进行位置、形状及相互位置关系的分析和利用，从而保证所建立的曲线能够满足绘制要求。

47. 分析

一、距离

"距离"命令用于测量空间中任何两点间的距离。

单击 Ribbon 菜单中的"分析"→"距离"按钮，打开"距离"导航栏，系统提供了点点和拾取两种测量模式。选择"点点模式"，依次拾取两点，此时两点被线段连接，且右上角显示两点间的距离，窗口右侧显示"对象属性"对话框，如图 4-7-1 所示。

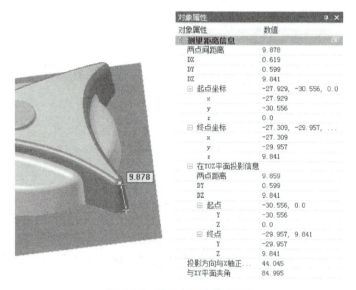

图 4-7-1 "两点距离"测距

二、线面角度

线面角度指空间直线与平面间的夹角，即直线与直线在该平面法向的投影间的夹角。

单击 Ribbon 菜单中的"分析"→"直线平面角度"按钮，依次拾取一条直线和一个平面，则窗口右侧显示"对象属性"对话框，给出了直线与平面的夹角，如图 4-7-2 所示。

图 4-7-2 直线与平面的夹角

三、两平面角度

两平面角度指的是两平面法向所指的那一侧两面的夹角。

单击 Ribbon 菜单中的"分析"→"两平面角度"按钮,依次拾取两个平面,此时系统给出了两个平面的法向向量,窗口右侧显示"对象属性"对话框,给出了平面与平面的夹角,如图 4-7-3 所示。

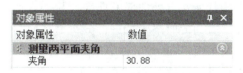

图 4-7-3　两平面夹角

四、曲率半径

曲率半径用于分析曲线和曲面各点处的法向量方向和曲率半径大小。

单击 Ribbon 菜单中的"分析"→"曲率半径"按钮,依次拾取图形对象(可为曲线或曲面)和输入点,此时系统在输入点右上方显示了最小曲率半径,窗口右侧显示"对象属性"对话框,如图 4-7-4 所示。

五、曲线曲率图

"曲线曲率图"命令用于绘制出曲线在每一点的曲率变化图,以更加形象地分析曲线整体的弯曲变化程度。该命令可用于测量任何形式的曲线,包括圆、椭圆、闭合图形和组合曲线等。

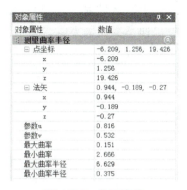

图 4-7-4　曲率半径

单击 Ribbon 菜单中的"分析"→"曲线曲率图"按钮,拾取曲线,根据需要对曲线的个数及倍数进行设置,此时绘图区的曲线上形成表示曲线变化程度的曲率图,如图 4-7-5 所示。

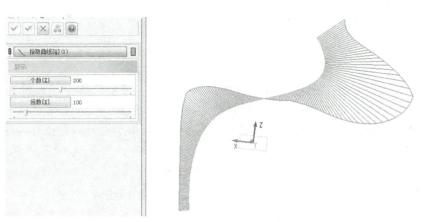

图 4-7-5　曲线曲率图

注:"个数"表示将选择的曲线对象分为多少段来进行分析,个数越多,实现的曲率图越光顺,设置范围为 1~500;"倍数"指显示的曲率半径长度与实际的曲率半径长度之间的倍数关系,用户可以根据实际需要进行调整。

六、曲面曲率图

"曲面曲率图"命令用于查看不同曲率半径范围内的曲面,并且可以通过移动鼠标来观察指针所在点处曲面的曲率,从而方便地对零件的曲面曲率进行分析。该命令常用于对零件加工表面的曲率半径进行分析,从而指导工艺规划时的选刀。

单击 Ribbon 菜单中的"分析"→"曲面曲率图"按钮,打开"曲面曲率图"导航栏,系统提供了区域显示、光滑显示、单值显示和最小半径 4 种显示方式,下面以"区域显示"为例进行介绍。

区域显示是指将曲率半径处于某一设定范围内的区域曲面以用户设定的颜色进行显示,系统最多可显示 6 种不同的颜色,每种颜色代表了两个曲率半径范围之间的曲面,区域显示对路径编辑的用户帮助较大。

选中"区域显示",拾取曲面,右击确认,被拾取的图形以相应的曲率半径颜色显示,并标出曲率半径最小值,如图 4-7-6 所示。

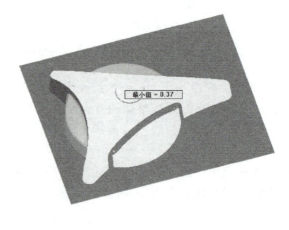

图 4-7-6　曲面曲率图

注:"光滑显示"与"区域显示"功能基本一致,不同之处在于"光滑显示"功能采用渐变的颜色显示曲率处于某一设置范围内的曲面;"单值显示"只能设置一个曲率半径的范围,并以特定的颜色进行显示,曲率半径不在设定的曲率范围内的曲面将灰暗显示。

思　考　题

1. 讨论题

(1)"投影到面""吸附到面""包裹到面""曲面交线""曲面边界线""曲面流线""曲面组轮廓线""网格曲面等距交线""提取孔中心线"这些命令都是用来实现什么功能的?

(2)生成扫掠面的方式有哪些?

(3)什么叫双轨扫掠?

(4)什么叫曲面补洞?一般在什么情况下使用"曲面补洞"命令?

2. 填空题

（1）根据曲线绘制的性质可以把曲线绘制分成 3 类：基础曲线绘制、（　　）和（　　）。

（2）将几何曲面外的曲线通过某种方式映射到曲面上，得到贴合在曲面上的对应曲线，这类曲线的构造方法包括（　　）、（　　）、（　　）等。

（3）绘制曲线后，常需要对图形进行编辑修改，以完善图形，在这里常用到的命令有"曲线倒角""曲线剪裁"（　　）（　　）（　　）（　　）（　　）（　　）（　　）。

（4）构造自由曲面的操作过程相对复杂一些，一般来说需要通过拾取一些特征曲线并执行相应的曲面构造命令来构造曲面。自由曲面包括拉伸面、（　　）、（　　）、（　　）、（　　）和旋转扫掠面等。

（5）当截面线为单条线时，系统提供了平行和旋转两种扫掠方式，分别为（　　）、（　　）。

（6）曲面裁剪是对已生成的曲面进行修剪，保留需要的部分，去除不需要的部分。被裁剪后的曲面称为（　　），被裁去区域称为（　　），被裁去区域的边界称为（　　），封闭的裁剪边界称为（　　）。

（7）图形变换主要包括：3D（　　）、3D（　　）和 3D（　　）等变换，这些变换均是相对于当前坐标系进行的变换操作。

第五章

三角开关凸模构型

知识点介绍

1）草图及辅助线的绘制。
2）基于草图的三维模型的建立。

能力目标要求

1）学习草图绘制流程。
2）掌握简单曲面组的构造过程。
3）掌握边界平面的构造方法。
4）通过对典型模型的构建，了解学而有用、学而能用、学而会用的道理。

第一节　草图及辅助线的构建

本章主要练习三角开关凸模的创建方法，创建结果如图 5-1-1 所示。

一、新建绘图图层

在导航栏中单击"3D 造型"按钮，进入 3D 造型环境；单击"编辑"→"图层管理"按钮，弹出图层管理器，依次新建 4 个图层，分别命名为 Front、Side、Top 和 Surface 层，如图 5-1-2 所示。

48. 新建绘图图层

图 5-1-1　三角开关凸模

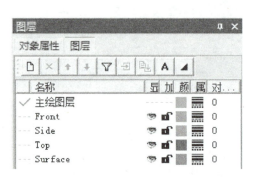

图 5-1-2　新建图层

二、绘制主要曲线

1. 在 Top 层（XOY 平面）绘制三角开关凸模轮廓曲线

设定 Top 层为当前绘图层，单击视图工具条中的按钮，切换到俯视图状态，绘制线架曲线，如图 5-1-3 所示。

（1）**绘制中心线 L1 和 L2** 单击"曲线绘制"→"直线"按钮，选择"两点线"子命令，勾选导航工具条中的"双向"选项，并单击屏幕下方的按钮 ✛ （开启/关闭正交捕捉），通过捕捉坐标原点方式绘制 X 向中心线 L1 和 Y 向中心线 L2，如图 5-1-4 所示。

（2）**绘制角度直线 L3** 选择"两点线"子命令，按图 5-1-3 所示设置参数，选择"指定角度参考线"并定义 Y 向中心线 L2 的两端点为参考线的起末点，绘制以坐标原点为起点，与 Y 轴正向夹角为 131.3°的直线 L3，绘制结果如图 5-1-5 所示。

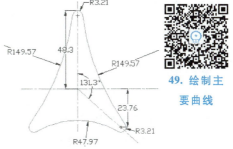

图 5-1-3 模型主要曲线

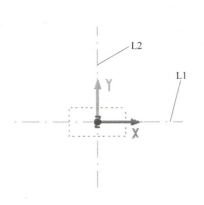

图 5-1-4 绘制 X、Y 向中心线

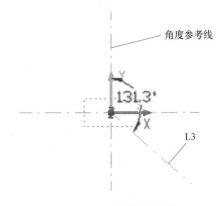

图 5-1-5 绘制角度直线

注：
① 完成曲线绘制后可通过单击"对象属性"中的"线型"按钮将所绘直线定义为点画线。

② 参数设置完成后，单击按钮 🔒 至锁定状态，锁定所输入的数据。

（3）**绘制矩形 R1** 在 Z=0 平面内，单击"曲线绘制"→"矩形"按钮，选择"直角矩形"子命令，绘制矩形 R1，定义两角点为（-43.0，-40.5）和（40.1，56.2），绘制结果如图 5-1-6 所示。

（4）**绘制圆 C1 和 C2** 在 Z=0 平面内，单击"曲线绘制"→"圆"按钮，选择"圆心半径"子命令，设置圆心坐标为（0，0），半径为 26.67mm，绘制圆；再设置圆心坐标为（0，45.09），半径为 3.21mm，绘制结果如图 5-1-6 所示。

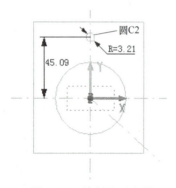 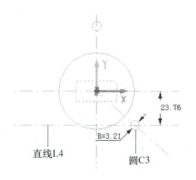

图 5-1-6 绘制矩形和圆　　　　　图 5-1-7 绘制等距线和圆

注：由于矩形框在接下来的操作中较少用到，可选择该矩形框后右击，选择"隐藏"，将其隐藏。使用时可通过右击选择该矩形框，选择"显示"，将其显示即可。

（5）绘制圆 C3　单击"曲线编辑"→"曲线等距"按钮，选择"单线等距"子命令选项，以 X 向中心线 L1 为目标曲线进行等距操作，设置等距距离为 23.76mm，绘制出等距直线 L4；以直线 L4 与角度直线 L3 的交点为圆心，半径为 3.21mm，绘制圆 C3，绘制结果如图 5-1-7 所示。

（6）绘制圆弧 A1　单击"曲线绘制"→"圆弧"按钮，选择"三点圆弧"子命令，单击"切点优先捕捉"按钮并输入半径 149.57mm，依次拾取圆 C2 和 C3，绘图区域出现 4 条可供选择的圆弧（图 5-1-8），选择位置合适的圆弧即可，绘制结果如图 5-1-9 所示。

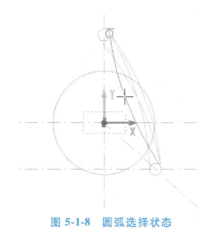 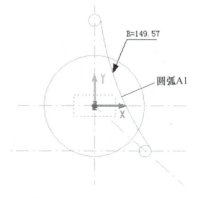

图 5-1-8 圆弧选择状态　　　　　图 5-1-9 绘制圆弧 A1

（7）镜像操作绘制圆弧 A2 和圆 C4　按住<Shift>键，拾取圆弧 A1 和圆 C3，单击"变换"→"镜像"按钮，单击"竖直镜像"按钮，并勾选"拷贝对象"选项，绘制结果如图 5-1-10 所示。

（8）绘制圆弧 A3　单击"曲线绘制"→"圆弧"按钮，采用步骤（6）的方式绘制圆弧 A3，半径为 47.97mm，绘制结果如图 5-1-11 所示。

（9）曲线裁剪　拾取直线 L1、L2、L3 和 L4，单击 💡 将其隐藏。单击"曲线编辑"→"曲线裁剪"按钮，选择"快速裁剪"子命令，对圆 C2、C3 和 C4 进行裁剪（直接单击要删除的部分即可），裁剪结果如图 5-1-12 所示。

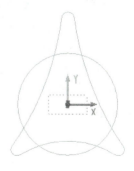

图 5-1-10　镜像圆弧和圆　　　图 5-1-11　绘制圆弧 A3　　　图 5-1-12　曲线裁剪

（10）**曲线组合 M1**　单击"曲线编辑"→"曲线组合"按钮，依次拾取图 5-1-13 所示曲线（包括圆弧 A1、A2、A3 和圆裁剪后的部分），生成 1 条组合曲线 M1，如图 5-1-14 所示。

（11）**绘制中心圆 C5**　单击"曲线绘制"→"圆"按钮，选择"圆心半径"子命令，输入圆心坐标（0，0，19.7），设定半径为 6.35mm，得到一个在 Z = 19.7 绘图平面内的圆，如图 5-1-15 所示。

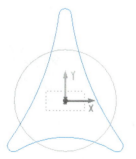
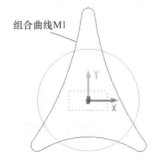
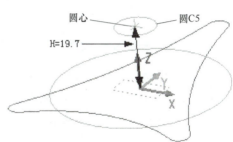

图 5-1-13　曲线组合　　　图 5-1-14　组合曲线 M1　　　图 5-1-15　绘制圆 C5

2. 在 Side 层（YOZ 平面）绘制截面线圆弧段 A4

（1）**切换视图并绘制辅助线**　将 Side 层设定为当前绘图层，并切换到右视图状态；使用"直线"命令绘制过坐标原点的 Z 向中心线 L5；采用"曲线等距"方式绘制与 Y 向中心线距离为 3mm 的等距直线 L6，绘制结果如图 5-1-16 所示。

（2）**绘制圆弧段 A4**　单击"曲线绘制"→"圆"按钮，选择"圆心半径"子命令，绘制圆心坐标为（0，0，-81.88），半径为 100mm 的圆 C6，并对所绘圆进行裁剪，得到与 Y 轴距离为 18.12mm 的圆弧 A4。裁剪结果如图 5-1-17 所示。

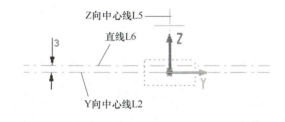
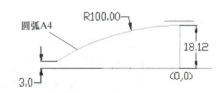

图 5-1-16　绘制辅助线　　　　　图 5-1-17　在 YOZ 平面内绘制圆弧 A4

3. 在 Front 层（XOZ 平面）绘制截面线圆弧 A5

（1）切换视图并绘制圆弧 将 Front 层设定为当前绘图层，并切换到前视图状态；绘制图 5-1-18 所示圆心坐标为（0，0，-86.87）半径为 100mm 的圆 C7，并对所绘圆进行裁剪，得到与 X 轴距离为 4.25mm 的圆弧 A5。

（2）显示所有图线 单击"显示"按钮，将隐藏的曲线显示，在轴测图下观察，绘制好的线架曲线如图 5-1-19 所示。

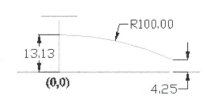

图 5-1-18 绘制界面圆弧 A5

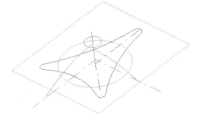

图 5-1-19 轴测图下的线架曲线

第二节 基于草图的三维模型构建

一、构造圆形曲面组

（1）拉伸曲面 S1 设定 Surface 层为当前绘图层，单击"曲面绘制"→"拉伸面"按钮，拾取俯视图 XOY 面内的圆 C1 为拉伸曲线，设置拉伸方向为 Z 轴正向，进行拉伸操作，参数设置如图 5-2-1 所示，拉伸结果如图 5-2-2 所示。

50. 构造圆形曲面组

图 5-2-1 拉伸参数设置

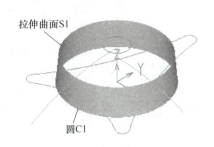

图 5-2-2 拉伸曲面 S1

（2）旋转面 S2 单击"曲面绘制"→"旋转面"按钮，拾取前视图 XOZ 面中的圆弧 A5 为轮廓线，定义坐标系 Z 轴为旋转轴线，旋转 360°，生成的旋转面 S2 如图 5-2-3 所示。

（3）面面裁剪 单击"曲面编辑"→"曲面裁剪"→"面面裁剪"按钮，选择"快速裁剪"子命令，分别拾取拉伸曲面 S1 和旋转面 S2 为曲面组 1 和曲面组 2 进行相互裁剪，裁剪结果如图 5-2-4 所示。

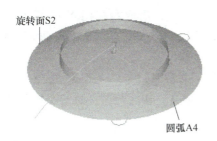
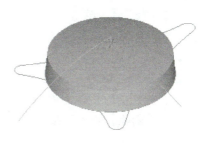

图 5-2-3　旋转面 S2　　　　　　　　　　图 5-2-4　面面裁剪

（4）**两面倒角**　单击"曲面编辑"→"曲面倒角"→"两面倒角"按钮，选择"等半径倒圆角"子命令，拾取裁剪后的拉伸面 S1 和旋转面 S2（曲面上的箭头方向指向内部曲面，如图 5-2-5 所示）进行两面倒角，设置倒角半径 $R=1.875$mm，倒角结果如图 5-2-6 所示。

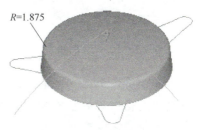

图 5-2-5　两面倒角　　　　　　　　　　图 5-2-6　两面倒角结果

（5）**曲面组合**　单击"曲面编辑"→"曲面组合"按钮，拾取曲面 S1、S2 中生成的圆角面将其组合，生成一个组合曲面。

二、构造三角形曲面组

51. 构造三角形曲面组

（1）**拉伸曲面 S3**　单击"曲面绘制"→"拉伸面"→"沿方向拉伸"按钮，拾取组合曲线 M1 为拉伸曲线，定义 Z 轴正向为拉伸方向，参数设置如图 5-2-7 所示，生成拉伸曲面 S3，结果如图 5-2-8 所示。

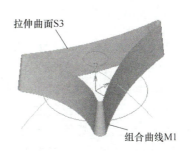

图 5-2-7　拉伸曲面参数设置　　　　　　图 5-2-8　拉伸曲面 S3

（2）**旋转曲面 S4**　单击"曲面绘制"→"旋转面"按钮，拾取右视图 YOZ 面中的圆弧 A4 为轮廓线，定义坐标系 Z 轴为旋转轴，旋转角设置为 360°，生成旋转曲面 S4，如图 5-2-9 所示。

（3）**面面裁剪**　单击"曲面编辑"→"曲面裁剪"→"面面裁剪"按钮，选择"分割曲面"子命令，分别拾取拉伸曲面 S3 和旋转曲面 S4 为曲面组 1 和曲面组 2 进行分割，拾取分割后的曲面进行删除，裁剪结果如图 5-2-10 所示。

图 5-2-9　旋转曲面 S4

图 5-2-10　面面裁剪

（4）**两面倒角**　单击"曲面编辑"→"曲面倒角"→"两面倒角"按钮，选择"等半径倒圆角"子命令，拾取裁剪后的拉伸曲面 S3 和旋转曲面 S4（曲面上的箭头方向指向内部曲面）进行两面倒角，设置倒角半径 $R=1.875$mm，倒角结果如图 5-2-11 所示；对圆形曲面和三角形曲面进行倒角操作（注意：要使曲面上的箭头方向指向外部曲面），倒角半径 $R=2.5$mm，倒角结果如图 5-2-12 所示。

图 5-2-11　倒角结果（一）

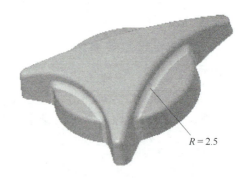
图 5-2-12　倒角结果（二）

三、构造顶部凸台

（1）**拉伸构造曲面 S5 和 S6**　单击"曲面绘制"→"拉伸面"按钮，拾取绘图面 $Z=19.7$mm 深度处的圆 C5 为拉伸曲线，定义 Z 轴负向为拉伸方向，参数设置如图 5-2-13 所示，拉伸结果如图 5-2-14 所示。

52. 构造顶部凸台

（2）**两面倒角**　拾取拉伸曲面 S5 和 S6（曲面上的箭头方向指向内部曲面）进行两面倒角，设置倒角半径 $R=0.375$mm；对凸台侧面与三角形曲面组进行倒角操作（曲面上的箭头方向指向外部曲面），设置 $R=0.375$mm，倒角结果如图 5-2-15 所示。

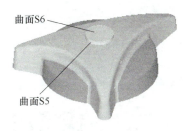

图 5-2-14　拉伸曲面结果

图 5-2-13　拉伸曲面参数

图 5-2-15　两面倒角结果

四、构造边界平面

单击"曲面绘制"→"平面"按钮，选择"边界平面"子命令，选择俯视绘图面 Z＝0 平面内的矩形 R1，生成矩形平面，结果如图 5-2-16 所示。

图 5-2-16　构造边界平面

53. 构造边界平面

思　考　题

1. 讨论题

（1）在第一节中，新建了几个图层？建立这些图层的目的是什么？

（2）在第二节中，都用到了哪些命令？能否用不同的命令实现同样的功能？

2. 填空题

（1）在对一个三维模型进行建模的过程中，首先要在 3D 造型环境中完成对（　　）的建立。

（2）对圆形曲面和三角形曲面进行倒角操作时需要注意（　　）。

第六章

虚拟制造环境及配置

1）虚拟制造的内涵。
2）毛坯、夹具、刀具、刀柄等生产物料的数字化。
3）虚拟加工环境的设置。

能力目标要求

1）掌握毛坯的添加方法。
2）学会夹具库的调用方法。
3）掌握刀具、刀柄的创建、编辑和添加方法。
4）掌握机床的选用、导入及设置方法。
5）学会几何体的调整和安装方法。
6）掌握机床的几种模拟检查方法，并会利用模拟结果对模型或加工环境进行调整。
7）通过对虚拟制造环境的配置，充分认识数字化技术在制造过程中的优势，培养勇于试错的精神。

第一节　虚拟制造简介

Digital Twin（DT 技术，又称数字孪生）是将实际加工中的物理实体映射到软件的数字空间中，利用虚拟仿真技术对加工过程进行建模，即在编程过程中最大程度地复现物理模型信息，形成一种虚拟制造的编程环境。北京精雕基于 DT 技术对 SurfMill 软件进行了重构，将实际加工环境映射到软件中，串联起编程端、物料端和机床端，建立起虚拟制造环境，实现精准虚拟制造，如图 6-1-1 所示。

虚拟制造将机床端才能发现的碰撞风险全部显示在了编程端。将实际加工中物理实体（机床、刀具、刀柄、夹具等）全部映射到软件的数字空间中，利用虚拟仿真技术构建虚拟制造现场，模拟实际加工过程，一旦发生过切、碰撞等危险情况均会报警提示，将实际加工时可能出现的风险提前预警。

第六章　虚拟制造环境及配置

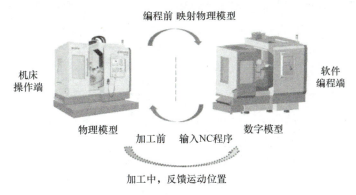

图 6-1-1　物理实体映射到软件数字空间

第二节　物料标准化

DT 技术的基础是加工物料的标准化，包括毛坯、夹具、刀具、刀柄。即将现有的物料标准化，然后形成数字模型，使虚拟制造的物料与实际物料形成一一对应的映射关系，为实现精准虚拟制造做准备。本节主要介绍如何实现毛坯、夹具、刀具、刀柄等生产物料的数字化。

一、系统毛坯库

用户结合工厂实际情况，将毛坯料仓库与软件系统毛坯库建立映射关系，实现毛坯的统一管理和调用，如图 6-2-1 所示。

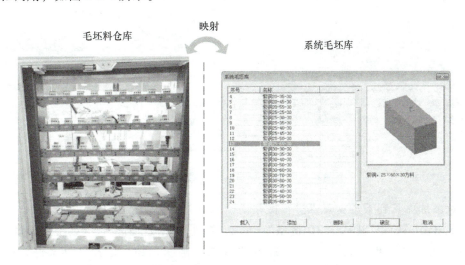

图 6-2-1　毛坯料仓库与系统毛坯库的映射

下面对添加毛坯到系统毛坯库进行操作说明。

打开 SurfMill 软件，进入"3D 造型"环境；单击"专业功能"→"系统毛坯库"按钮，进入"系统毛坯库"界面；单击"添加"→"载入文件"按钮，选择毛坯文件，单击"打

103

开"按钮,修改毛坯名称,单击"确定"按钮,完成毛坯的添加,如图 6-2-2 所示。

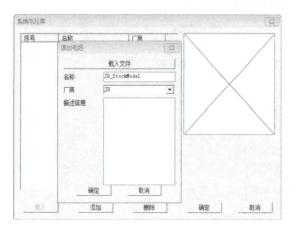

图 6-2-2 毛坯添加过程

二、系统夹具库

系统夹具库是夹具库在软件中的映射,如图 6-2-3 所示。系统夹具主要分为两大类,即标准夹具和非标准夹具。这两类夹具均可导入系统夹具库,后续使用中可直接进行调用,节省了创建夹具的时间。

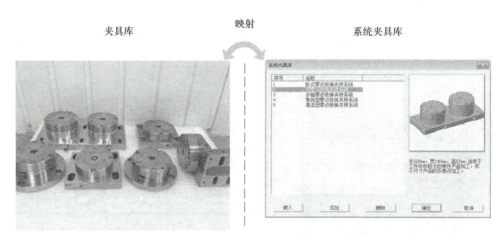

图 6-2-3 夹具库与系统夹具库的映射

下面对添加夹具到系统夹具库进行操作说明。

打开 SurfMill 软件,进入"3D 造型"环境;单击"专业功能"→"系统夹具库"按钮,进入"系统夹具库"界面;单击"添加"→"载入文件"按钮,选择夹具文件,单击"打开"按钮,修改夹具名称,单击"确定"按钮,完成夹具的添加,如图 6-2-4 所示。

三、系统刀具库

用户创建刀具路径时,需要选择合适的刀具。SurfMill 软件根据用户不同的加工目的,提供了多种类型的刀具,并通过刀具库进行统一管理,以便用户直接选用,如图 6-2-5 所示。系统刀具库对应于实际生产环境中的刀具库，当系统刀具库中无目标刀具时，可以通过"系统刀具库"命令创建、编辑刀具。

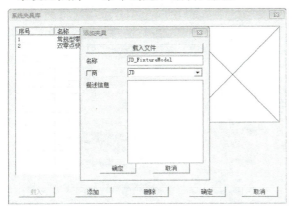

图 6-2-4　夹具添加过程

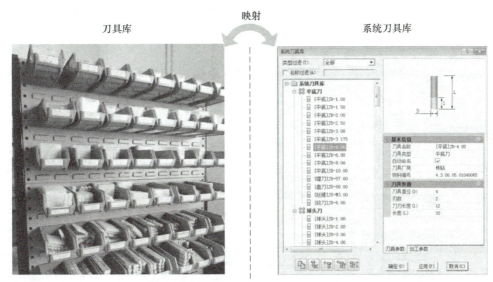

图 6-2-5　刀具库与系统刀具库的映射

1. 功能说明

对刀具的修改包括编辑/复制现有刀具、删除现有刀具以及添加新的刀具等操作，如图 6-2-6 所示，下面逐一进行介绍。

（1）复制　复制当前选择的刀具或刀具组。

（2）删除　删除当前选中的刀具或刀具组。

（3）添加　在当前刀具组下添加一种新的刀具，默认与当前选择的刀具类型一样。

（4）添加组　在当前刀具组下添加一个新的刀具组。

（5）排序　对系统刀具库按照一定条件进行排序。

2. 刀具创建

下面以创建一把 $\phi1mm$ 的球头刀为例，介绍刀具创建过程，如图 6-2-7 所示。

54. 刀具创建

1）进入"加工"环境，单击"项目设置"→"系统刀具库"按钮，进入系统刀具库创建界面。

2）在"类型过滤"下拉菜单中选择"球头刀"，单击"[球头]JD-1.00"，再单击"添加"按钮，新建一把φ1mm的球头刀。

3）在"基本信息"内容栏中修改"刀具名称"为"[球头]JD-1.00-1"，其余参数使用默认值。

4）在"刀具参数"内容栏根据实际刀具参数，设置"有效长度"为"6"，"长度"为"25"，其余参数使用默认值。

5）在"刀杆参数"内容栏中勾选"使用刀杆"，设置"刀杆底直径"为"1"，"刀杆顶直径"为"4"，"刀杆锥高"为"4"。

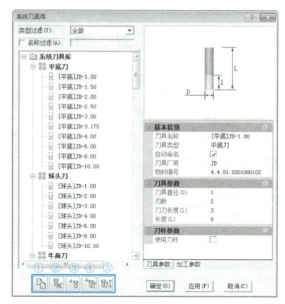

图 6-2-6　系统刀具库

6）选择"加工参数"，修改"主轴转速""进给速度"等参数，使其和实际加工参数相同。

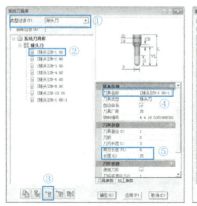  

图 6-2-7　刀具创建过程

注：刀具的创建和编辑包括两个方面，分别是几何参数和加工参数。几何参数确定刀具的形状。加工参数一般为刀具厂商推荐的参数，用户可根据实际生产环境调整相应数值大小。值得注意的一点是，加工参数中的主轴转速、进给速度、每齿每转进给量以及切削线速度是相互约束的，改变其中的一个数值，会引起其他参数数值的改变。

四、系统刀柄库

SurfMill软件根据生产车间的常用刀柄，建立了系统刀柄库（图6-2-8），从而方便用户选用或自己创建刀柄，以进行碰撞检查等操作。

第六章　虚拟制造环境及配置

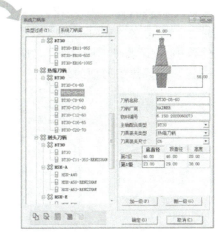

图 6-2-8　刀柄库及系统刀柄库的映射

1. 功能说明

对刀柄的修改包括编辑/复制现有刀柄、添加新的刀柄以及删除现有的刀柄等操作，如图 6-2-9 所示。下面逐一进行说明。

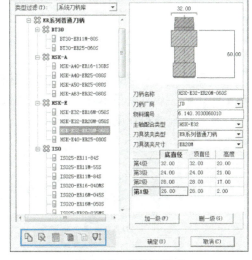

（1）复制　快速复制选中的刀柄或刀柄组。

（2）删除　删除选中的刀柄或刀柄组。

（3）常用　把选中的刀柄设为常用刀柄，方便用户进行选择。执行该功能后，刀柄出现在常用刀柄库中。

（4）添加　选中刀柄（刀柄组），添加新的刀柄。如果选中刀柄，则在该刀柄所在的刀柄组中添加一个新刀柄；如果选中刀柄组，则在该刀柄组类型下添加一个新的刀柄组。

（5）添加组　根据选中的刀柄组添加新的刀柄组。

图 6-2-9　系统刀柄库

（6）刀柄排序　对系统刀柄库按照刀柄系列、主轴配合类型、刀具装夹尺寸、刀柄尺寸大小的优先级进行排序。

2. 刀柄创建

下面以创建一把 GR200-A10H 机床使用的热缩刀柄为例，介绍刀柄的创建过程，如图 6-2-10 所示。

1）单击"项目设置"→"系统刀柄库"按钮，进入系统刀柄库创建界面。

55. 刀柄创建

107

2）根据机床主轴选择"HSK-E"系列刀柄,单击"添加"按钮 ，新建一个 HSK-E 系列刀柄。

3）修改"刀柄名称"为"GR200 热缩","刀具厂商"为"JD","刀具装夹类型"为"热缩刀柄","刀具装夹尺寸"为"C4"。

4）修改第 1~3 级的"底直径""顶直径""高度"与热缩刀柄的实际参数一致,单击"确定"按钮,完成热缩刀柄的创建。

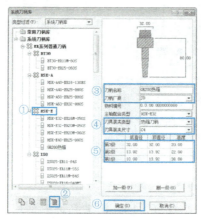

图 6-2-10 刀柄创建过程

第三节 编程标准化

在编程前要建立相关数据库,将物理模型分类导入软件中,从而形成编程环境与实际加工环境的映射。规范软件编程过程,可降低编程难度,提高路径的安全性,让新手能够快速上手。软件编程流程如图 6-3-1 所示。

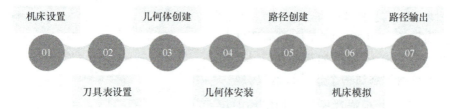

图 6-3-1 软件编程流程

一、机床设置

1. 模型导入

在 3D 环境中创建/导入要加工的工件模型、毛坯模型和夹具模型,将工件、毛坯模型与夹具模型进行装配,分别放在不同的图层中,完成模型导入。

2. 项目设置

进入 SurfMill 软件的加工环境,依次设置机床、刀具表、几何体、几何体安装和加工路径。只有当前项目设置完成后，下一个项目图标才会亮显，才可进行下一步操作，如图 6-3-2 所示。"机床设置"命令用于选择当前加工所使用的设备，在整个编程流程中是最基础的设置。只有在设置了合法的机床参数后，才能开始编程工作。

图 6-3-2 项目设置

（1）"机床类型"　主要对机床类型、机床文件和机床输入文件格式进行设置，如图 6-3-3 所示。

（2）"基本设置"　主要是对机床控制配置和进给倍率进行设置，用于估算路径组/路径的加工时间，如图 6-3-4 所示。

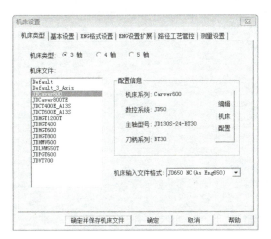

图 6-3-3 "机床类型"

图 6-3-4 "基本设置"

（3）"ENG 设置扩展"　对 ENG 格式的扩展设置，包括"输出 Z 轴回参考点指令""子程序选项""特性坐标系设置"等，如图 6-3-5 所示。

（4）"路径工艺管控"　该选项卡主要针对输出路径进行统一设置，以减少单独设置每条路径的繁琐操作，主要对加工中"刀具工艺控制""宏程序选项"进行设置，如图 6-3-6 所示。

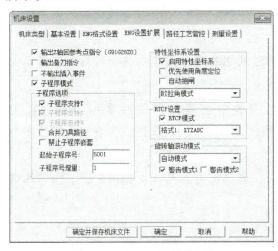

图 6-3-5 "ENG 设置扩展"

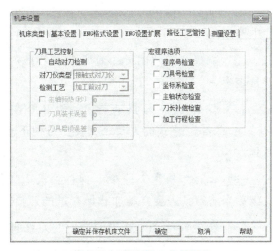

图 6-3-6 "路径工艺管控"

二、当前刀具表

"当前刀具表"是一种独立于系统刀具库的管理模式,用于实现对当前文件中使用的刀具和用户常用刀具的高效管理。

单击"当前刀具表"按钮,进入其设置界面,如图 6-3-7 所示。

图 6-3-7　当前刀具表

1. 按钮功能说明

"当前刀具表"设置界面中各个按钮功能介绍如下。

(1) 添加　从系统刀具列表中添加新刀具至当前刀具表。

(2) 删除　删除当前刀具表中选中的刀具,处于加锁状态的刀具不能删除。

(3) 加入刀具库　把当前选择的刀具添加到系统刀具库中,方便以后使用。

(4) 加载刀具表文件　用来加载用户自己保存或系统提供的不同行业常用刀具列表文件(*.toolgroup)。

(5) 加载文件的刀具表　将已经存在的文件(*.escam)中的刀具表加载到当前文件中使用。

(6) 选择最近使用过的刀具　从最近使用过的临时刀具列表中选择刀具添加到当前刀具表中。

(7) 保存当前刀具表　将用户在刀具列表中创建好的一些常用刀具保存为"*.toolgroup"格式的刀具表文件,方便下次直接加载该刀具列表文件,实现快速创建多把刀具。

(8) 保存到机床文件　保存到机床文件后,即当前刀具与该机床绑定,下次选择该机床后当前刀具表会自动加载保存过的刀具。

(9) 向上移动　将当前选中的刀具向上移动。

(10) 向下移动　将当前选中的刀具向下移动。

第六章 虚拟制造环境及配置

（11）输出工程图 　当前刀具表中，选中某刀具后，可对该刀具进行"*.dxf"格式工程图的输出。

（12）输出 Excel 文件 　将当前刀具表内各刀具的基本信息输出到 Excel 表格内。

2. 刀具参数设置

添加刀具后会弹出"刀具创建向导"对话框，依据向导提示创建刀具和刀柄，并对刀具参数、加工参数、刀柄参数、工艺管控进行修改，如图 6-3-8 所示。

三、创建几何体

只有当设置好机床信息并且当前刀具表不为空的前提下，"创建几何体"图标才会亮显。单击"创建几何体"按钮，导航工作条会弹出"创建几何体"界面。几何体由工件、毛坯和夹具 3 部分组成，每个部分需要单独进行设置。

1. 创建几何体说明

（1）工件设置　在"创建几何体"命令启动后，默认为工件设置界面，此时"工件面"拾取工具被激活，如图 6-3-9 所示。用户可以在右侧的工作区内拾取工件面，拾取过程中，坐标范围中的坐标值会随着拾取工件面的包围盒实时进行更新。

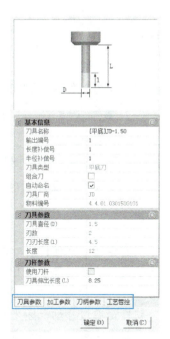

图 6-3-8　刀具参数

（2）毛坯设置　毛坯是指加工前工件的原材料。可以设置毛坯类型、参考坐标系和毛坯面等，如图 6-3-10 所示。根据实际毛坯的形状和大小，对毛坯进行合理设置，可以减少空切路径，提高加工效率。

（3）夹具设置　夹具设置主要用于干涉检查，检查当前刀具路径在加工过程中的刀具、刀柄是否与夹具发生干涉碰撞，如图 6-3-11 所示。其夹具面、坐标范围的设置方法与工件面相同。

图 6-3-9　工件设置

图 6-3-10　毛坯设置

图 6-3-11　夹具设置

2. 按钮功能说明

创建工件、毛坯、检查几何体时均有以下功能按钮，如图 6-3-12 所示，下面对各按钮对应的功能进行具体介绍。

（1）重选 清空当前工件面/毛坯面/夹具面选择集。

图 6-3-12 几何体设置按钮

（2）拾取所有 单击该按钮，拾取当前所有可见的面作为工件面/毛坯面/夹具面。

（3）撤销一步 撤销上一步操作。

（4）快速拾取 单击"快速拾取"按钮，弹出的菜单包含所有同色图形、所有同图层图形、所有同类型图形、所有同色同类型图形和所有复制图形。

（5）定义过滤条件 可以通过设置过滤条件拾取工件面/毛坯面/夹具面。

四、几何体安装

只有创建了几何体后才能进行几何体安装，"几何体安装"命令用于调整机床与几何体的装配关系。该功能主要用于后续机床模拟时判断机床、刀具、工件和夹具之间是否干涉碰撞。

软件是通过移动机床来调整几何体与机床的相对位置关系的，机床的移动是通过定义装配坐标系来实现的。在机床上绑定了一个名为定位坐标系（L_CS）的局部坐标系，定义的装配坐标系总是与此定位坐标系重合，因此可通过修改装配坐标系来改变机床的位置。

有以下几种方式定义装配坐标系，分别是"自动摆放""动态坐标系""坐标系偏置""世界坐标系"和"点对点平移"，如图 6-3-13 所示。

图 6-3-13 装配坐标系的定义方式

1. 自动摆放

"自动摆放"会自动计算几何体包围盒，并使该包围盒的底部中心与机床定位坐标系重合。

2. 动态坐标系

"动态坐标系"用于通过指定坐标系原点以及各轴方向来定义装配坐标系。动态设定的方式具有最大的灵活性，用户可根据需要设置装配坐标系。

3. 坐标系偏置

"坐标系偏置"用于选择任意已定义的坐标系为基准坐标系，然后对此基准坐标系进行偏移来定义装配坐标系。

4. 世界坐标系

"世界坐标系"可以直接指定世界坐标系为装配坐标系。

5. 点对点平移

"点对点平移"方式是以工件上的参考点和机床上的目标点来构建平移矢量，根据该矢量调整机床模型和几何体之间的位置关系。程序中构建了平行于几何体定位坐标系 XOY 面的辅助面，可以设置辅助面距离台面的高度和网格间距。

五、路径创建

1. 加工方式

"路径向导"是常用的添加刀具路径的方式，它能够引导用户一步步生成刀具路径。

SurfMill 软件支持的加工方式有以下 5 组，分别是 2.5 轴加工组（图 6-3-14）、三轴加工组（图 6-3-15）、多轴加工组（图 6-3-16）、特征加工组（图 6-3-17）和在机测量加工组（图 6-3-18）。详细加工方法请查看相关章节。

图 6-3-14　2.5 轴加工组

图 6-3-15　三轴加工组

图 6-3-16　多轴加工组

图 6-3-17　特征加工组

图 6-3-18　在机测量加工组

2. 路径计算

路径计算完成后，系统自动进行过切检查和刀柄碰撞检查，检查到过切的路径段显示红色、碰撞的路径段显示黄色，如果既有过切又有碰撞，则路径段显示为红色。不同安全状态的路径在路径树上使用不同的图标表示，如图 6-3-19 所示。

六、机床模拟检查

在实际加工前，用户可以在计算机上进行模拟加工和检查，提前发现错误，避免在实际加工过程中发生切伤工件、损坏夹具、折断刀具或碰撞机床等错误，而造成不必要的损失。在确定路径正确、工艺规划合理后，才能用于实际加工。

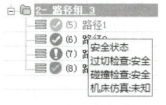

图 6-3-19　路径计算结果显示

SurfMill 软件提供了以下几个验证加工路径的功能：路径过切检查、刀柄碰撞检查、加工过程实体模拟、线框模拟和机床模拟。

1. 路径过切检查

路径过切检查是通过加工后的模型与检查模型之间的对比，检查路径是否存在过切现象。

为了让用户更直观和清晰地看到路径过切检查的结果，SurfMill 软件在路径树中添加了路径过切图标。

（1）　　路径的默认状态，表示未进行过切检查，是否过切不可知。

（2）　　表示已经进行过切检查，路径安全，可以进行后处理。

（3）　　表示已经进行过切检查，路径过切了，路径不安全。

过切图标状态以用户最后一次过切检查结果为准。经过过切检查后的路径发生改变（如路径挂起、重算或编辑）时，过切图标将变为灰色不确定状态。

2. 刀柄碰撞检查

刀柄碰撞检查通过检查刀具、刀柄等在加工过程中是否与检查模型发生碰撞，保证加工过程的安全，并可以给出不发生碰撞的最短夹刀长度，指导用户最优化备刀，如图 6-3-20 所示。

可通过设置刀柄/刀杆间隙进行刀柄碰撞检查，分别如图 6-3-21、图 6-3-22 所示，使检查结果更可靠。

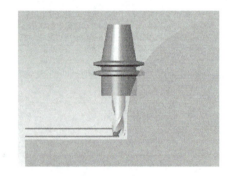
图 6-3-20　刀柄碰撞检查

图 6-3-21　刀柄间隙

图 6-3-22　刀杆间隙

3. 加工过程实体模拟

加工过程实体模拟通过模拟刀具切削材料来模拟加工过程，以检查路径是否合理、是否存在安全隐患，如图 6-3-23 所示。

（1）选择路径　用户可以直接在左侧的列表中选择路径，也可以通过单击右侧按钮来选择路径，如图 6-3-24 所示。

（2）实体模拟设置　当调用"实体模拟"命令后，单击"设置"按钮，即弹出图 6-3-25 所示"加工模拟设置"对话框，用户可以设置加工模拟的参数。

图 6-3-23　加工过程实体模拟

1）毛坯设置。主要是对毛坯的尺寸及位置进行设置。可以设定毛坯在 X、Y、Z 3 个方向上的范围，也可以通过"路径包围盒"和"加工面包围盒"两个按钮快速设置。

第六章　虚拟制造环境及配置

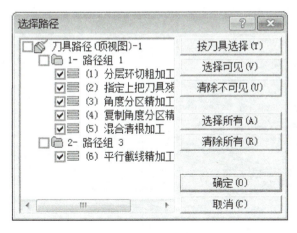

图 6-3-24　选择路径

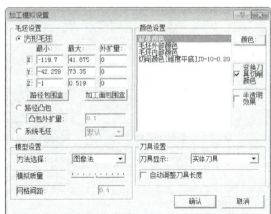

图 6-3-25　"加工模拟设置"对话框

2）模型设置。用户可以在"模型设置"选项组中设置模拟方法、模拟显示效果等参数。

3）颜色设置。在"颜色设置"中，用户可以对背景颜色、毛坯内部、外部颜色以及各把刀具的切削颜色进行设置。

4）刀具设置。在"刀具设置"中，用户可以设置刀具的显示方式并调整刀具的长度。

（3）模拟控制工具条　用户可以通过图 6-3-26 所示的工具条控制路径模拟过程。

图 6-3-26　模拟控制工具条

1）开始/继续。单击 ▶，可以开始加工模拟。在暂停状态下，单击该按钮可以继续进行加工模拟。

2）暂停。在模拟状态下，开始按钮 ▶ 变为暂停按钮 ⏸，单击该按钮可以暂停加工模拟。

3）停止。单击 ■，可以停止加工模拟。

4）上/下一路径。单击 ⏮/⏭，可选择上/下一路径进行模拟。

4. 线框模拟

加工过程线框模拟效果如图 6-3-27 所示，以线框方式显示模拟路径加工过程。模拟过程中用户可以动态观察路径，适用于查看路径的加工次序、多轴路径刀轴设置等是否合理。

5. 机床模拟

机床模拟是基于 NC 指令对加工过程进行模拟，检查加工过程中各轴运动是否存在超行程现象，机床主轴、刀柄、工装和工件等各部件之间是否存在碰撞现象，如图 6-3-28 所示。通过机床模拟可将加工时可能发生的碰撞和超程问题提前在软件端报警显示。

图 6-3-27　加工过程线框模拟

115

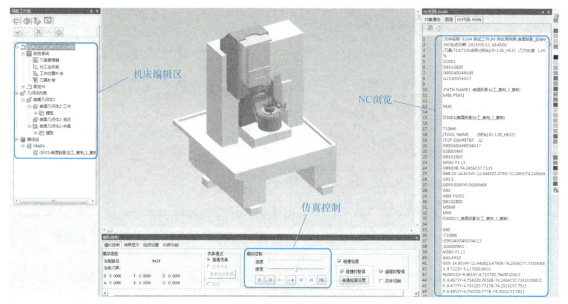

图 6-3-28 机床模拟

（1）**机床编辑区** 图 6-3-28 左侧机床结构树显示机床各组件间的装配关系，对机床模型的操作大部分通过机床结构树实现。机床模拟命令中禁止编辑机床模型结构，只允许设置显示或隐藏。几何体只允许设置颜色、显示或隐藏，不允许编辑。

（2）**仿真控制** 控制仿真的进程，包括模拟速度、开始、暂停、手动逐点后退、手动逐点前进、快速仿真到结束等功能。其中，勾选"碰撞时暂停"选项后，机床模拟过程中发生碰撞会停止模拟。

（3）**NC 浏览** 不可编辑 NC 文件，工具条只显示"查找"和"行号显示"两个按钮。机床模拟中不支持 NC 文件的编辑操作，支持"查找"以及"行号显示"命令。在行号所在的灰色区域单击可以设置断点，仿真执行到该行时将暂停。

6. 路径输出

（1）**安全状态检查** 用于在路径输出时检查路径安全状态，过切、刀柄碰撞或机床碰撞的路径不允许输出，如图 6-3-29 所示；安全状态未知的路径需用户确认之后才能输出，如图 6-3-30 所示。

输出路径文件格式主要有 Eng、NC 两种。

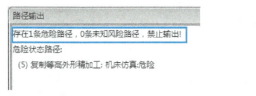

图 6-3-29 危险路径禁止输出

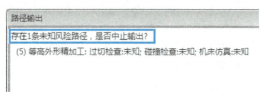

图 6-3-30 安全状态未知路径需确认

（2）**输出工艺单** 输出路径时勾选"输出工艺单"选项，即可打印输出当前工件的相关路径加工参数，并生成工艺单。工艺单内容包括刀具相关参数信息、物料基本信息和相关

第六章　虚拟制造环境及配置

加工参数，如图 6-3-31 所示。工艺单主要用于指导用户现场进行加工，从而避免出现编程人员和操作人员之间沟通不到位的情况。

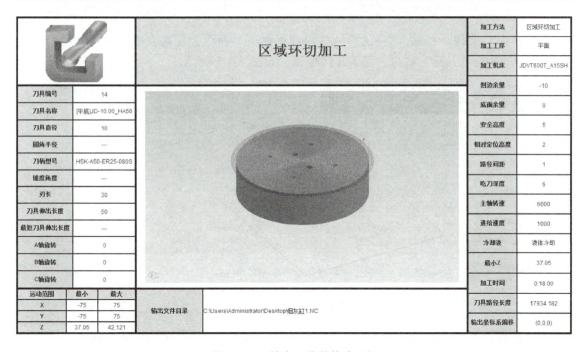

图 6-3-31　输出工艺单格式示例

七、创建第一个程序

下面以开关模具为例，介绍 SurfMill 软件编程的一般流程。

1. 模型导入

1）双击桌面上的 SurfMill 图标，进入软件主界面。

2）单击"新建"按钮，进入文件模板类型的选择界面，如图 6-3-32 所示。

3）选择"曲面加工"→"精密加工"命令，单击"确定"按钮，进入软件加工环境。

4）单击"导航工作条"中的按钮 ，进入 3D 造型环境，如图 6-3-33 所示。

117

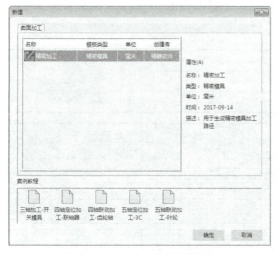

图 6-3-32　文件模板类型选择

图 6-3-33　进入 3D 造型环境

5）单击"文件"→"输入"→选择"三维曲线曲面"命令，在列表中选择"开关模具模型"文件，单击"打开"按钮，导入几何模型，如图 6-3-34 所示。

图 6-3-34　导入模型

6）重复以上的操作，选择"夹具模型"文件，导入模型，结果如图 6-3-35 所示。

7）将夹具和工件分别放到相应图层进行管理，如图 6-3-36 所示，以便后续高效拾取。

图 6-3-35　夹具和开关模具模型

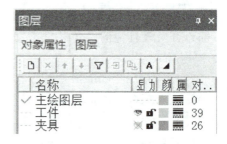

图 6-3-36　图层管理器

2. 机床设置

1）单击"导航工作条"的按钮 ![btn]，进入加工环境。

2）双击左侧导航栏中的 ![机床设置]，按照图 6-3-37 所示设置"机床类型"为"3轴","机床文件"为"JDCaver600",界面会自动匹配相应的配置信息；设置"机床输入文件格式"为"JD650 NC（As Eng650）"。

3）切换至"ENG 设置扩展"选项卡，勾选"子程序模式"和"子程序支持 T"，单击"确定"按钮，退出"机床设置"对话框，如图 6-3-38 所示。

此处主要是对输出程序模式进行设置，用户可以根据需要自行设置。

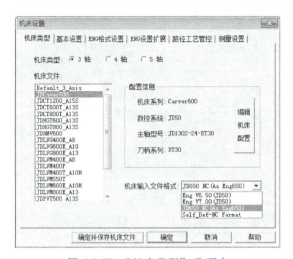
图 6-3-37 "机床类型"选项卡

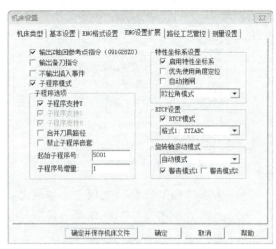
图 6-3-38 "ENG 设置扩展"选项卡

3. 创建刀具表

1）双击"导航工作条"项目树上的节点 ![刀具表]，进入"当前刀具表"界面，如图 6-3-39 所示。

图 6-3-39 "当前刀具表"界面

2）单击工具栏中的按钮 ![btn]，进入"刀具创建向导"界面，在"系统刀具库"节点下添加刀具。

3)选择"牛鼻刀"节点下的"[牛鼻]JD-6.00-0.50",如图6-3-40所示,单击"下一步"按钮。

4)选择"BT30-ER25-060S"刀柄,如图6-3-41所示,单击"下一步"按钮,进入刀具参数编辑界面。

图6-3-40 "刀具创建向导"界面

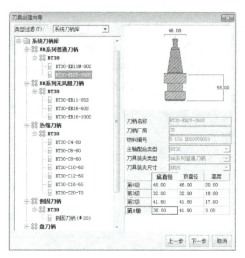

图6-3-41 刀柄选择

5)选择"加工参数"选项卡,修改刀具"加工速度"参数,如图6-3-42所示。

6)选择"工艺管控"选项卡,设置"加工阶段"为"粗加工",如图6-3-43所示。

图6-3-42 "加工速度"设置

图6-3-43 "工艺管控参数"设置

7)单击"确定"按钮,完成第一把刀具的添加。

8)按照以上步骤分别添加其他刀具。

4. 创建几何体

1)双击项目树中的节点 几何体列表,进入几何体的设置。

几何体的设置分为3个部分:"工件设置" 、"毛坯设置" 、"夹具设置" ,分别代表工件几何体、毛坯几何体和夹具几何体,如图6-3-44所示。

2）工件设置。单击"定义过滤条件"按钮，弹出"设置拾取过滤条件"对话框；单击"增加"按钮后拾取任意曲面，弹出"添加拾取过滤条件"对话框；在"图层"一栏的下拉列表中选择"工件"，单击"确定"按钮，返回"设置拾取过滤条件"对话框；单击"确定"按钮，回到创建几何体界面，完成工件面的选取，如图 6-3-45 所示。

3）毛坯设置。软件提供了"毛坯面""包围盒"等 7 种常用的毛坯创建类型。此例中选用"包围盒"的方式创建毛坯。选择三角开关模型面，系统自动判断毛坯体，如图 6-3-46 所示。

图 6-3-44 创建几何体界面

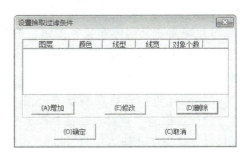

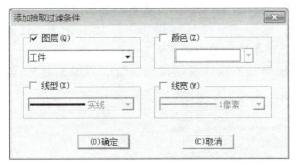

图 6-3-45 工件设置

图 6-3-46 毛坯设置

4）夹具设置。单击"设置夹具"按钮，选取夹具层图形作为夹具几何体，如图 6-3-47 所示。

数字化精密制造基础

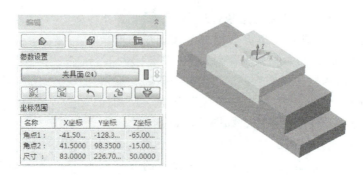

图 6-3-47　夹具设置

5. 几何体安装

1）单击"几何体安装"按钮，如图 6-3-48 所示，进入几何体安装界面。

2）单击"自动摆放"按钮，查看安装结果，单击按钮 ✓ 完成安装。

3）若自动摆放后安装状态不正确，可以通过软件提供的"点对点平移""动态坐标系"等其他方式完成几何体安装。

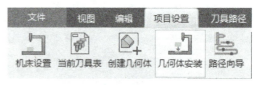

图 6-3-48　"几何体安装"按钮

6. 路径创建

作为演示，本例仅创建"分层区域粗加工"路径，其余加工方法请参考相关章节。

1）在标题栏中单击"三轴加工"按钮，选择"分层区域粗加工"加工方法，进入"刀具路径参数"界面，选择"环切走刀"，其他参数设置参考图 6-3-49。

2）单击参数树中的"加工域"，单击"编辑加工域"右侧按钮，拾取"加工面"，如图 6-3-50 所示，完成后单击按钮 ✓ 回到"刀具路径参数"界面。

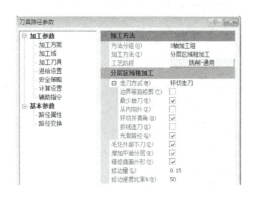

图 6-3-49　"刀具路径参数"界面

图 6-3-50　选择加工面

3）修改"加工余量"中的参数，如图 6-3-51 所示。

4）单击参数树中的"加工刀具"，单击"刀具名称"右侧按钮，进入"当前刀具表"，选择"［牛鼻］JD-6.00-0.50"后单击"确定"按钮，回到"刀具路径参数"界面，修改"走刀速度"中的参数，如图 6-3-52 所示。

第六章　虚拟制造环境及配置

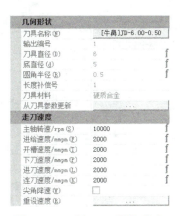

图 6-3-51　设置"加工余量"　　　　图 6-3-52　"加工刀具"节点

5）单击参数树中的"进给设置"，修改"路径间距""轴向分层"及"下刀方式"中的相关参数，如图 6-3-53 所示。

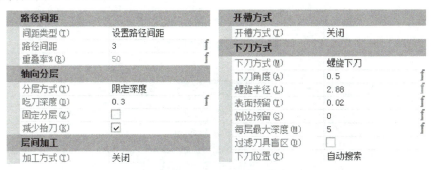

图 6-3-53　"进给设置"节点

6）单击参数树中的"安全策略"，设置"检查模型"为"曲面几何体 1"，如图 6-3-54 所示。

7）单击"计算"按钮，开始生成路径，计算完成后弹出结果提示框，如图 6-3-55 所示。单击"确定"按钮，退出提示框，路径树增加新的路径节点。

 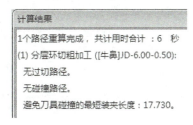

图 6-3-54　"路径检查"设置　　　　图 6-3-55　计算结果

7. 机床模拟

1）在标题栏中单击"刀具路径"按钮，选择"机床模拟"命令，进入机床模拟界面，如图 6-3-56 所示。

2）调节模拟速度后，单击"模拟控制"栏中的"开始"按钮，开始进行机床模拟，如图 6-3-57 所示。

123

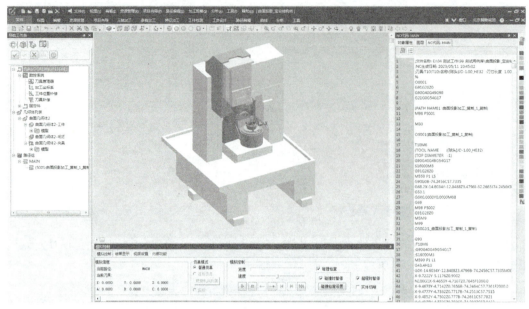

图 6-3-56 机床模拟界面

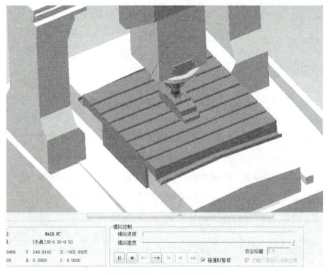

图 6-3-57 模拟进行中

3）机床模拟无误后单击"确定"按钮退出当前命令，模拟后的路径树如图 6-3-58 所示。

8. 路径输出

1）在"刀具路径"选项卡中单击"输出刀具路径"按钮，进入"输出刀具路径"界面。

2）在图 6-3-59 所示的"输出刀具路径"界面中选择要输出的路径，根据实际加工要求设置路径输出的排序方法、输出文件名称等。

图 6-3-58 模拟后的路径树

3)单击"确定"按钮,即可输出最终的路径文件。
4)勾选"输出 Mht 工艺单",还能同步输出对应的工艺单。

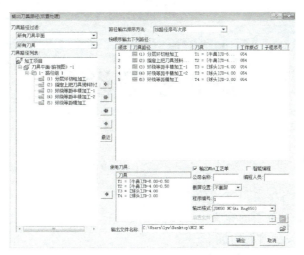

图 6-3-59 "输出刀具路径"界面

思 考 题

1. 讨论题

(1)什么是虚拟制造技术?它对制造生产的帮助体现在哪些方面?

(2)当现有刀具库无法满足加工要求时,如何创建一把新的刀具?

(3)如何修改一把刀柄的数据?在刀柄库中都可以调整哪些参数?

(4)为了规范软件编程过程,降低编程难度,提高路径的安全性,让新手能够快速上手,编程操作的流程是什么?

(5)加工过程实体模拟、线框模拟和机床模拟 3 种模拟方式的区别是什么?

2. 填空题

(1)系统夹具库是夹具库在软件中的映射,系统夹具主要分为(   )夹具和(   )夹具。

(2)进入 SurfMill 软件的加工环境,依次设置(   )、(   )、(   )、(   )和加工路径。只有当前设置完成后,下一步图标才会亮显,才可进行下一步操作。

(3)毛坯是指加工前工件的原材料,根据实际毛坯形状和大小,对毛坯进行合理设置,可以(   )、(   )。

(4)夹具设置主要用于(   ),主要是为了检查当前刀具路径在加工过程中刀具、刀柄是否与夹具发生(   )。

(5)路径计算完成后自动进行过切检查和刀柄碰撞检查,检查到过切的路径段显示(   )、碰撞的路径段显示(   ),如果既有过切又有碰撞,则路径段显示为(   )。

(6)输出路径文件格式主要有(   )、(   )两种。

第七章

公共参数设置

 **知识点介绍**

1）SurfMill 软件中各类走刀方式的含义。
2）SurfMill 软件加工范围的含义。
3）刀具定义及相关参数的内涵。
4）不同进给方式在加工中的应用。
5）加工中的各类安全策略定义及设置。
6）SurfMill 软件常用计算参数的内涵及设置方法。

能力目标要求

1）理解行切、环切、螺旋等走刀方式的含义及应用范围。
2）理解加工范围的含义，掌握侧边、底部等各项加工余量的设置依据。
3）学会选择合适的加工刀具及刀具参数设置依据。
4）掌握路径间距、轴向分层、侧向分层、层间加工的概念，学会针对不同零件设置相应的进给方式和进给量。
5）了解机械加工中的安全策略，掌握各类安全措施。
6）理解 SurfMill 软件计算过程中的加工精度、加工次序、尖角形式和轮廓设置等常用参数的内涵及使用范围。
7）通过学习公共参数对软件使用的影响，学会工欲善其事，必先利其器的道理。

第一节 走 刀 方 式

56. 走刀方式

在 SurfMill 软件中，刀具路径计算的公共参数主要包括加工方案、加工刀具、进给设置和计算设置等，如图 7-1-1 所示。这些参数对路径的计算、加工效果以及加工效率都有很大的影响。合理使用这些参数，可以获得最优的刀具路径，从而加工出高质量的工件。

走刀方式包括行切走刀、环切走刀和螺旋走刀。

一、行切走刀

"行切走刀"是指刀具按照设定的路径角度以平行直线的走刀方式进行切削，如

图 7-1-2 所示。

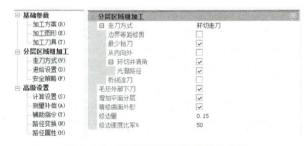

图 7-1-1　刀具路径计算的公共参数

图 7-1-2　行切走刀

1. 兜边一次

勾选"兜边一次"选项，在行切走刀完成后，刀具沿着边界进行一次修边，用于去除行与行之间在轮廓边界位置的残料，如图 7-1-3 所示。

2. 兜边量

直线路径端点和兜边路径之间的距离称为兜边量，如图 7-1-4 所示，设置兜边量可以提高侧壁的加工质量。

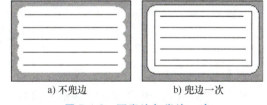

图 7-1-3　不兜边与兜边一次

3. 路径角度

直线路径和水平直线之间的夹角称为行切路径角度，如图 7-1-5 所示，调整路径角度可以增大直线路径的长度，提高加工效率。

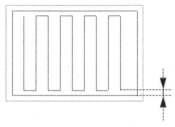

图 7-1-4　兜边量

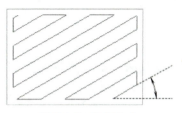

图 7-1-5　路径角度

4. 往复走刀

勾选"往复走刀"选项，在行切路径间增加连刀路径，切削方向往复变化，可减少抬刀次数，提高切削效率。不勾选该选项，将生成单向走刀路径，在两刀具路径之间先退刀，然后运动到下一路径的起点再进行加工,如图 7-1-6 所示。

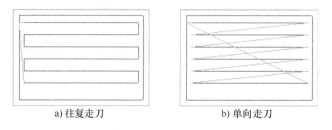

a) 往复走刀　　　　　　　b) 单向走刀

图 7-1-6　往复走刀和单向走刀

5. 最少抬刀

勾选"最少抬刀"选项,在距离较小的两路径间将生成连刀路径代替定位路径,可减少抬刀次数。

二、环切走刀

"环切走刀"是指刀具沿工件边界曲线以环绕的走刀方式进行切削,如图 7-1-7 所示。

图 7-1-7　环切走刀

1. 边界等距修剪

环切粗加工时,走刀方式对话框下可以选择"边界等距修剪",将按工件边界向里等距生成环切路径,可以减少双切边,也可以减少最外多余一圈路径,如图 7-1-8 所示。

2. 从内向外

切削方向分为从内向外和从外向内两种,如图 7-1-9 所示。选择"从内向外"选项,在加工走刀过程中刀具在区域中间下刀,逐步向外切削;不勾选该选项,则为从外向内,刀具从外部开始加工,逐步向内切削。

图 7-1-8　边界等距修剪

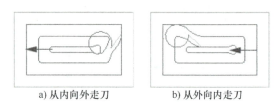

a) 从内向外走刀　　　　b) 从外向内走刀

图 7-1-9　从内向外和从外向内走刀

3. 环切并清角

当刀具路径重叠率低于 50% 时,勾选"环切并清角"选项,可以清除两环之间的残料,否则可能留下残料,如图 7-1-10 所示。

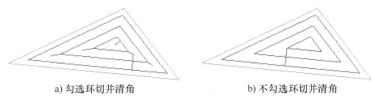

a) 勾选环切并清角　　　　　　　b) 不勾选环切并清角

图 7-1-10　勾选和不勾选环切并清角对比

4. 折线连刀

勾选"折线连刀"选项，在环与环之间生成 Z 字形的折线连刀路径。相比直线连刀，折线连刀可以减少连刀路径的切削量，如图 7-1-11 所示。

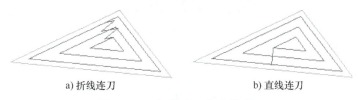

a) 折线连刀　　　　　　　　　b) 直线连刀

图 7-1-11　折线连刀和直线连刀

5. 光滑路径

"光滑路径"功能只有在勾选"环切并清角"时才有效。勾选"光滑路径"选项，清角路径变得光滑并且环与环之间生成光滑的螺旋连刀路径，如图 7-1-12 所示。

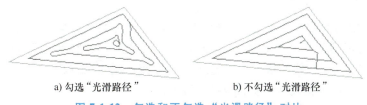

a) 勾选"光滑路径"　　　　　　b) 不勾选"光滑路径"

图 7-1-12　勾选和不勾选"光滑路径"对比

三、螺旋走刀

"螺旋走刀"是指刀具以螺旋进刀的方式来进行切削，如图 7-1-13 所示。

图 7-1-13　螺旋走刀

螺旋走刀分为 5 种螺旋方式："中心螺旋""边界等距""区域流线""中心摆线"和"圆锥螺线"。下面介绍常用的 3 种螺旋方式。

1. 中心螺旋

选择"中心螺旋"，螺旋线的中心在区域的中心，如图 7-1-14 所示。

2. 边界等距

选择"边界等距"外轮廓线作为毛坯环，内轮廓线作为零件环，由零件环逐步向外等距生成路径，如图 7-1-15 所示。

3. 区域流线

选择"区域流线"，由内、外两个轮廓线逐步变形生成，靠近内轮廓线的路径与内轮廓线形状接近，靠近外轮廓线的路径与外轮廓线形状接近，如图 7-1-16 所示。

图 7-1-14　中心螺旋

图 7-1-15　边界等距

图 7-1-16　区域流线

第二节　加 工 范 围

加工范围包括深度范围、加工余量、电极加工和侧面角度等参数，用于限定加工的范围。

一、深度范围

"深度范围"中的参数决定了走刀路径在当前加工坐标系 Z 方向上的深度范围，SurfMill 软件将只在用户设定的深度范围内生成切削路径。在"刀具路径参数"界面的"加工域"节点中选择"自动设置"，软件根据用户选择的加工面自动生成深度范围；也可以自定义表面高度、加工深度及底面高度等，如图 7-2-1 所示。

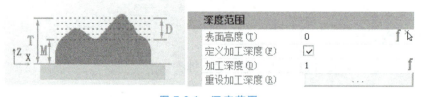
图 7-2-1　深度范围

二、加工余量

在零件加工中，为了保证精加工的尺寸精度和表面质量，需要在上步工序中留有合适的加工余量。

1. 侧边余量

刀具加工完成后边界与轮廓边界之间的距离称为侧边余量，如图 7-2-2 所示。

2. 底部余量

加工后底部的多余材料厚度称为底部余量，通过调整底部余量可以调节加工的深度范围，如图 7-2-3 所示。

3. 加工面侧壁/底部余量

加工后留在加工面侧壁/底部的多余材料厚度称为加工面侧壁/底部余量，如图 7-2-4 所示。

4. 保护面侧壁/底部余量

保护面侧壁/底部的偏移量称为保护面侧壁/底部余量，如图 7-2-5 所示。

图 7-2-2　侧边余量

图 7-2-3　底部余量

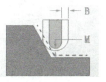
图 7-2-4　加工面侧壁/底部余量

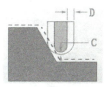
图 7-2-5　保护面侧壁/底部余量

第三节　加 工 刀 具

加工刀具包括刀具的几何形状、刀轴方向和走刀速度参数。

一、几何形状

几何形状中的刀具参数仅是显示当前选择的刀具信息，用户不能进行编辑，如图 7-3-1 所示。用户可以通过单击"刀具名称"右侧的按钮进入"当前刀具表"，或者双击项目设置中的"刀具表"进入"当前刀具表"，从而对刀具参数进行编辑。

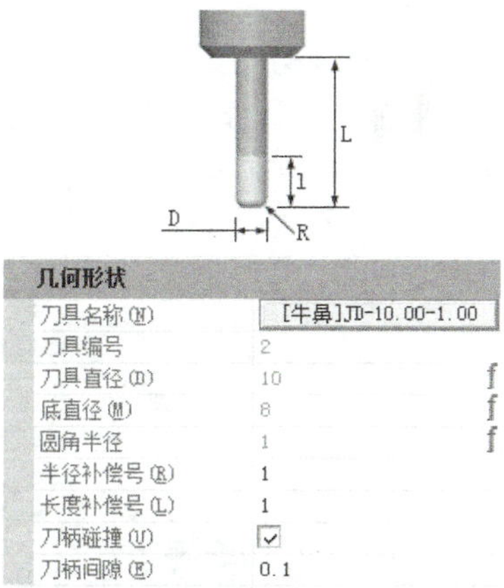

二、刀轴控制方式

刀轴方向主要用于控制机床两个旋转轴在切削过程中的运动方式。合理设置刀轴可以生成简洁、安全的多轴加工路径，大大提高零件的加工精度和切削效率。控制刀轴的具体作用有以下几个方面。

1) 改变刀轴方向，使刀具能够进入一些带有负角等难以加工的区域进行加工。

2) 减小刀具的夹持长度，在有限、有效的刀长下，增加切削深度范围。

图 7-3-1　几何形状

3) 改变刀具路径形状，使加工过程更顺畅，以提高加工效率。

4) 改变刀具切削状态，提高加工面质量。

5) 在做多轴路径编程前一定要明确刀轴的方向，SurfMill 软件定义的刀轴方向是由刀尖指向刀柄，如图 7-3-2 所示。用户可以根据编程要求选择相应的刀轴控制方式。

1. 竖直

"竖直"是三轴加工时默认的刀轴控制方式，刀轴方向始终保持与当前刀具平面的 Z 轴方向相同，如图 7-3-3 所示。在一些场合可以通过选择"竖直"刀轴控制方式使多轴加工方法生成三轴加工路径，以满足加工需要。

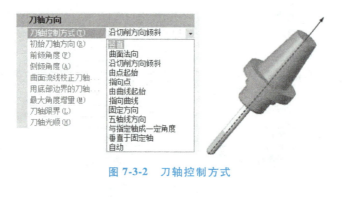

图 7-3-2　刀轴控制方式

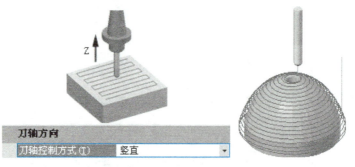

图 7-3-3　"竖直"刀轴控制方式

2. 曲面法向

"曲面法向"是多轴加工中最常使用的刀轴控制方式,其刀轴方向始终沿着切削位置的曲面法向。换句话说,在切削过程中刀轴始终指向导动面法向,如图 7-3-4 所示。

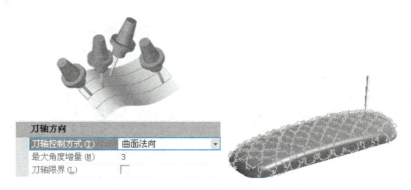

图 7-3-4　"曲面法向"刀轴控制方式

3. 沿切削方向倾斜

选择"沿切削方向倾斜"方式,用户可以定义刀轴沿着切削方向相对于初始刀轴倾斜一定的角度,如图 7-3-5 所示。

4. 由点起始

使用"由点起始"刀轴控制方式,刀轴方向始终由指定点指向路径点,在加工过程中刀轴的角度是连续变化的,如图 7-3-6 所示。"由点起始"刀轴控制方式适用于凸模的加工,特别是带有陡峭凸壁、负角面零件的加工。

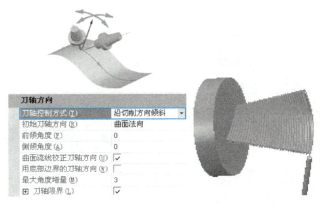

图 7-3-5 "沿切削方向倾斜"刀轴控制方式

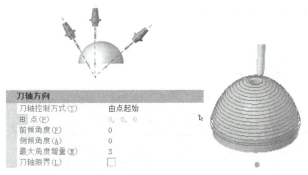

图 7-3-6 "由点起始"刀轴控制方式

5. 指向点

使用"指向点"刀轴控制方式，刀轴方向始终由路径点指向指定点，与"由点起始"正好相反，在加工过程中刀轴的角度也是连续变化的，如图 7-3-7 所示。这种刀轴控制方式适用于凹模的加工，特别是带有型腔、负角面的凹模零件。

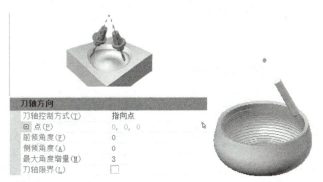

图 7-3-7 "指向点"刀轴控制方式

6. 指向曲线

使用"指向曲线"刀轴控制方式，加工过程中刀轴始终与刀轴曲线相交，刀轴方向由路径点指向刀轴曲线上的点，如图 7-3-8 所示。该刀轴控制方式适合加工管道或叶轮根部时的刀轴控制。

图 7-3-8 "指向曲线"刀轴控制方式

7. 由曲线起始

使用"由曲线起始"刀轴控制方式，加工过程中刀轴始终与刀轴曲线相交，刀轴方向由刀轴曲线上的点指向路径点，如图 7-3-9 所示。

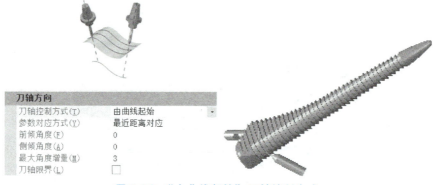

图 7-3-9 "由曲线起始"刀轴控制方式

8. 固定方向

选择"固定方向"刀轴控制方式，刀轴始终指向用户指定的固定方向，类似建立一个坐标系，进行三轴加工，如图 7-3-10 所示。

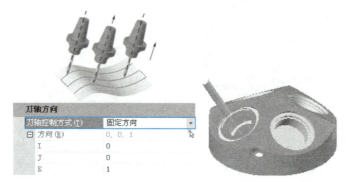

图 7-3-10 "固定方向"刀轴控制方式

9. 与指定轴成一定角度

根据倾斜角度定义方式的不同，"与指定轴成一定角度"分为"固定值"和"分段设置"两种刀轴控制方式，如图 7-3-11 所示。

第七章 公共参数设置

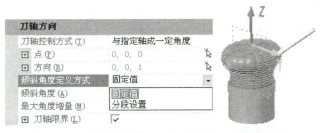

图 7-3-11 "与指定轴成一定角度"刀轴控制方式

10. 五轴线方向

选择"五轴线方向"刀轴控制方式,刀轴方向将与五轴曲线上对应点的方向相同,如图 7-3-12 所示。

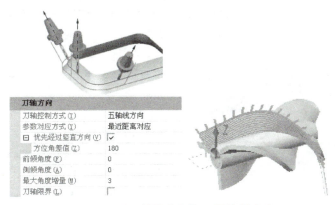

图 7-3-12 "五轴线方向"刀轴控制方式

11. 过指定直线

"过指定直线"刀轴控制方式只在五轴钻孔加工中可以使用。选择该方式,刀轴将通过钻孔点的刀轴直线,如图 7-3-13 所示。

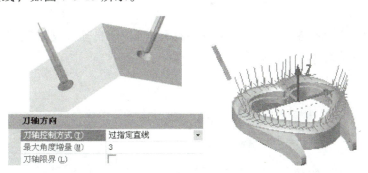

图 7-3-13 "过指定直线"刀轴控制方式

12. 方位角仰角曲线

"方位角仰角曲线"刀轴控制方式对刀轴的方位角和仰角分别进行控制。选择该方式,用户可以通过指定方位角曲线和仰角曲线来控制每个路径点上刀轴的方位角和仰角,如图 7-3-14 所示。其中,方位角曲线和仰角曲线均为五轴曲线,其基线为导动面的 U/V 线,可以根据需要编辑五轴曲线控制点的方向。"方位角仰角曲线"刀轴控制方式主要用于加工某些复杂曲面，使每个路径点的刀轴都会有方位角和仰角的要求，从而避免出现干涉或者 A、C 轴频繁摆动。

13. 垂直于固定轴

"垂直于固定轴"刀轴控制方式使装夹工件的旋转轴 A 或轴 B 旋转 90°后固定不动。采用"垂直于固定轴"刀轴控制方式使刀轴垂直于 A 或 B 轴，利用刀具侧刃接触工件（主轴旋转），C 轴旋转的同时 X、Y、Z 轴实现联动，

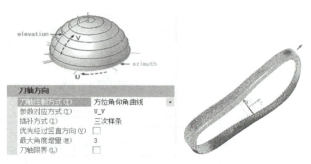

图 7-3-14 "方位角仰角曲线"刀轴控制方式

根据不同的联动方式加工出不同的花纹（斜纹、波浪纹、交错纹、竖纹和横纹），大大提高了花纹加工效率，如图 7-3-15 所示。此方式 C 轴可以往复旋转，不仅可以加工圆形回转体表面的花纹，还可以加工椭圆形、C 形开口式等花纹。

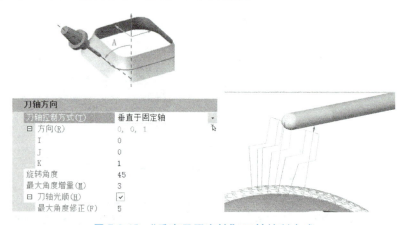

图 7-3-15 "垂直于固定轴"刀轴控制方式

14. 自动

选择"自动"刀轴控制方式，系统通过曲面几何特征自动控制刀轴方向，主要应用于多轴侧铣加工、四轴旋转加工，如图 7-3-16 所示。

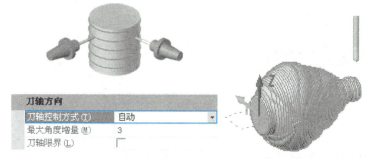

图 7-3-16 "自动"刀轴控制方式

15. 自动避让

"自动避让"刀轴控制方式是在加工坐标系下分别设置刀轴的 A 角与 C 角，在遇到干涉

时实行刀轴的自动避让，如图 7-3-17 所示。

刀轴方向	
刀轴控制方式	自动避让
参数设置	...
刀轴初始化策略	自动
倾斜角度	30
干涉避让	☑
优先A/B轴	☐
定位优先	☐
最大角度范围	30

图 7-3-17　“自动避让”刀轴控制方式

三、刀轴控制中的其他参数

1. 最大角度增量

“最大角度增量”参数允许用户定义相邻两路径节点刀轴的最大角度增量，如图 7-3-18 所示。五轴输出的路径包括刀尖位置和刀轴方向，相邻路径点刀轴方向的变化不允许超过设置的最大角度增量。减小“最大角度增量”值会增加路径节点数量，如图 7-3-19 所示，增大“最大角度增量”值会减少路径节点数量。

刀轴方向	
刀轴控制方式(T)	曲面法向
最大角度增量(M)	3
⊞ 刀轴限界(L)	☑

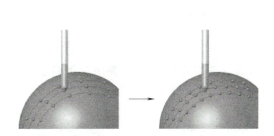

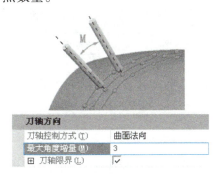

图 7-3-18　“最大角度增量”参数

图 7-3-19　减小最大角度增量路径节点数的变化

2. 刀轴限界

“刀轴限界”参数是在路径生成的过程中，控制刀轴的摆动范围。勾选“刀轴限界”选项后可以进行“旋转轴”与“旋转轴夹角”和“无效路径点处理”等参数的设置，如图 7-3-20 所示。

3. 刀轴光顺

“刀轴光顺”参数在五轴曲线加工中可对刀轴进行光顺处理，对形状会有一定的改变，如图 7-3-21 所示，应用在对误差要求不高的产品加工中。

刀轴方向	
刀轴控制方式(T)	曲面法向
最大角度增量(M)	3
⊟ 刀轴限界(L)	☑
旋转轴(X)	Z
⊞ 与旋转轴夹角	0，90
⊞ XY平面内角度	0，360
无效路径点处理(D)	移动刀轴

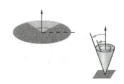

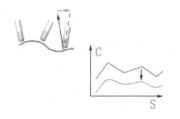

图 7-3-20　“刀轴限界”参数

图 7-3-21　“刀轴光顺”处理效果

第四节 进给设置

进给设置包括路径间距、轴向分层、侧向分层、层间加工、进退刀方式和下刀方式等，用于设置加工的切削进给。

一、路径间距

相邻路径在水平方向、Z方向或空间的距离称为路径间距。通过选择间距类型来设置"路径间距"，如图7-4-1所示。重叠率越高，路径间距越小；残料高度越低，路径间距越小。

图 7-4-1 路径间距

二、轴向分层

"轴向分层"用于控制加工时刀具的吃刀量，共有5种分层方式，即"关闭""限定层数""限定深度""自定义"和"渐变"，如图7-4-2所示。

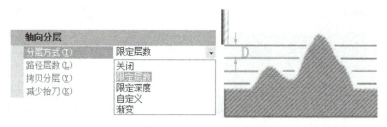

图 7-4-2 轴向分层

1. 分层方式

（1）关闭　轴向不分层。

（2）限定层数　设置路径分层层数。

（3）限定深度　设置吃刀量，若勾选"固定分层"，吃刀量等于分层深度；若不勾选"固定分层"，将均匀分层，分层深度可以略小于吃刀量。

（4）自定义　自定义吃刀量和分层方向，并分别设置每段的加工深度和吃刀量。

（5）渐变　按照定义的首层深度和末层深度渐变地生成每层路径的加工深度，从而进行分层。

2. 减少抬刀

选择"减少抬刀"选项，在分层加工时将相邻层之间的路径连接成一条路径，从而可以减少抬刀的次数，如图7-4-3所示。该选项主要用于单线切割、轮廓切割和区域修边。

3. 拷贝分层

2.5轴加工时，选择"拷贝分层"选项，

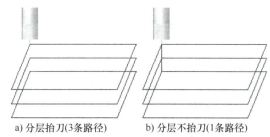

a) 分层抬刀(3条路径)　　b) 分层不抬刀(1条路径)

图 7-4-3 减少抬刀

软件首先计算最后一层路径,然后通过 Z 向平移获得其他层的路径。该方式可以避免因锥刀锥度不准,分层加工时在侧边留下阶梯。

三、侧向分层

设置"侧向分层"可以生成在水平方向上的分层路径,如图 7-4-4 所示。用户在使用铣螺纹加工、轮廓切割和五轴曲线加工等加工方法时可以设置该参数。

四、层间加工

在相对平坦区域,分层区域粗加工的相邻两个轴向切削层之间会留有较大的阶梯状残料。使用"层间加工"功能可以在相邻两切削层之间增加切削路径,以去除粗加工留在相对平坦区域的阶梯状残料,如图 7-4-5 所示。此功能主要用于轴向吃刀量较大的分层区域粗加工。

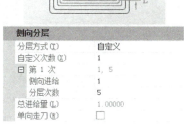

图 7-4-4 "侧向分层"设置

图 7-4-5 "层间加工"设置

(1) 侧向进给 控制同一高度(Z 轴)上相邻路径间的距离,进行侧向进给。
(2) 吃刀深度 控制相邻两个轴向切削层之间的距离。
(3) 往复走刀 控制切削方向往复变化,减少抬刀次数,提高切削效率。
(4) 从下往上加工 不勾选该选项,将从上往下加工,如图 7-4-6 所示。

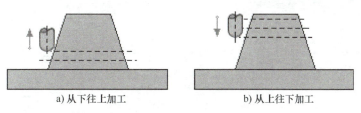

a) 从下往上加工   b) 从上往下加工

图 7-4-6 从下往上加工和从上往下加工

五、进退刀方式

为了保证加工质量,避免刀具在靠近工件时因突然受力而损坏,在加工中进退刀路径显得非常重要。根据加工方法的不同,进退刀方式可以分为平面加工进退刀和曲面加工进退刀。

1. 平面加工进退刀方式

平面加工进退刀方式用于控制 2.5 轴加工组中刀具在切削路径前后的运动方式,主要包括"关闭""直线连接""直线相切""圆弧相切""圆弧内切""沿轮廓"等进退刀方式,如图 7-4-7 所示。

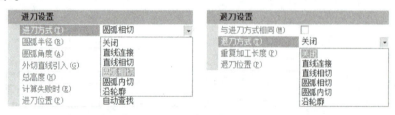

图 7-4-7　平面加工进退刀方式

（1）关闭　不生成进刀路径，用于一些对侧面要求不高但讲究效率的加工中。

（2）直线连接　生成直线进刀路径，用于一些复杂图案、文字的切割中。

（3）直线相切　生成与切削路径相切的直线进刀路径，主要用于一些规则的外轮廓加工中。

（4）圆弧相切　生成与切削路径相切的圆弧进刀路径，可以用于比较规则的轮廓加工。

（5）圆弧内切　生成与切削路径内切的圆弧进刀路径，主要用于外轮廓加工，节省材料。

（6）沿轮廓　生成沿轮廓进刀路径，主要用于对侧面质量要求不高的加工中，节省材料。

2. 曲面加工进退刀方式

曲面加工进退刀方式用于控制刀具在切削路径之前和离开的运动，如图 7-4-8 所示。

（1）关闭进刀　不生成进退刀路径。

（2）切向进刀　生成与切削路径圆弧相切的进退刀路径。

（3）沿边界连刀　路径边界的连刀路径沿加工轮廓线连接。

（4）直线延伸长度　控制进退刀路径的直线延伸长度，改善边界位置的加工效果，如图 7-4-9 所示。

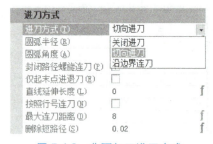

图 7-4-8　曲面加工进刀方式

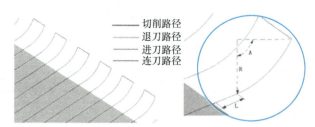

图 7-4-9　直线延伸长度

六、下刀方式

57. 下刀方式

刀具垂直落刀过程容易造成刀尖崩裂，而改变下刀方式可以降低对刀尖的冲击，延长刀具的使用寿命。SurfMill 软件提供的"下刀方式"有 5 种，包括"关闭""竖直下刀""沿轮廓下刀""螺旋下刀"和"折线下刀"，如图 7-4-10 所示。下刀参数包括"下刀角度""螺旋半径"（直线长度）"表面预留""侧边预留"和"过滤刀具盲区"等。

1. 下刀方式介绍

（1）关闭　不生成下刀路径，如图 7-4-11 所示。在加工雕刻深度小于 0.05mm 或者雕刻比较软的非金属材料时，可以使用"关闭"下刀方式。

图 7-4-10　下刀方式

图 7-4-11　"关闭"下刀方式

（2）竖直下刀　通过设置表面预留高度，在刀具铣削前通过降低进给速度来优化下刀过程，如图 7-4-12 所示。竖直下刀距离短、效率高，但 Z 轴冲击力大，在加工金属材料时容易损伤刀具和主轴系统，一般用在软材料加工、侧边精修等加工中。

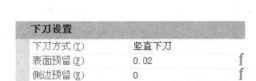

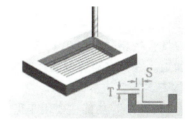

图 7-4-12　"竖直下刀"方式

（3）沿轮廓下刀　在使用开槽加工、轮廓切割加工、小区域加工时，可以采用"沿轮廓下刀"方式，如图 7-4-13 所示。另外，在切割有机玻璃时也可以用"沿轮廓下刀"方式来避免材料飞崩。材料越硬，下刀角度应越小，一般为 0.5°~5°。

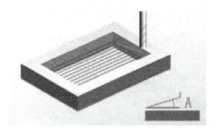

图 7-4-13　"沿轮廓下刀"方式

（4）螺旋下刀　刀具以一定角度螺旋进入材料，可以降低下刀对刀具的冲击，延长刀具寿命，如图 7-4-14 所示。材料越硬，下刀角度应越小，一般为 0.5°~5°。下刀的螺旋半径一般为 0.48 倍的刀具半径。螺旋下刀是最好的下刀方式，下刀路径光滑，机床运动平稳，但下刀需要回旋余地，在狭窄区域无法生成螺旋下刀路径，此时将生成沿轮廓下刀路径。

（5）折线下刀　刀具以一定角度沿斜线进入材料，可以降低下刀对刀具的冲击，延长刀具寿命，如图 7-4-15 所示。材料越硬，下刀角度应越小，一般为 0.5°~5°。下刀的直线长

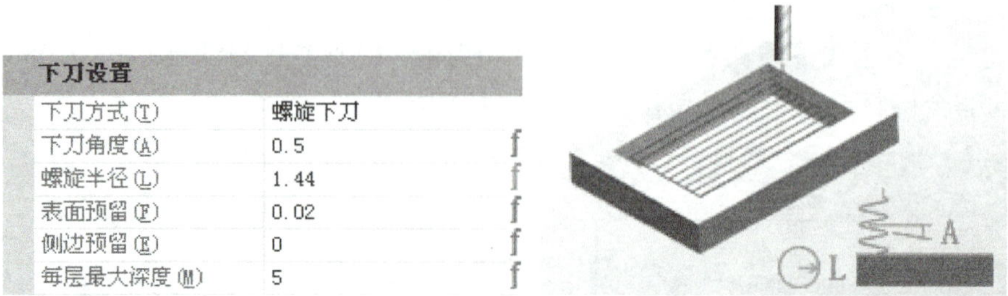

图 7-4-14 "螺旋下刀"方式

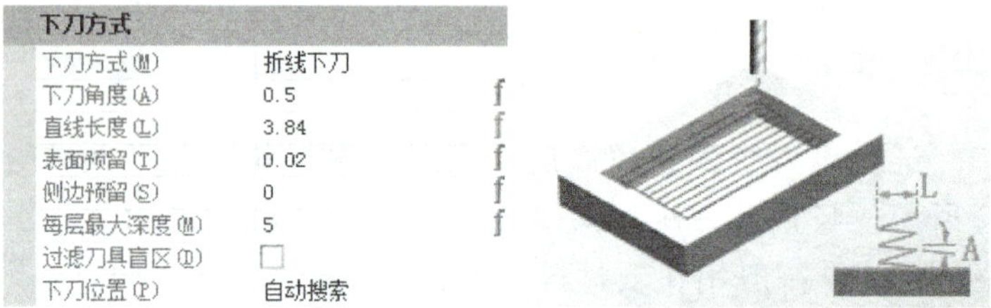

图 7-4-15 "折线下刀"方式

度一般与刀具直径相同，为 0.4～3mm。"折线下刀"是"螺旋下刀"的补充，主要用于狭窄图形的加工。在没有小线段插补或螺旋线的机床上，折线下刀的效率比螺旋下刀高。

2. 过滤刀具盲区

"过滤刀具盲区"功能主要用于保护镶片刀等底部带有盲区的刀具，避免在一些小的加工区域内生成路径，从而有效地保护刀具，并避免在下刀时发生顶刀现象，对刀具和电动机造成损伤，如图 7-4-16 所示。

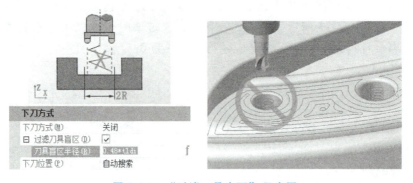

图 7-4-16 "过滤刀具盲区"示意图

第五节 安 全 策 略

一、工件避让

用户可以通过设置"工件避让"来控制刀具出发点/回零点的位置以及刀轴方向，如图 7-5-1 所示。

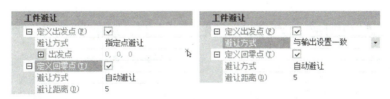

图 7-5-1 "工件避让"设置

勾选"定义出发点"和"定义回零点"选项，用户可以选择不同的避让方式来定义刀具运动出发点/回零点的位置和刀轴方向，主要有"指定点避让""自动避让"和"与输出设置一致"3 种避让方式。

（1）指定点避让　用户可以通过输入 X、Y、Z 坐标或单击按钮，拾取出发点/回零点坐标，通过输入 I、J、K 坐标或单击按钮，拾取出发点/回零点刀轴方向。

（2）自动避让　系统根据用户设置的避让距离自动进行出发点/回零点避让。

（3）与输出设置一致　勾选该选项，工件避让与"输出设置"中的一致；不勾选该选项，用户可以自定义出发点和回零点。

二、操作设置

通过设置"操作设置"中的参数和选项，用户可以控制加工过程中的非切削运动、冷却方式等，如图 7-5-2 所示。

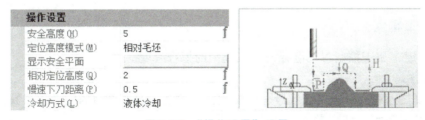

图 7-5-2 "操作设置"设置

1. 安全高度

"安全高度"参数为相对工件最高点。在该高度上，刀具可以随意平移，不会碰到工件和夹具。

2. 定位高度模式

"定位高度模式"提供 3 种方式："相对毛坯"，以定位路径相对毛坯的高度定义定位高度；"优化模式"，以定位路径相对工件的高度定义定位高度；"表面高度"，计算路径时只考虑加工面，不考虑夹具保护面，避免夹具设置较大、进退刀较远，提示超程的情况。

3. 相对定位高度

"相对定位高度"功能可以定位路径相对加工位置毛坯或工件的高度，保证刀具在局部定位运动时不会碰到工件和夹具。

4. 慢速下刀距离

在刀具靠近毛坯表面或竖直切入工件时，应当以较慢的速度靠近，以防止扎刀。这段慢速下刀的距离即为"慢速下刀距离"。

5. 冷却方式

用户可以设置加工时的"冷却方式",分为"关闭""液体冷却"和"气体冷却"3种。

三、路径检查

"路径检查"设置如图 7-5-3 所示。

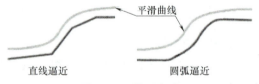

图 7-5-3 "路径检查"设置

1. 检查模型

"检查模型"功能分为以路径加工域或几何体作为过切、干涉检查模型方式。

2. 进行路径检查

"进行路径检查"功能可以选择不同方式,在进行路径计算时进行过切、干涉检查。

3. 路径编辑

设置"路径编辑"选项时,若选择"替换刀具",表示若检查结果存在干涉,自动将当前刀具替换为不干涉刀具,同时提示用户存在干涉;选择"不编辑路径",表示若检查结果发现存在干涉,仅提示用户,不编辑路径。

第六节 计 算 设 置

"计算设置"用于设置计算过程中的加工精度、加工次序、尖角形式和轮廓设置等常用参数。

一、加工精度

"加工精度"用于控制刀具路径与加工模型的拟合程度。

1. 逼近方式

刀具在加工过程中只能走直线段、圆弧或样条曲线。如果绘制的图形包含其他类型的平滑曲线,系统需要将它们离散成直线段、圆弧或样条曲线之后才能无限逼近原始图形,并计算刀具路径。逼近方式包括直线逼近和圆弧逼近,如图 7-6-1 所示。

2. 弦高误差/角度误差

折线段或圆弧与原始曲线之间的误差称为"弦高误差",如图 7-6-2 所示。在相邻路径段节点处切向的夹角称为"角度误差",如图 7-6-3 所示。"弦高误差"与"角度误差"参数值越小,路径精度越高,路径计算速度越慢;其值越大则路径精度越低,计算速度越快。

图 7-6-2 弦高误差

图 7-6-3 角度误差

注：一般来说，"圆弧逼近"和"直线逼近"生成的刀具路径，在加工速度上基本没有区别。区域加工时，建议选用"圆弧逼近"，这样可以达到图形尺寸的最大精度；计算曲面精加工路径时，用"直线逼近"，可以避免计算本身对"圆弧逼近"的误差而导致的加工表面过切的现象。

二、加工次序

在"加工次序"中，用户可以设置铣削方向、轮廓排序、分层次序。

1. 铣削方向

（1）逆（Up）铣　铣刀对工件的作用力在进给方向上的分力与工件进给方向相反，如图 7-6-4a 所示。

（2）顺（Down）铣　铣刀对工件的作用力在进给方向上的分力与工件进给方向相同，如图 7-6-4b 所示。

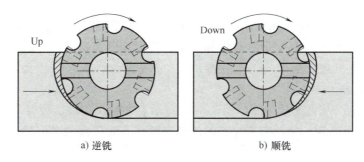

a) 逆铣　　　　　　b) 顺铣

图 7-6-4　铣削方向

2. 轮廓排序

"轮廓排序"功能用于安排加工区域进入被加工阶段的顺序。三轴加工的轮廓排序方式有 9 种，分别是最短距离、从内向外、从外向内、面积从小到大、选择次序、X 优先（往复）、Y 优先（往复）、X 优先（单向）和 Y 优先（单向）。

3. 分层次序

（1）区域优先　先对同一切削区域的切削层进行加工，之后转向下一切削区域进行加工，如图 7-6-5a 所示。

（2）高度优先　先对同一切削层上的切削区域进行加工，之后转向下一切削层进行加工，如图 7-6-5b 所示。

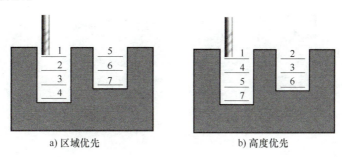

a) 区域优先　　　　　　b) 高度优先

图 7-6-5　分层次序

三、尖角形式

在图形设计中经常存在一些尖角,该尖角由曲线或曲面相交形成。在实际加工中,刀具在雕刻这些尖角时的过渡方式包括直线延长(图 7-6-6)、直线截断(图 7-6-7)、圆弧过渡(图 7-6-8)和延伸圆弧(图 7-6-9)。尖角设置包括过渡方式、最大/小尖角、光滑路径尖角、加工模型倒角和光滑连刀路径等参数。

图 7-6-6 直线延长　　图 7-6-7 直线截断　　图 7-6-8 圆弧过渡　　图 7-6-9 延伸圆弧

1. 光滑路径尖角

"光滑路径尖角"功能的效果图如图 7-6-10 所示。其在粗加工中,可以降低刀具在轮廓尖角位置的吃刀量,延长刀具寿命;在精加工中,可以降低高速加工时的机床振动,提高工件表面加工质量。

2. 加工模型倒角

"加工模型倒角"功能的效果图如图 7-6-11 所示。在精加工时,设置倒角半径可以对模型尖角位置进行倒角处理,降低高速加工时的机床振动,并提高尖角位置的加工质量。

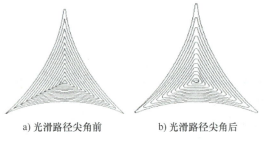 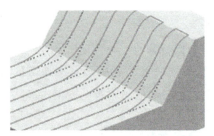

a) 光滑路径尖角前　　b) 光滑路径尖角后

图 7-6-10 "光滑路径尖角"功能效果图　　图 7-6-11 "加工模型倒角"功能效果图

3. 光滑连刀路径

"光滑连刀路径"功能的效果图如图 7-6-12 所示。区域修边的修边次数大于 1 时,选中该功能能够实现螺旋走刀,如图 7-6-12a 所示;采用粗加工中的行切走刀方式以及平行截线

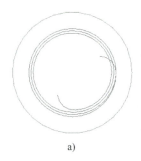 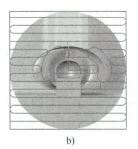 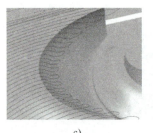 

a)　　　　　　b)　　　　　　c)　　　　　　d)

图 7-6-12 "光滑连刀路径"功能效果图

精加工方式，选中该选项后，使用圆弧替代直线连接切削路径，可减弱加工中的急转急停现象，如图 7-6-12b、c 所示；采用等高外形精加工方式，选中该选项后，可在开口区域部分实现圆弧连接进退刀路径，如图 7-6-12d 所示。

四、轮廓设置

"轮廓设置"主要有"轮廓自交检查""轮廓自动结合""轮廓自动连接"和"删除边界路径点"等参数，如图 7-6-13 所示。

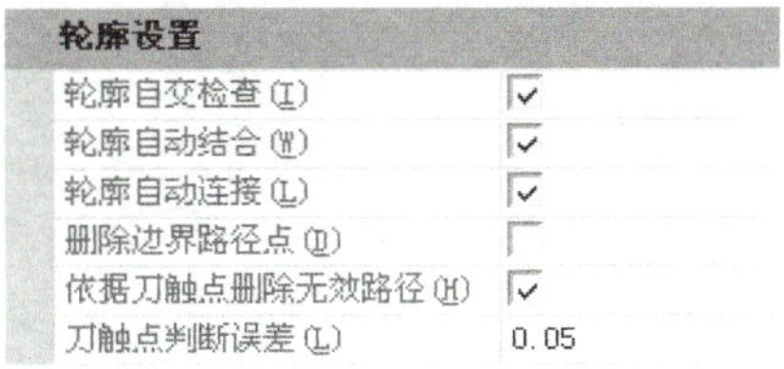

1. 轮廓自交检查

选中"轮廓自交检查"选项，系统会自动排除轮廓相交的部分。

2. 轮廓自动结合

"轮廓自动结合"选项用于将用户选择的多个轮廓结合成一个轮廓组进行加工，系统自动判断实际的雕刻区域。

图 7-6-13 "轮廓设置"中的参数

3. 轮廓自动连接

有时候，绘制或者输入的图形是多段曲线组成的非连接或不闭合的轮廓曲线，这种轮廓图形原则上是无法生成刀具路径的。选中"轮廓自动连接"选项，将对这类轮廓进行自动连接。

4. 删除边界路径点

选中"删除边界路径点"选项，将自动删除掉加工面边界线外的多余路径段。

第七节　辅　助　指　令

辅助指令包括"插入指令"和"测量补偿"，其中"插入指令"功能可以辅助加工，"测量补偿"功能可以将探测数据补偿至加工路径。

一、插入指令

用户使用"插入指令"可以实现以下功能：对加工路径在程序头插入机床控制事件、程序尾插入机床控制事件以及工件位置补偿指令，如图 7-7-1 所示。

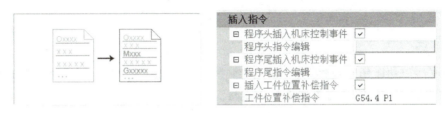

图 7-7-1 "插入指令"设置

单击程序头或程序尾指令编辑器，弹出图 7-7-2 所示窗口，该窗口分为三个区，分别为可选事件区、设置区和预览区。

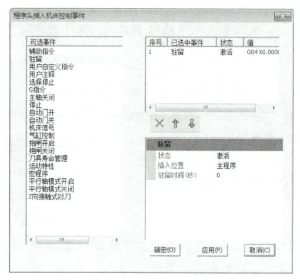

图 7-7-2 "程序头插入机床控制事件"窗口

1. 可选事件区

通过双击"可选事件"区中的事件,可以将所选事件添加至机床事件指令。

2. 设置区

在设置区可以对选择的事件进行编辑。

3. 预览区

在预览区中可以通过删除指令、上移和下移指令来调整事件顺序。

二、测量补偿

当加工中需要用到在机测量补偿时,可在"测量补偿"中勾选对应的补偿项和数组号,如图 7-7-3 所示。可用补偿类型有角度测量补偿、中心测量补偿、曲面测量补偿、平面测量补偿。数组号中填写所用补偿的数据编号。

图 7-7-3 "测量补偿"设置

第八节　路径属性与路径变换

一、路径属性

"路径属性"功能用来观察路径尺寸、路径段数以及加工时间等,如图 7-8-1 所示。更全的信息可以在工具栏的"对象属性"中观察。

二、路径变换

SurfMill 软件为方便用户快速对路径进行变换,在路径编辑菜单中分别提供了"2D 变换""3D 变换"功能,同时在刀具路径参数的基本参数模块中提供了"路径变换"功能。

三、空间变换

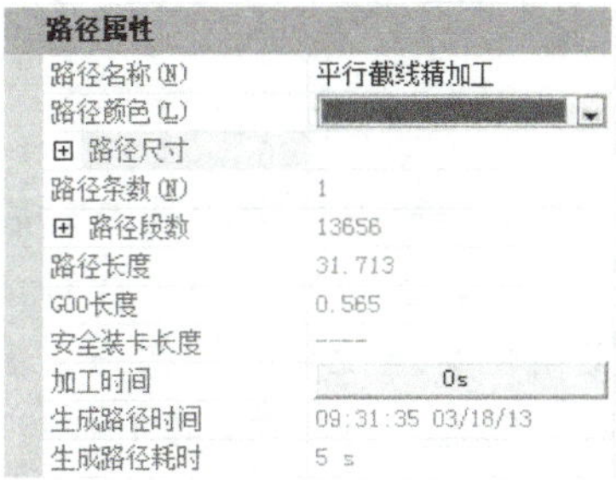

刀具路径参数中的"空间变换"功能提供了平移、旋转、镜像和阵列 4 种变换类型。

1. 平移

"平移"功能主要是对当前路径进行 2D、3D 平移变换,如图 7-8-2 所示。

(1)"平移距离" 控制路径在 X、Y、Z 方向的平移距离。

图 7-8-1 "路径属性"设置

(2)"毛坯优先连接" 该选项默认为选中状态,进行空间变换时,毛坯优先进行连接。如果未勾选该项,则断开变换路径。

2. 旋转

"旋转"功能主要用于对当前路径围绕指定旋转轴进行 2D、3D 旋转变换,如图 7-8-3 所示。

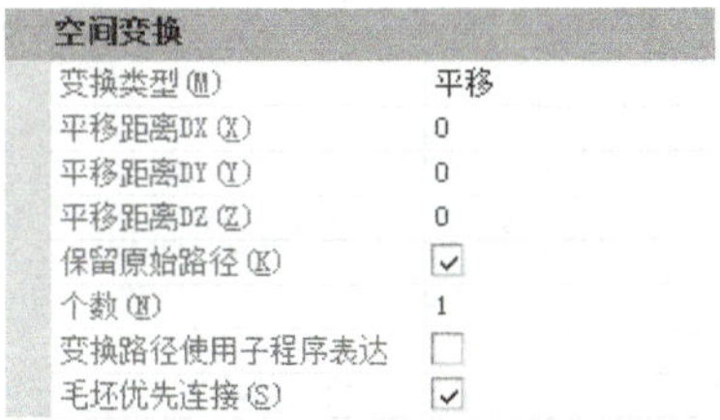

图 7-8-2 "平移"设置   图 7-8-3 "旋转"设置

(1)"旋转基点" 通过(wX,wY,wZ)设置基点坐标或通过单击拾取基点位置。

(2)"旋转轴线" 通过(wI,wJ,wK)设置旋转轴方向或通过单击拾取旋转轴方向。

(3)"旋转角度" 对路径进行连续旋转变换时,"旋转角度"参数可以设置每一次的角度间隔。旋转角度相对于旋转轴方向满足右手法则。

3. 镜像

根据设定的"镜像平面基点"和"镜像平面法向"确定镜像平面,从而对当前路径进行"镜像"操作,如图 7-8-4 所示。

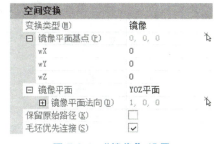

图 7-8-4 "镜像"设置

(1)"镜像平面基点" 通过(wX,wY,wZ)设置基点坐标或通过单击拾取基点位置。

(2)"镜像平面法向" 通过(wI,wJ,wK)设置旋转轴方向或通过单击拾取镜像平面位置。

4. 阵列

根据"阵列模式"和"平移距离"对当前加工路径进行"阵列"操作,如图 7-8-5 所示。"阵列加工"参数可以设置阵列路径的加工次序,包括"X 单向""Y 单向""X 向往复""Y 向往复"。

四、投影变换

刀具路径参数中的基本参数模块中增加了"投影变换"功能，该功能主要是针对 2.5 轴加工路径和三轴精加工路径实现投影变换操作，主要分为竖直投影、包裹投影、插铣变换和垂直度补偿投影。

图 7-8-5 "阵列"设置

1. 竖直投影

"竖直投影"是按照当前加工坐标系的 Z 轴方向将路径投射到曲面上，如图 7-8-6 所示。"竖直投影"主要用于在曲面上刻字、划线或者加工一些图案。

图 7-8-6 "竖直投影"设置

（1）"关闭半径补偿"　可以加快计算速度，但会降低加工的精度。

（2）"保持投影深度"　保留原有路径的加工深度，否则路径生成在曲面表面。

2. 包裹投影

"包裹投影"是按照路径长度不变原则将路径投射到曲面上，如图 7-8-7 所示。当投影的曲面较平坦时，竖直投影和包裹投影没有太大区别。但是当投影曲面较陡峭时，竖直投影加工将导致在曲面陡峭处的路径严重变形。而包裹投影加工却不会，它就像是把路径放在一张橡皮膜上，而后将橡皮膜卷在曲面上一样。如果曲面不能展开，包裹投影也会存在变形。通过调整包裹中心和包裹方向，可以减小路径变形。

图 7-8-7 "包裹投影"设置

（1）"包裹中心"　设置包裹的基点，通过它建立起基准曲面和刀具路径的位置关系，它必须落在曲面上。调整包裹中心可以减小路径的变形，一般选择路径的中心为包裹中心。

（2）"包裹方向与 X 轴夹角"　通过设置与 X 轴方向的夹角来确定包裹方向。

3. 插铣变换

"插铣变换"的参数设置如图 7-8-8 所示。

（1）"插铣点距"　设置插铣加工时相邻两次落刀点之间的距离，默认为"0.2"。

（2）"抬高距离"　设置加工完成后退刀点到工件表面的距离。

4. 垂直度补偿投影

在使用大直径刀具进行面铣加工时，可能会出现以下缺陷：行切走刀时会出现明显的接

图 7-8-8 "插铣变换"设置

刀痕；环切走刀时会出现"猫眼"现象。为解决大直径刀具面铣时的精度问题，SurfMill 软件提供了"垂直度补偿投影"功能，如图 7-8-9 所示。该功能根据主轴与 X、Y 轴的垂直度关系，确定误差平面，并将路径投影至该平面，从而实现对面铣路径的补偿。

图 7-8-9 "垂直度补偿投影"设置

思 考 题

1. 讨论题

（1）行切走刀、环切走刀、螺旋走刀的区别是什么？
（2）刀轴的控制方式有哪些？其适用范围分别是什么？
（3）层间加工中，不同的侧向进给和吃刀量对加工效果有什么影响？
（4）在刀具靠近毛坯表面或竖直切入工件时，对下刀速度有什么要求？
（5）铣削加工中，顺铣和逆铣有什么区别？

2. 选择题

（1）环切走刀时，当刀具路径重叠率低于（　　）时，需要清除两环之间的残料，否则可能留下残料。
A. 30%　　　　　B. 40%　　　　　C. 50%　　　　　D. 60%
（2）螺旋走刀不包括（　　）方式。
A. 中心螺旋　　　B. 边界等距　　　C. 中心摆线　　　D. 侧边环绕
（3）（　　）是多轴加工中最常使用的刀轴控制方式。
A. 竖直加工　　　B. 曲面法向　　　C. 沿切向倾斜　　D. 指向曲线
（4）沿轮廓下刀时，材料越硬，下刀角度应越小，一般为（　　）。
A. 0.5°~1°　　　B. 0.5°~3°　　　C. 0.5°~5°　　　D. 0.5°~7°
（5）加工冷却方式不包括（　　）。
A. 气体冷却　　　B. 关闭冷却　　　C. 气液混合冷却　D. 液体冷却

3. 判断题

（1）行切走刀是指刀具按照设定的路径角度以平行直线的走刀方式进行切削。（　　）
（2）底部余量指的是加工后底部的多余材料厚度，通过调整底部余量可以调节加工的深度范围。（　　）
（3）曲面法向的刀轴控制方式同样适用于平面加工。（　　）
（4）设置路径间距时，重叠率越高，路径间距越小。（　　）
（5）安全高度指的是相对工件的最高点，在该高度上，刀具可以随意移动，不会碰到工件和夹具。（　　）

第八章

SurfMill软件2.5轴与三轴编程策略

知识点介绍

1) 基于点、线、面的2.5轴和三轴加工方法。
2) 单线切割、轮廓切割、区域加工及铣螺纹等2.5轴加工方法。
3) 分层区域粗加工、曲面残料补加工和曲面精加工等常用的三轴加工方法。

能力目标要求

1) 了解常用的三轴加工方法。
2) 熟悉三轴加工方法的主要参数。
3) 能够生成正确的三轴加工路径。
4) 掌握三轴加工编程方法。
5) 通过了解2.5轴与三轴编程的异同,培养善于抓住事务主要矛盾的能力。

第一节 2.5轴加工

2.5轴加工组的加工方法有钻孔加工、扩孔加工、铣螺纹加工、单线切割、单线摆槽、轮廓切割、区域加工、残料补加工、区域修边和三维清角共10种。

一、单线切割

"单线切割"功能用于加工各种形式的曲线,加工的图形可以不封闭、可以自交。既可以用于沿曲线进行加工,也可以用于不封闭边界修边。单线切割的应用场景举例如下。

58. 单线切割

1. 单线字锥刀加工

单线切割加工方法不要求加工图形为区域,如电极编号加工,或某些单线图案的加工,是单线切割方法使用最多的场景,如图8-1-1所示。

2. 模具流道加工

球头刀单线加工可以加工出和球头刀圆弧相同形状的圆弧凹槽,如图8-1-2所示,如模具的流道,或者产品的某些特征,这种加工方法高效便捷。

3. 成形刀路径编制

使用单线切割方法编制成形刀路径,如图8-1-3所示,分析并绘制刀尖的运动轨迹,根

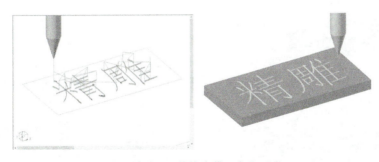

图 8-1-1 单线字锥刀加工

图 8-1-2 模具流道加工

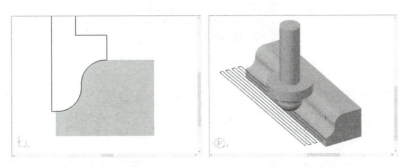

图 8-1-3 成形刀路径编制

据绘制的运动轨迹编制单线切割路径，可以灵活地控制成形刀的运动轨迹。

以下通过图 8-1-4 所示 2.5 轴模型为例，介绍单线切割实际应用的过程（参考案例文件"2.5 轴模型-final. escam"）。

1）单击 Ribbon 菜单中的"三轴加工"→"单线切割"按钮，进入"刀具路径参数"界面，"半径补偿"默认为"关闭"，如图 8-1-5 所示。

2）单击参数树中的"加工域"，在"加工图形"中单击"编辑加工域"右侧的按钮进入"导航工作条"，选择图 8-1-6 中的绿色曲线作为"轮廓线"；在"深度范围"中设置"表面高度"为"0"，取消勾选"定义加工深度"，设置"底面高度"为"-0.2"，如图 8-1-6 所示。

3）单击参数树中的"加工刀具"，在"几何形状"中单击"刀具名称"右侧的按钮进入"当前刀具表"，选择"［平底］JD-3.00"→"走刀速度"；修改"走刀速度"参数，如图 8-1-7 所示。

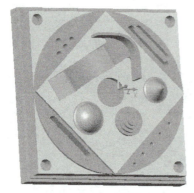 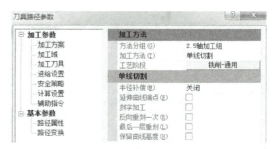

图 8-1-4　2.5 轴模型　　　　　　　　　图 8-1-5　刀具路径参数

 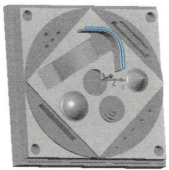 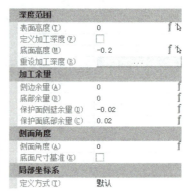

图 8-1-6　编辑加工域

4）单击参数树中的"进给设置"，在"轴向分层"中设置"吃刀深度"为"0.1"；在"进刀设置"中设置"进刀方式"为"关闭"；在"下刀方式"中设置"下刀方式"为"关闭"，如图 8-1-8 所示。

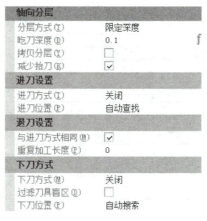

图 8-1-7　"加工刀具"设置　　　　　　图 8-1-8　"进给设置"设置

5）单击"计算"按钮生成路径，如图 8-1-9 所示。计算完成后路径树增加新的路径节点"单线切割（关闭）"。

第八章　SurfMill软件2.5轴与三轴编程策略

图 8-1-9　生成路径

参数说明：

（1）"半径补偿"　该参数定义了刀具相对曲线的偏移方向，补偿方式分为向左偏移、向右偏移、关闭 3 种，如图 8-1-10 所示。当路径进行向左/向右偏移补偿时，可以通过"侧向分层"实现多次修边。

（2）"定义补偿值"　用户可以自定义偏移补偿值；系统默认按照刀具半径进行偏移补偿。

（3）"延伸曲线端点"　将不封闭的曲线两端延伸一段距离，以改变下刀及抬刀的位置。

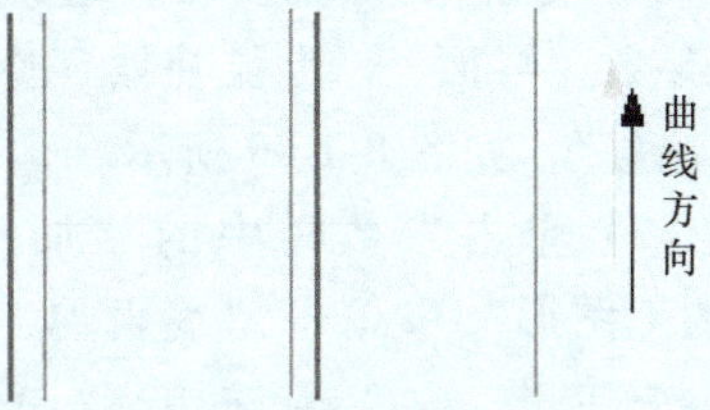

a) 向左偏移　　b) 向右偏移　　c) 关闭

图 8-1-10　半径补偿

（4）"反向重刻一次"　路径反向重新加工一次。

（5）"最后一层重刻"　在最后一层反向重刻一次；该选项与反向重刻一次互斥，只能选择其中的一项。

（6）"保留曲线高度"　勾选该选项则按照现有曲线的高度计算刀具路径；不勾选该选项则按照曲线在零平面的投影计算刀具路径，如图 8-1-11 所示。

（7）"往复走刀"　该参数只有在设置"半径补偿"为向左偏移或向右偏移时存在，并且只有在侧向分层时有效。勾选此选项，将生成往复走刀路径；否则将生成单向走刀路径，如图 8-1-12 所示。

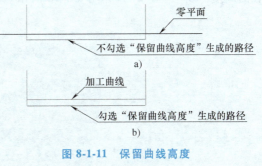

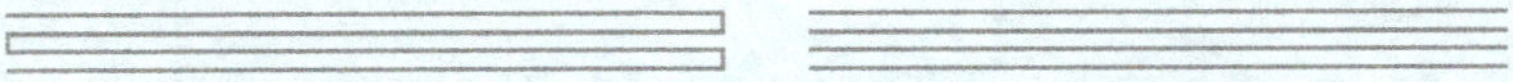

图 8-1-11　保留曲线高度

a) 勾选"往复走刀"　　b) 不勾选"往复走刀"

图 8-1-12　往复走刀

二、轮廓切割

使用"轮廓切割"加工的图形必须是严格的轮廓曲线组，所有的曲线满足封闭、不自交、不重叠 3 个条件。轮廓切割常应用于加工零件外形（图 8-1-13）和进行镂空切割（图 8-1-14）。

59. 轮廓切割

以下以 2.5 轴模型为例，介绍轮廓切割实际应用的过程（参考案例文件"2.5轴模型-final.escam"）。

图 8-1-13　加工零件外形

图 8-1-14　镂空切割

1）单击 Ribbon 菜单中的"三轴加工"→"轮廓切割"按钮，进入"刀具路径参数"界面，"半径补偿"默认为"向外偏移"，如图 8-1-15 所示。

2）单击参数树中的"加工域"，在"加工图形"中单击"编辑加工域"右侧的按钮进入"导航工作条"，选择图 8-1-16 中的绿色曲线作为"轮廓线"；在"深度范围"中设置"表面高度"为"-3"，取消勾选"定义加工深度"，设置"底面高度"为"-4.2"，如图 8-1-16 所示。

图 8-1-15　"刀具路径参数"界面

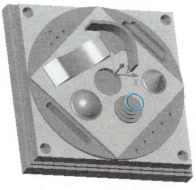
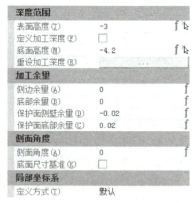

图 8-1-16　编辑加工域

3）单击参数树中的"加工刀具"，在"几何形状"中单击"刀具名称"右侧按钮，进入"当前刀具表"，选择"［平底］JD-2.00"；修改"走刀速度"中的参数，如图 8-1-17 所示。

4）单击参数树中的"进给设置"，在"轴向分层"中设置"吃刀深度"为"0.2"；在"侧向分层"中设置"分层方式"为"关闭"；在"进刀设置"中设置"进刀方式"为"关闭"；在"下刀方式"中设置"下刀方式"为"沿轮廓下刀"，如图 8-1-18 所示。

5）单击"计算"按钮，生成路径，如图 8-1-19 所示。计算完成后，路径树增加新的路径节点"轮廓切割（外偏）"。

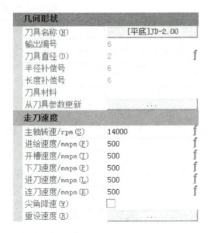

图 8-1-17 "加工刀具"设置

图 8-1-18 "进给设置"设置

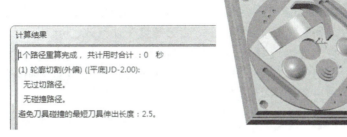

图 8-1-19 生成路径

参数说明：

（1）"半径补偿" 该参数定义了刀具相对轮廓曲线的偏移方向，补偿方式分为向外偏移、向内偏移和关闭 3 种，如图 8-1-20 所示。

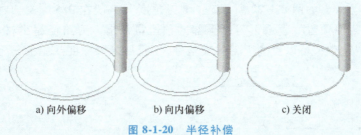

图 8-1-20 半径补偿

（2）"从下向上切割" 勾选该选项，含有多个轴向分层的路径将从轴向分层的最后一层开始，由下向上逐层切割；不勾选该选项，将按照正常分层顺序由上向下逐层切割。

（3）"最后一层重复加工" 将最后一层按照设定的重复次数重复进行加工，以保证加工质量。

（4）"使用参考路径" 勾选该选项，系统会自动匹配路径。该选项与"刀触点速度模式"互斥，只能选择其中的一项。

三、区域加工

用户可以通过绘图、扫描、描图等方式得到一个区域的边界曲线。有了这个边界曲线,就可以使用"区域加工"功能了。适合区域加工的图案可以是任何轮廓曲线图形或文字,但是这些图形必须满足封闭、不自交、不重叠的原则,否则生成的路径可能会出现偏差。

60. 区域加工

以下以 2.5 轴模型为例,介绍区域加工实际应用的过程(参考案例文件"2.5 轴模型-final.escam")。

1)单击 Ribbon 菜单中的"三轴加工"→"区域加工"按钮,进入"刀具路径参数"界面,"走刀方式"默认为"行切走刀"。

2)单击参数树中的"加工域",在"加工图形"中单击"编辑加工域"右侧的按钮,进入"导航工作条",选择图中的绿色曲线作为"轮廓线";在"深度范围"中设置"表面高度"为"-6.2",取消勾选"定义加工深度",设置"底面高度"为"-8.2";在"加工余量"中设置"侧边余量"为"0.02","底部余量"默认为"0"。

3)单击参数树中的"加工刀具",在"几何形状"中单击"刀具名称"右侧按钮,进入"当前刀具表",选择"[平底] JD-3.00";在"走刀速度"中修改"走刀速度"的参数。

4)单击参数树中的"进给设置",在"路径间距"中设置"路径间距"为"1";在"轴向分层"中设置"吃刀深度"为"0.2";在"开槽方式"中设置"开槽方式"为"关闭";在"下刀方式"中设置"下刀方式"为"沿轮廓下刀"。

5)单击"计算"按钮,生成路径。计算完成后,路径树增加新的路径节点"区域行切加工"。

参数说明:

(1)"关闭半径补偿" 当选择区域进行区域加工时,需要刀具走到所选择的边界上,此时只要设置"半径补偿"为"关闭",就可以实现,如图 8-1-21 所示。

(2)"沿轮廓下刀" 在使用开槽加工、轮廓切割加工、加工小区域时,可以采用"沿轮廓下刀"方式,如图 8-1-22 所示。"下刀角度"一般在 0.5°~5°,材料越硬,下刀角度应越小;"表面预留"表示下刀时顶部的预留量,指下刀路径超出材料表面的高度。增加"表面预留"数值可以提高下刀的安全性;"每层最大深度"指的是下刀路径相邻两层的距离。

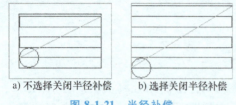

图 8-1-21 半径补偿

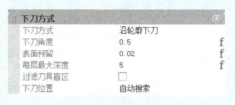

图 8-1-22 沿轮廓下刀

(3)最后一层修边 选择"最后一层修边",将在轴向分层的最后一层生成修边路径,改善侧壁的加工质量。该功能方便用户在区域加工路径中直接生成修边路径,缩短编程时间,提高加工效率。注意:修边量不能为负值;使用锥刀加工时,可以选择"清角修边",生成清角修边路径。

四、钻孔加工

61. 钻孔加工

钻孔加工是刀具旋转并做轴向进给运动，通过切削刃与材料之间连续的挤压变形，把材料从工件上切削下来，然后通过螺旋槽排出孔外。钻孔加工可用于加工通孔、盲孔、定位孔和下刀孔等。

以下以2.5轴模型为例，介绍钻孔加工实际应用的过程（参考案例文件"2.5轴模型-final.escam"）。

1）单击Ribbon菜单中的"三轴加工"→"钻孔"按钮，进入"刀具路径参数"界面，"钻孔类型"使用默认的"高速钻孔"。

2）单击参数树中的"加工域"，在"加工图形"中单击"编辑加工域"右侧的按钮，进入"导航工作条"，拾取孔的圆心作为"点"；在"深度范围"中设置"表面高度"为"-7.2"，"加工深度"为"3"。

3）单击参数树中的"加工刀具"，在"几何形状"中单击"刀具名称"右侧的按钮，进入"当前刀具表"，选择"[钻头] JD-2.00"；在"走刀速度"中修改相应参数。

4）单击参数树中的"进给设置"，在"轴向分层"中修改"吃刀深度"为"0.3"。

5）单击"计算"按钮，生成路径。计算完成后，路径树增加新的路径节点"钻孔加工"。

参数说明：

（1）"R平面高度" 打孔时的参考平面的高度，如图8-1-23a所示。

（2）"退刀量" 每次钻孔后，钻孔刀具回退的高度C，如图8-1-23b所示。"钻孔类型"设置为"高速钻孔（G73）"且勾选"直线路径"时，才可设置此参数。

（3）"贯穿距离" 加工通孔时，钻头除去刀尖补偿后多钻出的距离P，如图8-1-23c所示。

（4）"刀尖补偿" 由于钻孔刀具的顶部为锥形，为了保证在某深度范围内所钻孔的直径都是钻头的直径，故需要多往下钻出刀具锥形部分的高度值T，如图8-1-23d所示。

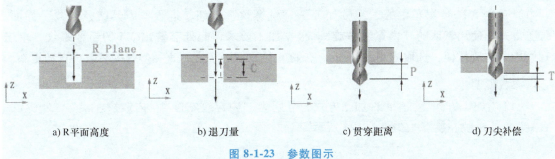

a) R平面高度　　b) 退刀量　　c) 贯穿距离　　d) 刀尖补偿

图8-1-23　参数图示

（5）"回退模式"

1）选择"回退安全高度"。当前孔加工结束后，刀具回退到安全平面，准备加工下一个孔，如图8-1-24a所示。

2）选择"回退R平面"。当前孔加工结束后，刀具回退到R参考平面，准备加工下一个孔，如图8-1-24b所示。

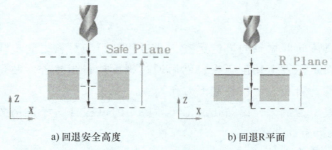

a) 回退安全高度　　　　　　　b) 回退R平面

图 8-1-24　回退模式

（6）"特征取点"方式

为了方便获得钻孔的圆心点，钻孔加工提供了"特征取点"功能。"特征取点"提供了"关闭""线上取点""圆心取点"3 种方式。

1）"关闭"。不通过特征取点，只对加工域中已选的点进行加工。

2）"线上取点"。按照特定的规律在指定的曲线上提取特征点。其中，"中心距离"指定点在曲线上的距离；"通过末点"指能够均匀处理中心距离，使得最后一个点正好通过曲线的终点。

3）"圆心取点"。按照拾取的圆弧或圆的直径大小过滤圆或圆弧，将满足条件的圆心提取出来。

五、铣螺纹加工

铣螺纹加工主要是通过铣削方式加工产品的内外螺纹，这种加工螺纹的方式相对于攻螺纹来说有其自身的优势，在铝合金等软材料上铣孔径较小的螺纹不易断刀，且断刀后容易取出。

62. 铣螺纹加工

以下以 2.5 轴模型为例，介绍铣螺纹加工实际应用的过程（参考案例文件"2.5 轴模型-final.escam"）。

1）单击 Ribbon 菜单中的"三轴加工"→"铣螺纹"按钮，进入"刀具路径参数"界面，"加工方式"使用默认的"内螺纹右旋"。根据加工要求，此处需铣出 M4 的粗牙螺纹，单击"螺纹库"右侧按钮，选取米制粗牙 M4，公称直径、螺距、底孔直径等相关参数将自动更新。

参数说明：

（1）"加工方式"　有 4 种加工方式，分别为"内螺纹右旋""内螺纹左旋""外螺纹右旋""外螺纹左旋"，如图 8-1-25 所示。

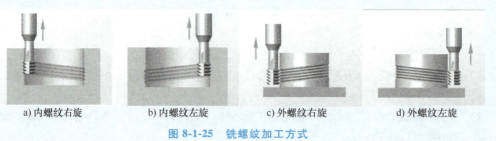

a) 内螺纹右旋　　　b) 内螺纹左旋　　　c) 外螺纹右旋　　　d) 外螺纹左旋

图 8-1-25　铣螺纹加工方式

(2)"公称直径" 所要加工螺纹的最大直径。

(3)"螺距" 所要加工螺纹之间的距离,同螺纹铣刀中螺距的意义相同,可以通过下拉列表选择当前所要加工的螺距尺寸,如图 8-1-26a 所示。在计算路径时,必须保证该值同螺纹铣刀中的螺距保持一致,否则会弹出错误提示框,如图 8-1-26b 所示。

图 8-1-26 "螺距"设置

(4)"底孔直径" 是指铣内螺纹之前所钻的底孔的直径,该值必须大于螺纹铣刀的顶直径,在加工钢等硬材料时,用其来计算总的切削深度和分层加工时的加工次数。

(5)"螺纹库" 系统提供标准的螺纹加工的相关参数,方便用户参考、选择。

2)单击参数树中的"加工域",在"加工图形"中单击"编辑加工域"右侧的按钮,进入"导航工作条",拾取螺纹孔的圆心作为"点";在"深度范围"中设置"表面高度"为"-8.2","加工深度"为"4"。

3)单击参数树中的"加工刀具",在"几何形状"中单击"刀具名称"右侧的按钮,进入"当前刀具表",选择"[螺纹铣刀] JD-3.00-0.70-1";在"走刀速度"中修改相关参数。

4)单击参数树中的"进给设置",在"侧向分层"中设置"路径层数"为"3"。

5)单击"计算"按钮,生成路径。计算完成后,路径树增加新的路径节点"铣螺纹加工"。

参数说明:

(1)"加工刀具" 铣螺纹加工的"走刀速度"提供了两种"速度设置方式",如图 8-1-27 所示。

1)"刀触点"。是指刀具与材料接触位置的线速度,该模式下用户所设定的走刀速度相关数值均为刀触点速度,生成的路径在使用"路径子段"功能查看时,会发现路径速度比设定值小,这是因为把刀触点速度自动转化为了刀尖点速度。

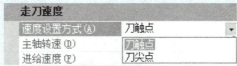

图 8-1-27 "速度设置方式"

2)"刀尖点"。是指刀具中心的线速度,该模式下生成的刀具路径在加工时会发现刀具与材料接触位置的速度比设定值大。

(2)"进给设置"

1)"分层方式"。在"侧向分层"中分别通过设置"限定层数"和"限定深度"可进行径向分层加工,通常在加工硬材料时较常用。

2)"切削量均匀"。是按切削量相等的方式进行路径分层,螺纹铣刀的切削深度会越来越小,从而达到更好的加工质量。该选项默认为选中状态,与传统意义上的分层方式对比如图 8-1-28a 所示;未勾选和勾选"切削量均匀"生成的路径对比如图 8-1-28b 所示。

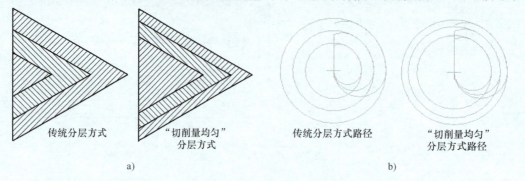

图 8-1-28 传统分层与"切削量均匀"分层方式对比

3)"侧向进给"。主要用于硬材料的加工,可充分减小加工过程中刀具所受的径向力,减弱刀具振动,延长刀具寿命。未勾选和勾选"侧向进给"效果示意图如图 8-1-29a 所示;未勾选和勾选"侧向进给"生成的路径对比如图 8-1-29b 所示。

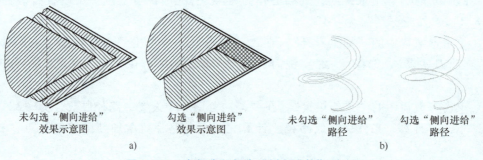

图 8-1-29 未勾选和勾选"侧向进给"对比

4)进刀方式。铣螺纹加工根据不同的应用场合提供"直线连接"和"圆弧相切"两种进刀方式,如图 8-1-30 所示。"圆弧相切"方式切削平稳,一般产品加工都采用这种方

图 8-1-30 进刀方式路径比较

式;"直线连接"进刀方式一般用于模具加工,在模具上加工的是内螺纹,注塑成型的产品是外螺纹,此时如果采用"圆弧相切"方式进刀,注塑成型的产品的外螺纹就会比设计的多一点,这是不允许的,所以此时必须采用"直线连接"进刀方式。

第二节 三轴加工

三轴加工组主要包括分层区域粗加工、曲面残料补加工、曲面精加工、曲面清根加工、成组平面加工等加工方式。需要注意的是,三轴粗加工必须先建立毛坯,设置毛坯形状后才能计算路径。

一、分层区域粗加工

分层区域粗加工是由上至下逐层切削材料,在加工过程中,通过控制刀具路径,固定深度切削,像等高线一般,和精加工中的等高外形精加工相对应。该方法主要用于曲面较复杂、侧壁较陡峭或者较深的场合。由于分层区域在加工过程中高度保持不变,所以该加工方式能够大大地提高切削的平稳性。

以下以图 8-2-1 所示三轴标准件为例,展示分层区域粗加工实际应用的过程(参考案例文件"三轴标准件-final.escam")。

1)单击 Ribbon 菜单中的"三轴加工"→"分层区域粗加工"按钮,进入"刀具路径参数"界面,"走刀方式"默认为"环切走刀",如图 8-2-2 所示。

63. 分层区域粗加工

图 8-2-1 三轴标准件

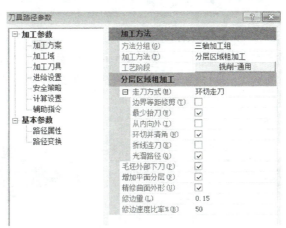

图 8-2-2 "刀具路径参数"界面

参数说明:
(1)"边界等距修剪" 环切粗加工时,可以选择"边界等距修剪",将按工件边界向里等距生成环切路径，可以减少双切边，也可以减少最外多余的一圈路径。

（2）"毛坯外部下刀" 选择该选项，将在毛坯外部下刀，避免下刀直接接触材料而引起崩刀，减少了下刀路径，提高了加工效率，如图 8-2-3a 所示；不选择该选项，将按照用户设置的下刀方式在毛坯内部生成下刀路径，如图 8-2-3b 所示。

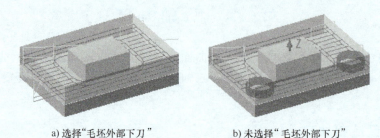

a) 选择"毛坯外部下刀"　　　　b) 未选择"毛坯外部下刀"

图 8-2-3　选择和未选择"毛坯外部下刀"对比

（3）"增加平面分层" 在加工模具时如果有平面，当平面不在分层高度上时，平面加工不到位，直接进行精加工吃刀量大，影响加工质量，如图 8-2-4a 所示。选择"增加平面分层"选项，将在平面位置增加一层路径，保证平面加工到位，如图 8-2-4b 所示。

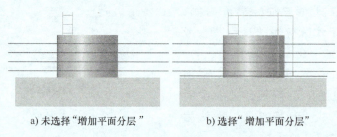

a) 未选择"增加平面分层"　　　　b) 选择"增加平面分层"

图 8-2-4　选择和未选择"增加平面分层"对比

（4）"精修曲面外形" 该参数只有选择"环切走刀"方式时存在。通过设置一定的修边量和修边速度比率，如图 8-2-5 所示，可以有效地改善粗加工刀具（特别是牛鼻刀）在加工陡峭侧壁时的切削状态，减小切削振动，避免由于吃刀量过大引起的弹刀现象，同时也延长了刀具寿命。

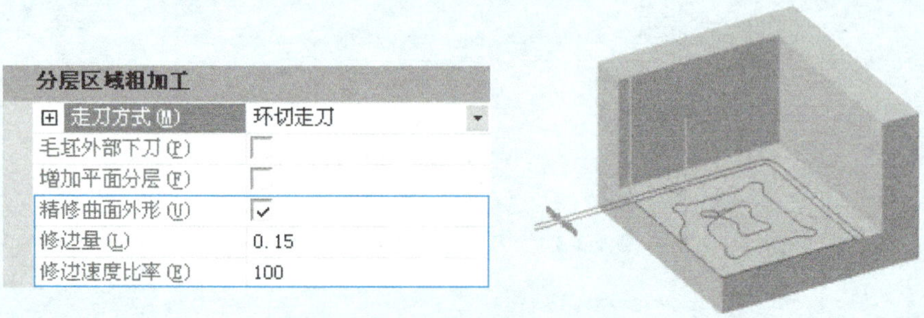

图 8-2-5　"精修曲面外形"设置

2)单击参数树中的"加工域",在"加工图形"中单击"编辑加工域"右侧的按钮,进入"导航工作条",选择侧面和底面作为"加工面";在"加工余量"中设置"加工面侧壁余量"和"加工面底部余量"均为"0.15",如图8-2-6所示。

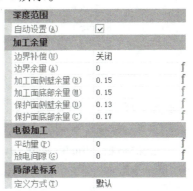

图 8-2-6 "加工域"设置

3)单击参数树中的"加工刀具",在"几何形状"中单击"刀具名称"右侧的按钮,进入"当前刀具表",选择"[平底] JD-8.00";在"走刀速度"中修改相关参数,如图 8-2-7 所示。

4)单击参数树中的"进给设置",在"路径间距"中设置"路径间距"为"4";在"轴向分层"中默认"分层方式"为"限定深度",设置"吃刀深度"为"0.3";在"层间加工"中设置"加工方式"为"关闭";在"开槽方式"中设置"开槽方式"为"关闭";在"下刀方式"中设置"下刀方式"为"沿轮廓下刀",如图 8-2-8 所示。

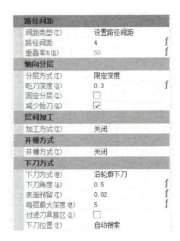

图 8-2-7 "加工刀具"设置　　　　图 8-2-8 "进给设置"设置

5)单击"计算"按钮,生成路径,如图8-2-9所示。计算完成后,路径树增加新的路径节点"分层环切粗加工"。

二、曲面残料补加工

曲面残料补加工主要用于去除大直径刀具加工后留下的阶梯状残料以及倒角面等位置因无法下刀而留下的残料,使得工件表面余量尽可能均匀,避免后续精加工路径因刀具过小和

图 8-2-9　生成路径

残料过多而出现弹刀、断刀等现象。

以下以三轴标准件为例,介绍曲面残料补加工实际应用的过程(参考案例文件"三轴标准件-final.escam")。

64. 曲面残料补加工

1)单击 Ribbon 菜单中的"三轴加工"→"曲面残料补加工"按钮,进入"刀具路径参数"界面,"定义方式"设置为"指定上把刀具"。

2)单击参数树中的"加工域",在"加工图形"中单击"编辑加工域"右侧的按钮,进入"导航工作条",选择侧面和底面作为"加工面";在"加工余量"中设置"加工面侧壁余量"和"加工面底部余量"为"0.15"。

3)单击参数树中的"加工刀具",单击"刀具名称"右侧的按钮,进入"当前刀具表",选择"[平底]JD-4.00";在"走刀速度"中修改相关参数。

4)单击参数树中的"进给设置",在"路径间距"中设置"路径间距"为"1";在"轴向分层"中默认"分层方式"为"限定深度",设置"吃刀深度"为"0.3";在"开槽方式"设置"开槽方式"为"关闭";在"下刀方式"中设置"下刀方式"为"螺旋下刀"。

5)单击"计算"按钮,生成路径。计算完成后,路径树增加新的路径节点"指定上把刀具残料补加工"。

参数说明:

(1)"定义方式"　根据残料定义的方式不同,分为"当前残料模型""指定上把刀具""指定刀具直径"3 种加工方式。

1)"当前残料模型"。是以系统中已更新过的毛坯残料模型为基础,生成当前刀具的残料补加工路径,如图 8-2-10 所示。该加工方式可以作为大刀具开粗后进行残料补加工的首选加工方法。如果前面的开粗路径计算时选择了"过滤刀具盲区"选项或"光滑路径尖角"选项,则强烈建议使用"当前残料模型"这种残料定义方式,来计算曲面残料补加工路径,这样才能保证加工安全可靠。一般为了提高路径质量,可以设定当前残料补加工路径的侧壁残料厚度和底部残料厚度值,一般取 0.01~0.05。

系统用来计算残料补加工路径的毛坯是根据当前残料补加工路径之前的路径更新过的残料模型。使用该方法时应确保在机床上实际加工过的路径都更新过相应的残料模型,需要选中"计算设置"中的"更新残料模型"选项,如图 8-2-11 所示。这样才能保证残料补加工路径的准确性。

2)"指定上把刀具"。"指定上把刀具"这种残料定义方式主要是利用指定的上把刀具和上把刀具的加工余量参数自动计算出残料模型,从而生成清除残料的补加工路径,如

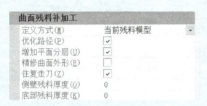

图 8-2-10 "当前残料模型"定义方式　　图 8-2-11 "更新残料模型"设置

图 8-2-12 所示。

3)"指定刀具直径"。系统认为上把刀具的类型与当前刀具相同。该加工方法主要使用平底刀和锥刀。刀具直径指刀具的底直径，系统根据直径差计算残料，如图 8-2-13 所示。此种残料定义方式只适用于上把刀具和本次刀具为同类型的情况，否则计算的残料模型不准确，会导致残料补加工路径的刀具吃刀量过深。

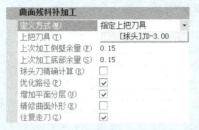 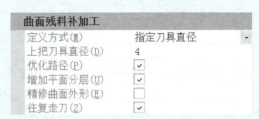

图 8-2-12 "指定上把刀具"定义方式　　图 8-2-13 "指定刀具直径"定义方式

(2)"增加平面分层"　在加工模具时如果有平面，当平面位置有残料且不在分层高度上时，平面加工不到位，直接进行精加工吃刀量大，影响加工质量。选择该选项，将在平面位置增加一层路径，保证平面加工到位。

三、曲面精加工

曲面精加工主要用于曲面模型的精确加工，一般用在曲面粗加工后，毛坯形状铣削接近曲面造型后使用。

以下以三轴标准件为例，介绍曲面精加工实际应用的过程（参考案例文件"三轴标准件-final.escam"）。

1) 单击 Ribbon 菜单中的"三轴加工"→"曲面精加工"按钮，进入"刀具路径参数"界面，"走刀方式"设置为"等高外形"。

65. 曲面精加工

2) 单击参数树中的"加工域"，在"加工图形"中单击"编辑加工域"右侧的按钮，进入"导航工作条"，选择圆锥凸台侧面作为"加工面"；在"加工余量"中设置"加工面侧壁余量"和"加工面底部余量"均为"0.05"。

3) 单击参数树中的"加工刀具"，在"几何形状"中单击"刀具名称"右侧的按钮，进入"当前刀具表"，选择"[牛鼻] JD-4.00-0.50"；在"走刀速度"中修改相关参数。

4) 单击参数树中的"进给设置"，在"路径间距"中设置"路径间距"为"0.2"；在"进刀方式"中设置"进刀方式"为"切向进刀"。

5) 单击"计算"按钮，生成路径。计算完成后，路径树增加新的路径节点"等高外形精加工"。

参数说明：

（1）"走刀方式"　SurfMill 软件提供了 6 种曲面精加工的走刀方式，分别是"平行截线""等高外形""径向放射""曲面流线""环绕等距""角度分区"。

1）"平行截线"。平行截线精加工在曲面精加工中使用最为广泛，特别适用于曲面较复杂且平坦的场合，如图 8-2-14 所示。

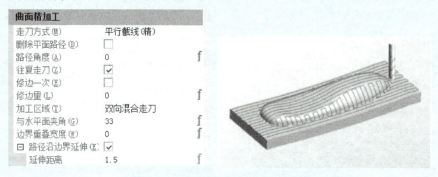

图 8-2-14　"平行截线"适用场合

2）"等高外形"。等高外形精加工主要用于加工曲面较复杂、侧壁较陡峭的场合，如图 8-2-15 所示。等高外形精加工在加工过程中每层高度保持不变，从而可以提高机床运行的平稳性和加工工件的表面质量。该加工方法常和只"加工平坦面"（平行截线加工的一种模式）结合使用，特别适用于现代高速加工。"等高外形"对应的"加工域"中的"锋利边界"参数是"等高外形"特有的，该参数的作用是在生成路径时对侧边一些边界位置进行处理，保证边角锋利。"等高外形"不能和"整圈螺旋"同时使用，即勾选"等高外形"后，"刀具路径参数"中会隐藏"整圈螺旋"选项。

图 8-2-15　"等高外形"适用场合

3）"径向放射"。径向放射精加工主要适用于类似于圆形、圆环状模型的加工，路径呈扇形分布，如图 8-2-16 所示。

图 8-2-16　"径向放射"适用场合

4)"曲面流线"。曲面流线精加工主要用于曲面数量较少、曲面相对简单的场合，如图 8-2-17 所示。加工过程中刀具沿着曲面的流线运动，运动较平稳，路径间距疏密适度，能够实现螺旋走刀，以达到较好的加工效果，提高加工零件表面质量。当多张曲面边界相连时，可以将这些曲面联合在一起沿着曲面的流线加工。当曲面较小或较多时，不适宜用曲面流线加工，因为此时各面很可能会分别加工，路径的走向较混乱。

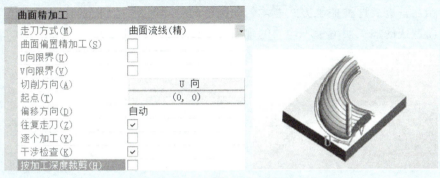

图 8-2-17 "曲面流线"适用场合

5)"环绕等距"。环绕等距精加工可以生成环绕状的刀具路径，如图 8-2-18 所示。根据环绕等距路径的特点，环绕方式包括"沿外轮廓等距""沿所有边界等距""沿孤岛等距""沿指定点等距""沿导动线等距"等，这些方式根据加工模型的特征，可以应用在不同的场合。空间环绕等距路径环之间的空间距离基本相同，适合加工既有陡峭位置又有平缓位置的表面形状。

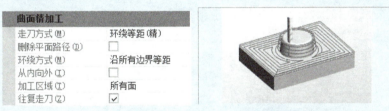

图 8-2-18 "环绕等距"适用场合

6)"角度分区"。角度分区精加工是等高外形精加工和平行截线精加工（或环绕等距精加工）的组合加工，如图 8-2-19 所示。它根据曲面的坡度判断用哪种走刀方式。曲面较陡的位置会生成等高路径，而曲面较平坦的位置则生成平行截线或环绕等距路径。角度分区适用于所有的加工模型，运用这种走刀方式，系统可以自动生成较优化的路径。

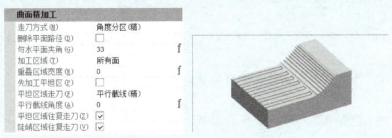

图 8-2-19 "角度分区"适用场合

（2）平行截线"加工区域" 系统提供了3种平行截线"加工区域"，如图8-2-20所示。

1)"所有面"。加工当前加工域中所选的全部曲面。

2)"只加工平坦面"。只加工与水平面夹角在设定角度以下的曲面部分。

3)"双向混合加工"。以设定的水平面夹角为标准分为两种不同的走刀方向，这两种走刀方向相互垂直。这种加工方式能均匀化路径的空间间距，从而弱化由于路径空间间距变化太大而造成的加工残留量不均匀的现象。

a) 所有面　　　　　　b) 只加工平坦面　　　　　　c) 双向混合加工

图 8-2-20　平行截线"加工区域"

（3）等高外形"加工区域" 系统提供了两种等高外形"加工区域"，如图8-2-21所示。

1)"所有面"。加工当前加工域中所选的全部曲面。

2)"只加工陡峭面"。根据用户设定的"与水平面夹角"值，软件会删除平坦面上生成的等高路径部分，保留陡峭区域的等高路径，选择该选项能适当提高路径的加工效率。可参考"角度分区"加工模式中的只加工陡峭面方式。

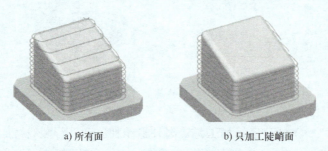

a) 所有面　　　　　　　b) 只加工陡峭面

图 8-2-21　等高外形"加工区域"

（4）角度分区"加工区域" 系统提供了3种角度分区"加工区域"，如图8-2-22所示。

1)"所有面"。加工所有曲面，并按照设定的分区角度，生成陡峭区域和平坦区域路径。

2)"只加工平坦面"。对当前所有曲面，按照设定的分区角度，只生成平坦区域路径。

3)"只加工陡峭面"。对当前所有曲面，按照设定的分区角度，只生成陡峭区域路径。

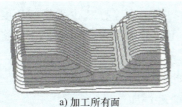
a) 加工所有面
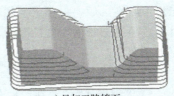
b) 只加工平坦面
c) 只加工陡峭面

图 8-2-22 角度分区 "加工区域"

四、曲面清根加工

曲面清根加工用于清除曲面凹角和沟槽处剩余的残料，是提高加工效率，优化切削工艺的主要加工方法。这种加工方法主要有两种用法：一种是在曲面精加工之前，通过曲面清根加工，清除角落处过多的残料，避免精加工过程中切削量出现突然增大的现象，保证精加工切削量均匀，提高精加工质量；另一种是在曲面精加工之后，通过曲面清根加工清除角落剩余的残料，减少手工修模的工作量。

以下以三轴标准件为例，介绍曲面清根加工实际应用的过程（参考案例文件 "三轴标准件-final.escam"）。

66. 曲面清根加工

1) 单击 Ribbon 菜单中的 "三轴加工"→"曲面清根加工" 按钮，进入 "刀具路径参数" 界面，设置 "清根方式" 为 "混合清根"。

2) 单击参数树中的 "加工域"，在 "加工图形" 中单击 "编辑加工域" 右侧的按钮，进入 "导航工作条"，选择需要进行清根加工的曲面作为 "加工面"；在 "加工余量" 中设置 "加工面侧壁余量" 和 "加工面底部余量" 均为 "0.05"。

3) 单击参数树中的 "加工刀具"，在 "几何形状" 中单击 "刀具名称" 右侧的按钮，进入 "当前刀具表"，选择 "[球头] JD-1.00"；在 "走刀速度" 中修改相关参数。

4) 单击参数树中的 "进给设置"，在 "路径间距" 中设置 "平坦部分路径间距" 为 "0.4"，"陡峭部分路径间距" 为 "0.5"；在 "进刀方式" 中设置 "进刀方式" 为 "切向进刀"。

5) 单击 "计算" 按钮，生成路径。计算完成后，路径树增加新的路径节点 "混合清根加工"。

参数说明：

(1) "清根方式"　SurfMill 软件提供了以下几种清根方式，如图 8-2-23 所示，其中最常用的是混合清根。

1) "单笔清根"。能够在曲面角落位置生成单条笔式清根路径，主要用于清除相同刀具在角落位置的残料。

2) "多笔清根"。与单笔清根相似，多笔清根能够在曲面角落位置生成多条笔式清根路径，均匀分配切削量，提高清根加工与精加工在角落位置的衔接质量。

3) "混合清根"。根据曲面角落残料区域的分布特点自动匹配走刀方式，在平坦的区域采用多笔清根方式加工，在陡峭的区域采用局部等高方式加工。混合清根的加工次序是先加工陡峭区域,后加工平坦区域;陡峭路径采用从上向下的加工次序,减少因切削深度过大或超过刃长而引起的断刀现象;平坦区域采用从两边向中心的加工次序,这样走刀将更加安全。

4)"缝合清根"。在曲面角落生成垂直于残料走势方向的路径进行加工。

5)"行切清根"。在曲面角落生成类似于平行截线的路径进行加工。

6)"环切清根"。在曲面角落生成类似于环切加工的路径进行加工,主要用于平坦曲面的残料清根。

7)"交线清根"。在加工面和保护面交线位置生成清根路径,以提高衔接位置的加工质量。

8)"角度分区清根"。根据设定的与水平面角度在曲面角落残料区域匹配走刀方式,在小于设定值的区域采用环绕等距方式加工,在大于设定值的区域采用局部等高方式加工。

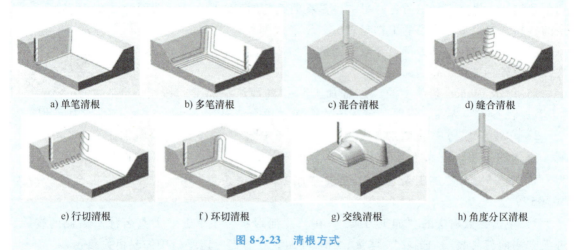

图 8-2-23 清根方式

(2)"上把刀具偏移" 设置该选项,将增大残料区域,改善待清根曲面和已加工曲面之间的衔接质量,同时也可以避免上把刀具半径与曲面曲率半径相等时出现的计算不稳定现象,如图 8-2-24 所示。

(3)"往复走刀" 选择该选项,刀具将往复走刀,否则单向走刀。该选项只对陡峭区域路径起作用,如图 8-2-25 所示。

图 8-2-24 "上把刀具偏移"效果   图 8-2-25 "往复走刀"效果

(4)"加工区域" 包括"所有区域""平坦区域""陡峭区域""沿着区域"4 个选项。选择不同加工区域,生成的路径分别如图 8-2-26 所示。

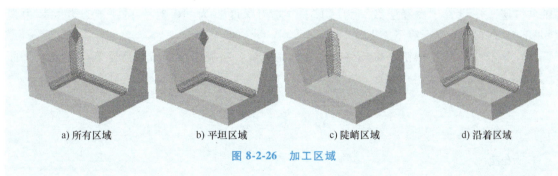

a) 所有区域　　　　b) 平坦区域　　　　c) 陡峭区域　　　　d) 沿着区域

图 8-2-26　加工区域

五、成组平面加工（详细操作请扫描右侧二维码）

67. 成组
平面加工

当模型凸凹处较明显，侧壁接近竖直壁，底面接近平面时，对底面的加工就特别适合采用"成组平面加工"。由于被加工面接近于水平面，可以方便地将平面加工的方法引入到模型底面的加工。在加工过程中，成组的水平面可以统一生成路径；又能够相对独立地生成路径。该方法既能提高生成路径的效率，又能保证各面的加工质量，对于部分被覆盖的面或者较狭长的面无法，生成精加工路径。

以下以三轴标准件为例，介绍成组平面加工实际应用的过程（参考案例文件"三轴标准件-final. escam"）。

参数说明：

（1）"加工平坦区域"　选择该选项后，系统会依据用户指定的夹角参数，对图形中所有满足夹角条件的平坦区域进行加工；不选择该选项，系统的加工对象只是单个水平面。

（2）"删除路径边界点"　在成组平面加工对应的"计算设置"中的"轮廓设置"中勾选该选项，将自动删除加工面边界线外的多余路径段，如图 8-2-27 所示。

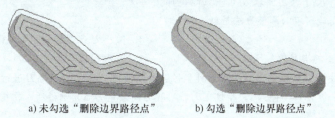

a) 未勾选"删除边界路径点"　　　b) 勾选"删除边界路径点"

图 8-2-27　未勾选和勾选"删除边界路径点"对比

1）单击 Ribbon 菜单中的"三轴加工"→"成组平面加工"按钮，进入"刀具路径参数"界面，"走刀方式"设置为"行切走刀"。

2）单击参数树中的"加工域"，在"加工图形"中单击"编辑加工域"右侧的按钮，进入"导航工作条"，选择大凸台底面作为"加工面"；在"加工余量"中设置"加工面侧壁余量"为"0"，"加工面底部余量"为"0.05"。

3）单击参数树中的"加工刀具"，在"几何形状"中单击"刀具名称"右侧的按钮，进入"当前刀具表"，选择"[平底] JD-3.00"；在"走刀速度"中修改相关参数。

4）单击参数树中的"进给设置"，在"路径间距"中设置"路径间距"为"1"；在

"轴向分层"中设置"路径层数"为"1","吃刀深度"为"0.3";在"下刀方式"中设置"下刀方式"为"折线下刀"。

5）单击"计算"按钮，生成路径。计算完成后，路径树增加新的路径节点"成组平面行切加工"。

思 考 题

1. 讨论题

（1）简述单线字锥刀加工的主要应用场合。

（2）简述轮廓切割中曲线应满足的条件。

（3）区域加工的图形必须满足哪些原则？

（4）简述铣螺纹加工两种进刀方式的区别。

（5）与攻螺纹相比，铣螺纹加工的优点是什么？

（6）简述曲面清根加工的两种方法。

2. 选择题

（1）倾斜孔使用（　　）加工方法最为方便简单。

A. 2.5 轴加工　　　　　　B. 三轴加工　　　　　　C. 多轴加工　　　　　　D. 都一样

（2）要加工出和球头刀圆弧相同形状的圆弧凹槽，可以使用（　　）加工方法。

A. 单线字锥刀加工　　　　B. 轮廓切割加工

C. 区域加工　　　　　　　D. 模具流道加工

（3）如图 8-2-28 所示，粗实线代表刀具路径，细实线代表曲线，则刀具相对曲线的偏移方向为（　　）。

A. 右偏　左偏　关闭　　　B. 外偏　内偏　关闭

C. 左偏　右偏　关闭　　　D. 内偏　外偏　关闭

图 8-2-28　题图

（4）当加工一个外轮廓零件时，常用刀具半径补偿来偏置刀具。如果加工出的零件尺寸大于要求尺寸，只能再加工一次，但加工前要进行调整，而最简单的调整方法是（　　）。

A. 更换刀具　　　　　　　　　　　　　B. 减小刀具参数中的半径值

C. 加大刀具参数中的半径值　　　　　　D. 修改程序

（5）在数控加工中，刀具补偿功能除对刀具半径进行补偿外，在用同一把刀进行粗、精加工时，还可进行加工余量的补偿。设刀具半径为 r，粗加工时，半径方向余量为 Δ，则最后一次粗加工走刀的半径补偿量为（　　）。

A. r　　　　　　　　B. Δ　　　　　　　　C. $r+\Delta$　　　　　　　　D. $2r+\Delta$

（6）当模型凸凹处较明显，侧壁接近竖直壁，底面接近平面时，对底面的加工适合采用（　　）加工方式。

A. 曲面清根加工　　　B. 残料补加工　　　C. 分层区域加工　　　D. 成组平面加工

3. 判断题

（1）2.5 轴加工常应用于规则零件加工、玻璃面板磨削、文字雕刻等领域。（　　）

（2）三轴加工组常应用于精密模具、工业产品等加工行业，主要包括分层区域粗加工、曲面残料补加工、曲面精加工、曲面清根加工、成组平面加工、投影加深粗加工和导动加工 7 种加工方式。（　　）

（3）单线切割功能用于加工各种形式的曲线，加工的图形要求必须封闭、可以自交。（　　）

（4）在使用单线切割功能进行实际应用的过程中，在设置了反向重刻一次的基础上，要设置一次最后一层重刻。（　　）

第九章

SurfMill软件多轴编程策略

 知识点介绍

1) 五轴钻孔、五轴铣螺纹加工、多轴区域加工等加工方法。
2) 曲面投影加工、多轴侧铣加工、五轴联动钻孔及铣螺纹等加工方法。

能力目标要求

1) 了解五轴钻孔、四轴旋转加工、曲面投影加工、多轴区域加工等常用多轴加工方法。
2) 熟悉多轴加工方法的主要参数及其设定依据。
3) 能够生成正确的多轴加工路径。
4) 掌握多轴加工编程的方法，能够针对特定零件进行多轴加工编程。
5) 充分理解数字技术在高端制造过程中的先进性。

多轴加工是指多轴机床联合运动轴的数目大于 3 时的加工形式。SurfMill 软件提供了丰富的多轴编程策略，方便用户根据加工零件特点进行选择，快速生成安全、可靠的加工路径，如图 9-1-1 所示。

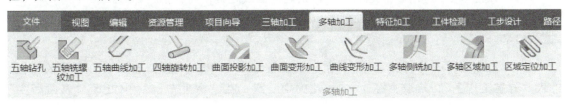

图 9-1-1　多轴加工

一、五轴钻孔

在日常三轴机床加工中，倾斜孔通过夹具配合才能加工；而在多轴加工中，倾斜孔是最简单的加工，并且加工精度和加工效率都很高。五轴钻孔加工实际是在三轴基础上实现的定位加工，用户只要选择好钻孔位置，定义刀轴方向，就可以实现多轴钻孔加工，如图 9-1-2 所示。

下面以图 9-1-3 所示联轴器的孔加工为例，介绍五轴钻孔加工的实际应用过程（参考案例文件

图 9-1-2　五轴钻孔加工

68. 五轴钻孔加工

图 9-1-3 联轴器

"联轴器-final.escam")。

1)单击 Ribbon 菜单中的"多轴加工"→"五轴钻孔"按钮,进入"刀具路径参数"界面。

参数说明:

(1)"路径生成模式" "五轴钻孔"加工策略提供了以下两种不同的路径生成模式。

1)"多轴定位加工"。生成多个孔的加工路径时,首先将刀具抬到 Z 向零平面,然后根据加工孔的位置将工件进行定位,再进行下一个孔的加工。这种路径生成模式安全性高(推荐)。多轴定位加工提供了多种钻孔类型,如中心钻孔、高速钻孔、精镗孔、深钻孔等。

2)"多轴连续加工"。生成多个孔的加工路径时,不同孔之间的连刀仅将刀具抬到安全高度。这种路径生成模式加工效率高。

(2)"取点方式" 为了方便获得钻孔的圆心点,五轴钻孔加工提供了以下 3 种取点方式。

1)"关闭"。不提取任何特征点,钻孔中心为加工域中拾取的点。

2)"线上取点"。按照特定的规律在指定的曲线上提取特征点。

3)"圆心取点"。按照拾取的圆弧或圆的直径大小过滤圆或圆弧,将满足条件的圆心提取出来。

2)单击参数树中的"加工域",在"加工图形"中单击"编辑加工域"右侧的按钮,进入"导航工作条",拾取直径 1.2mm 孔的中心点;在"深度范围"中设置"表面高度"为"0","加工深度"为"1"。

参数说明:

(1)"点" 用来多轴钻孔的点。

(2)"轮廓线" 特征取点使用的圆和圆弧。

(3)"加工面" 需要在表面上钻孔的曲面,当刀轴控制方式选择曲面法向时用来控制刀轴。

(4)"保护面" 指当前加工路径中不希望刀具与它发生碰撞的曲面。

3)单击参数树中的"加工刀具",在"几何形状"中单击"刀具名称"右侧的按钮,进入"当前刀具表",选择"[钻头] JD-1.2";在"走刀速度"中设置"主轴转速"和"进给速度"。

4）单击参数树中的"刀轴控制"，在"刀轴方向"中设置"刀轴控制方式"为"过指定直线"。再次进入"导航工作条"，拾取对应孔的中心线作为"刀轴直线"。

参数说明：
"刀轴直线" 当"刀轴控制方式"选择"过指定直线"时的刀轴控制直线。

5）单击参数树中的"进给设置"，在"轴向分层"中设置"分层方式"为"限定深度"，"吃刀深度"为"0.1"。

参数说明：
"分层方式" 为了避免因钻孔深度过大而断刀，支持轴向分层加工，并提供了"关闭""限定层数""限定深度"等方式，控制钻孔路径的分层。

6）其他参数保持默认。单击"计算"按钮，生成路径。计算完成后，路径树增加新的路径节点，右击该节点，选择"重命名"，修改其名称为"钻1.2的孔"。用同样的方法生成其他孔的五轴钻孔路径（根据孔半径的不同选择不同的刀具）。

二、五轴铣螺纹加工

在进行多轴定位加工铣螺纹时，需要用户在每一个螺纹孔位置建立一个局部坐标系，然后针对每个螺纹孔选择对应的局部坐标系并单独生成路径。在螺纹孔数量较多时，这种方法显得非常麻烦，而且选择点和局部坐标系也可能出错。因此，SurfMill软件提供了一种自动生成多个螺纹孔加工路径的加工策略——五轴铣螺纹加工（图9-1-4）。五轴铣螺纹加工和五轴钻孔有些类似，都属于特征孔的多轴定位加工。

图 9-1-4 五轴铣螺纹加工

69. 五轴铣螺纹加工

下面以图9-1-5所示五轴标准件的螺纹加工为例，介绍五轴铣螺纹加工的实际应用过程（参考案例文件"五轴标准件-final.escam"）。

1）单击Ribbon菜单中的"多轴加工"→"五轴铣螺纹加工"按钮，进入"刀具路径参数"界面。根据加工要求，单击"螺纹库"按钮，在螺纹库中选取米制粗牙M3，单击"确定"按钮，相关参数将自动更新。

2）单击参数树中的"加工域"，在"加工图形"中单击"编辑加工域"右侧的按钮，进入"导航工作条"，拾取螺纹孔的中心点；在"深度范围"中设置"表面高度"为"0"，"加工深度"为"10"。

图 9-1-5 五轴标准件

3）单击参数树中的"加工刀具"，在"几何形状"单击"刀具名称"右侧的按钮，进入"当前刀具表"，选择"［螺纹铣刀］JD-1.00-0.50-1"；在"走刀速度"中修改相关参数。

4)单击参数树中的"刀轴控制",在"刀轴方向"中设置"刀轴控制方向"为"由点起始",选择球面中心作为起始点。

5)单击参数树中的"进给设置",在"轴向分层"中设置"分层方式"为"限定深度","吃刀深度"为"0.2";在"进刀设置"中设置"进刀方式"为"圆弧相切"。

6)其他参数保持默认,单击"计算"按钮,生成路径"五轴铣螺纹加工",再将其重命名为"铣 M3 螺纹"。

三、五轴曲线加工

五轴曲线加工是利用五轴曲线控制路径走向,并利用自带的刀轴方向在曲面上进行加工,或利用曲线在曲面上的投影进行加工的一种加工方法。五轴曲线加工适用于在加工曲面上雕刻曲线、图案和文字,也能用于加工曲面上的凹槽、切边等,如图 9-1-6 所示。

五轴曲线加工常用"曲面法向"和"自动"两种刀轴控制方式加工。"自动"模式下,需选带刀轴方向的曲线,即五轴曲线。由 3D 造型环境下"专业功能"中的"五轴曲线"功能生成。

下面以图 9-1-7 所示铝模刻字为例,介绍五轴曲线加工的实际应用过程(参考案例文件"铝模-final.escam")。

70. 五轴曲线加工

图 9-1-6 五轴曲线加工

图 9-1-7 铝模

1)单击 Ribbon 菜单中的"多轴加工"→"五轴曲线加工"按钮,进入"刀具路径参数"界面。

2)单击参数树中的"加工刀具",在"几何形状"中单击"刀具名称"右侧的按钮,进入"当前刀具表",选择"[球头]JD-1.00";在"刀轴方向"中设置"刀轴控制方式"为"曲面法向";在"走刀速度"中修改相关参数。

参数说明:

五轴曲线加工根据刀轴控制方式的不同,可以分为面加工方式和线加工方式。不同的加工方式,其加工域、加工参数也有所不同。

(1)面加工方式 "刀轴控制方式"使用"曲面法向"(本例即为面加工方式),此种方式又分为导动模式和非导动模式。

1)导动模式。编辑加工域时选择面作为"导动面",生成路径时导动面只用来控制刀轴,加工深度等以加工曲线位置起始。

2)非导动模式。编辑加工域时选择面作为"加工面",同时也可以选择"保护面",生成路径时首先要把线投射到加工面上,按加工面曲面法向控制刀轴,加工深度以加工面作为起始。

（2）线加工方式 "刀轴控制方式"为"竖直""沿切削方向倾斜""由点起始""指向点""固定方向""自动"。当五轴曲线加工"刀轴控制方式"选择"沿切削方向倾斜"，并且刀轴初始方向为曲面法向时，只有导动加工模式。

3）单击参数树中的"加工域"，在"加工图形"中单击"编辑加工域"右侧的按钮，进入"导航工作条"，拾取"轮廓线"和"导动面"；在"深度范围"中设置"表面高度"为"0.2"，"加工深度"为"0"；在"加工余量"中设置"底部余量"为"-0.02"，"侧边余量"为"0"。

参数说明：
（1）"点" 用来控制封闭轮廓曲线的下刀位置。
（2）"轮廓线" 用来进行加工的曲线，"刀轴控制方式"为"自动"时选择的轮廓线为五轴曲线。
（3）"导动面" 勾选"导动模式"时，用来控制刀轴的面。
（4）"加工面" 非导动模式下需要在表面上划线并控制刀轴的曲面。
（5）"刀轴曲线" 带有刀轴方向的五轴曲线，"刀轴控制方式"为"曲线起始""指向曲线时"可设置。

4）单击参数树中的"进给设置"，在"轴向分层"中设置"分层方式"为"限定深度"，"吃刀深度"为"0.5"。

5）其他参数保持默认，单击"计算"按钮，生成路径"五轴曲线加工"。

四、四轴旋转加工

四轴旋转加工是使用 X、Y、Z 轴再加一个 A 或 B 旋转轴进行铣削加工的一种方法，主要应用在多轴加工中，类似旋转体的粗加工和精加工，如图 9-1-8 所示。

下面以图 9-1-9 所示齿轮轴模型的加工为例，介绍四轴旋转精加工的实际应用过程（参考案例文件"齿轮轴-final.escam"）。

71. 四轴旋转加工

图 9-1-8 四轴旋转加工-旋转配合件

图 9-1-9 齿轮轴模型

SurfMill 软件中的四轴旋转加工是以 X 轴为旋转轴生成的加工路径，所以要注意调整加工图形的轴线必须与当前加工坐标系或局部坐标系的 X 轴重合。

1）单击 Ribbon 菜单中的"多轴加工"→"四轴旋转加工"按钮，进入"刀具路径参数"界面。单击参数树中的"加工域"，在"加工图形"中单击"编辑加工域"右侧的按钮，进入"导航工作条"，拾取所有工件面为"加工面"，如图 9-1-10a 所示；在"加工余量"中设置"加工面侧壁余量"和"加工面底部余量"均为"0"，如图 9-1-10b 所示。

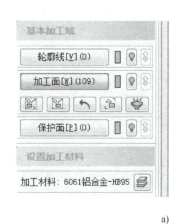

a) b)

图 9-1-10 编辑加工域

参数说明：

"轮廓线"参数可以限定加工区域，对路径进行轮廓线裁剪。支持闭合边界曲线（图 9-1-11）和非闭合边界曲线（图 9-1-12）裁剪路径。

图 9-1-11 闭合边界曲线裁剪　　　　　　图 9-1-12 非闭合边界曲线裁剪

2）单击参数树中的"加工刀具"，在"几何形状"中单击"刀具名称"右侧的按钮，进入"当前刀具表"，选择"[球头] JD-1.00"；在"走刀速度"中修改相关参数。

3）单击参数树中的"加工方案"，在"四轴旋转加工"中设置"加工方式"为"旋转精加工"，"加工子方式"为"外圆加工"，"走刀方式"为"斜线"，"倾斜方式"为"螺纹特征"。

4）在"四轴旋转加工"中单击"拾取螺纹线"，拾取图层"特征点和特征线"中的曲线；勾选"设置轴向尺寸范围"，通过拾取的方式确定齿轮面左、右两面的中心点，完成加工方法设置。

5）单击参数树中的"进给设置"，在"路径间距"中设置"路径间距"为"0.1"；在"进刀方式"中设置"进刀方式"为"关闭进刀"。

6）单击参数树中的"安全策略"，在"操作设置"中设置"安全模式"为"柱面"，单击"显示安全体"右侧的按钮，进入图 9-1-13 所示界面，设置"旋转轴线"为"X 轴"，单击"拾取原点"按钮，在绘图区拾取齿轮面左侧圆心。根据齿轮面设置相应的参数，要求设置的柱面包围整个齿轮面。

7）其他参数保持默认。单击"计算"按钮，生成路径"四轴旋转加工"，再将其重命名为"齿轮面加工"。

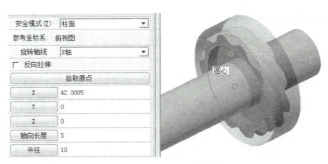

图 9-1-13 显示安全体

参数说明：

（1）"加工方式" 四轴旋转加工按照不同的加工需求，提供"分层粗加工""旋转精加工""单笔清根加工"加工方式。

1）"分层粗加工"。生成以 X 轴为旋转轴中心的一层层粗加工路径。选择"分层粗加工"时，在"进给设置"中会出现"轴向分层"选项，可设置相应的粗加工参数。

2）"旋转精加工"。主要用于生成绕 X 旋转轴加工的四轴精加工路径。

3）"单笔清根加工"。用来去除上把刀具在工件角落处留下的残料，主要用于复杂浮雕图案的加工，以改善工件侧壁和底面根部的加工效果。

（2）"加工子方式" 为方便用户针对不同外形的加工对象生成特定的走刀路径，四轴旋转加工中提供了以下 3 种加工子方式。

1）"外圆加工"。适合加工非凹形腔的工件，如图 9-1-14 所示，通过配合四轴旋转加工提供的 3 种加工方式，可完成工件的整体加工。"刀轴控制方式"有"自动"和"由曲线起始"两种。

2）"凹腔加工"。专用于凹腔的加工，如图 9-1-15 所示。该加工子方式通过配合四轴旋转加工提供的 3 种加工方式，可完成凹腔的整体加工。"刀轴控制方式"有"自动"和"指向曲线"两种。

3）"指向导动面"。该加工方式专为加工比较复杂的四轴图形而设计，依据选择的导动面生成原始路径，然后按照选择的投射方向投射到加工曲面上生成加工路径，如立体浮雕图案，如图 9-1-16 所示。"刀轴控制方式"有"曲面法向""指向曲线"和"由曲线起始"3 种。

 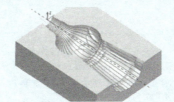 

图 9-1-14 外圆加工　　　图 9-1-15 凹腔加工　　　图 9-1-16 指向导动面加工

（3）"走刀方式" 四轴旋转加工中提供了多种常用的走刀方式。外圆和凹腔加工支持的走刀方式有"直线""圆形""螺旋""斜线"；指向导动面支持的走刀方式有"U 向""V 向"等。

1)"直线"。刀具沿旋转轴轴向方向在加工曲面上向前移动切削,在每个路径的末端,刀具将根据旋转轴和路径间距计算新的切削位置,开始新的切削,可以理解为四轴加工中的平行截线加工,如图 9-1-17 所示。

2)"圆形"。工件绕旋转轴旋转,刀具方向保持不变,当工件旋转时刀具将沿轴向来回移动,从而加工出所需的外形。每当工件旋转一周,刀具沿轴向前进一个路径间距,从而加工出整个截面形状,如图 9-1-18 所示。

图 9-1-17 "直线"走刀方式

图 9-1-18 "圆形"走刀方式

3)"螺旋"。实现刀具沿轴向的连续加工,可以理解为在圆形加工基础上,增加了螺旋进刀,光滑了进刀路径,从而消除了工件表面的进退刀痕迹,如图 9-1-19 所示。

在分层粗加工时,选择"螺旋"走刀方式,生成的粗加工分层路径展开图与三轴环切粗加工效果相同,如图 9-1-20 所示。

图 9-1-19 "螺旋"走刀方式

图 9-1-20 螺旋粗加工展开效果

4)"斜线"。介于"圆形"和"直线"走刀方式之间,可以定义加工角度的平行走刀方式,适用于一些对走刀方式有要求的加工,如图 9-1-21 所示。

倾斜方式包括以下两种:"设定角度",设置路径展开后路径走刀方向与旋转轴的夹角,即路径与 X 轴的夹角为倾斜角度,从而控制走刀方向,如图 9-1-22 所示;"螺纹特征",通过选择一螺旋线来控制斜线加工的路径走向,如图 9-1-23 所示(螺纹线不在同一圆柱上的螺纹,按螺纹特征方法无法生成螺纹方向走刀的路径)。

图 9-1-21 "斜线"走刀方式

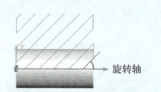

图 9-1-22 倾斜方式—设定角度

图 9-1-23 倾斜方式—螺纹特征

5)"U 向"。每条路径子段按照导动面的 U 向进行加工,路径子段之间按照导动面的 V 向进行加工,如图 9-1-24 所示,只用于"指向导动面"走刀方式。

6)"V 向"。每条路径子段按照导动面的 V 向进行加工,路径子段之间按照导动面的 U 向进行加工,如图 9-1-25 所示,只用于"指向导动面"走刀方式。

图 9-1-24 "U 向"走刀方式

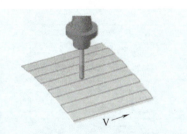
图 9-1-25 "V 向"走刀方式

五、曲面投影加工

72. 曲面投影加工

曲面投影加工是多轴联动加工中一个重要的加工方法，能够通过辅助导动面和刀轴控制方式生成与其他加工方法具有相同效果的加工路径，可用于加工图 9-1-26 所示的工艺品类工件。曲面投影加工是根据导动面的 U/V 流线方向生成初始投影路径，并根据设置的刀轴方式生成刀轴，然后按照一定的投射方向，将初始路径投射到加工面生成加工路径的一种多轴加工方式。

下面以图 9-1-27 所示电极精加工为例，介绍曲面投影加工的实际应用过程（参考案例文件"电极-final. escam"）。

图 9-1-26 曲面投影加工—大力神杯

图 9-1-27 电极

1）单击 Ribbon 菜单中的"多轴加工"→"曲面投影加工"，进入"刀具路径参数"界面。单击参数树中的"加工域"，在"加工图形"中单击"编辑加工域"右侧的按钮，进入"导航工作条"，拾取"加工面"和"导动面"，如图 9-1-28a 所示；在"加工余量"中设置"加工面侧壁余量"和"加工面底部余量"均为"0"，如图 9-1-28b 所示。

2）单击参数树中的"加工刀具"，在"几何形状"中单击"刀具名称"按钮，进入"当前刀具表"，选择"［球头］JD-1.00-1"；在"走刀速度"中修改相关参数。

3）单击参数树中的"加工方案"，在"曲面投影加工"中设置"走刀方向"为"螺旋"，"投影方向"为"刀轴方向"。

4）单击参数树中的"加工刀具"，在"刀轴方向"中设置"刀轴控制方式"为"五轴线方向"。再次进入"导航工作条"，选择"刀轴曲线"。

5）单击参数树中的"进给设置"，在"路径间距"中设置"路径间距"为"0.1"；在"进刀方式"中设置"进刀方式"为"切向进刀"。

6）其他参数保持默认。单击"计算"按钮，生成路径"曲面投影加工"。

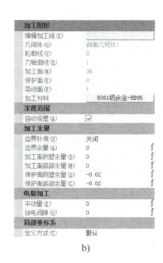

a)   b)

图 9-1-28　编辑加工域

参数说明：

（1）"加工方式"　曲面投影加工根据加工目的，提供了"投影精加工""分层粗加工""单笔清根加工"和"投影区域加工" 4 种加工方式，来满足实际加工需求。

1）"投影精加工"。曲面投影加工是最为常用的一种加工方式，主要依据导动面的流线生成初始路径，再按照投射方向在加工面上生成多轴联动的精加工路径，如图 9-1-29 所示。

2）"分层粗加工"。曲面投影加工提供的一种粗加工方式，主要是由毛坯形状和导动面共同限定加工域生成多轴联动的分层粗加工路径，如图 9-1-30 所示。

图 9-1-29　投影精加工　　　　　　　　图 9-1-30　分层粗加工

3）"单笔清根加工"。曲面投影加工提供的一种清根方式，主要用于解决由于多轴精加工在角落位置加工不到位引起的剩余残料问题，如图 9-1-31 所示。

4）"投影区域加工"。分层粗加工的一种特殊形式，主要通过保护面限定加工面上的可加工区域，在可加工区域上生成区域加工路径，如图 9-1-32 所示。

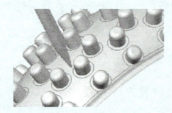　　　　　　　　　　　

图 9-1-31　单笔清根加工　　　　　　　图 9-1-32　投影区域加工

（2）"走刀方向" 曲面投影加工提供了以下 4 种走刀方向。

1）"U 向"。每条路径子段按照导动面的 U 向进行加工，路径子段之间按照导动面的 V 向进行加工。

2）"V 向"。每条路径子段按照导动面的 V 向进行加工，路径子段之间按照导动面的 U 向进行加工。

3）"螺旋"。路径子段之间实现连续的螺旋走刀，没有明显的进退刀。粗加工中的螺旋走刀效果类似于三轴加工中的螺旋走刀，只不过是每层路径不在一个平面内。

4）"斜线"。生成的路径走刀方向与导动面的 U 向流线成一定角度。

（3）"投影方向"。在多轴加工中，通常是根据导动面生成原始路径，然后再按照一定的方向将原始路径投射到加工曲面上，因此"投影方向"的选择对多轴加工路径的生成有很大影响。SurfMill 软件在多轴加工组的加工方法中提供了两种投影方向。

1）"刀轴方向"。导动面上的原始路径沿刀轴方向投射到加工面上，如图 9-1-33 所示。刀轴方向由用户选择的"刀轴控制方式"来决定。在浮雕类模型的加工路径计算中，选择"刀轴方向"作为投影方向可以提高计算速度。

2）"曲面法向"。依据导动面生成的原始路径沿导动面的曲面法向量方向投射到加工面上，如图 9-1-34 所示。当设定的"刀轴方向"与加工曲面平行或近似平行时，沿刀轴方向投射只能生成局部路径或根本不能生成加工路径，此时建议选择"曲面法向"进行投影。

图 9-1-33 "刀轴方向"投影

图 9-1-34 "曲面法向"投影

六、多轴侧铣加工

多轴侧铣加工是利用刀具的侧刃对直纹曲面或类似直纹曲面的曲面进行加工，刀轴在加工过程中与直母线保持平行，起到曲面精修的作用，如图 9-1-35 所示。

73. 多轴侧铣加工

下面以图 9-1-36 所示叶轮侧壁的精加工为例，介绍多轴侧铣加工实际应用的过程（参考案例文件"叶轮-final.escam"）。

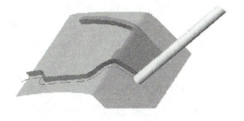
图 9-1-35 多轴侧铣加工

图 9-1-36 叶轮

1）单击 Ribbon 菜单中的"多轴加工"→"多轴侧铣加工"按钮，进入"刀具路径参数"界面，单击参数树中的"加工域"，在"加工图形"中单击"编辑加工域"右侧的按钮，进入"导航工作条"，拾取"保护面""挡墙曲面""底板曲面"，如图 9-1-37a 所示；在"加工余量"中将所有加工余量设置为"0"，如图 9-1-37b 所示。

a)

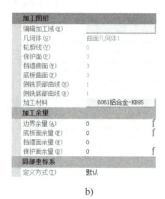
b)

图 9-1-37　编辑加工域

参数说明：

（1）"轮廓线"　限定加工区域，裁剪原始路径，配合"轮廓修剪路径"参数使用。

（2）"挡墙曲面"　指侧铣中需要加工的曲面，该加工面需要保持曲面法向量方向的一致性，且朝向希望加工的一侧。

（3）"底板曲面"　类似于保护面，避免刀具底刃与其接触，造成过切。

（4）"侧铣顶部曲线"　第一条边界线，该曲线为单根曲线或组合曲线。

（5）"侧铣底部曲线"　第二条边界线，该曲线为单根曲线或组合曲线，为必选项。两条曲线调换，直接影响路径刀轴方向。

2）单击参数树中的"加工刀具"，在"几何形状"中单击"刀具名称"按钮，进入"当前刀具表"，选择"［球头］JD-2.00"；在"走刀速度"中修改相关参数。

3）单击参数树中的"加工方案"，在"多轴侧铣加工"中设置"多轴侧铣方式"为"两曲线侧铣"，勾选"切削方向反向"。再次进入"导航工作条"，拾取"侧铣顶部曲线""侧铣底部曲线"。

参数说明：

SurfMill 软件根据多轴侧铣生成路径的原理不同，提供了以下 3 种侧铣方式。

（1）"直纹面侧铣"　利用刀具的侧刃，沿所选的"挡墙曲面"进行铣削，起到对曲面光刀的作用，如图 9-1-38 所示。该种侧铣方式主要用于单张曲面的加工，对于多张"挡墙曲面"，流线方向保持一致，且曲面之间衔接光顺的情况，也可以使用该方式加工。系统提供以下两种路径生成模式。

1）"刀轴不变"。选择此选项生成的路径会针对"挡墙曲面"做一次投影，在保证刀轴不变的情况下，使路径分布更规律，刀轴更加光顺。但当"挡墙曲面"扭曲比较大时，会造成刀触点改变，产生欠切。

2)"刀触点不变"。生成路径时不再针对"挡墙曲面"进行投影,对于过切的位置只调整刀轴,保证刀触点不发生改变。

(2)"两曲线侧铣" 利用两条曲线生成直纹面作为"挡墙曲面",生成侧铣加工路径,如图 9-1-39 所示,如果加工域中选择了"挡墙曲面",系统会针对所选"挡墙曲面"做相应的投影,进行检查调整。该方式主要适用于原始加工面质量不好,例如,加工模型由于输入误差导致的一些曲面存在缝隙、小曲面丢失、轻微的鼓包,而无法使用"直纹面侧铣"功能进行加工的情况,此时可以依靠所选的侧铣底部和顶部曲线,生成侧铣加工路径,提高侧铣路径质量。

(3)"叶轮侧铣" 主要用于叶轮的加工,如图 9-1-40 所示,"加工方式"有"流道粗加工""叶片精加工""前缘精加工"。

图 9-1-38 直纹面侧铣

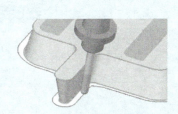
图 9-1-39 两曲线侧铣

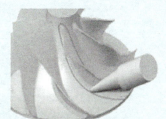
图 9-1-40 叶轮侧铣

4)单击参数树中的"刀轴控制",在"刀轴方向"中设置"刀轴控制方式"为"沿切削方向倾斜","初始刀轴方向"为"垂直于切削方向"。

5)单击参数树中的"进给设置",在"轴向分层"中设置"分层方式"为"限定层数","轴向偏移方式"为"向中间过渡","路径层数"为"50";在"进刀方式"中设置"进刀方式"为"切向进刀"。

6)其他参数保持默认,单击"计算"按钮,生成路径"多轴侧铣加工"。

七、多轴区域加工

"多轴区域加工"是将二维区域加工组移植到多轴加工平台,通过曲面投影操作,在曲面上生成多轴联动加工路径,实现在曲面上加工出具有一定深度槽的功能。多轴区域加工主要应用于在曲面上进行闭合区域或图案的加工,如文字雕刻,如图 9-1-41 所示。

74. 多轴区域加工

下面以图 9-1-42 所示瓶子模具雕刻 LOGO 为例,介绍多轴区域加工的实际应用过程(参考案例文件"瓶子模具-final. escam")。

1)单击 Ribbon 菜单中的"多轴加工"→"多轴区域加工"按钮,进入"刀具路径参数"界面。单击参数树中的"加工域",在"加工图形"中单击"编辑加工域"右侧的按钮,进入"导航工作条",拾取"轮廓线"和"导动面",如图 9-1-43a 所示;在"深度范围"中设置"表面高度"为"0.2","加工深度"为"0.18";在"加工余量"中设置"侧边余

图 9-1-41 多轴区域加工

量"和"底部余量"均为 0,如图 9-1-43b 所示。

图 9-1-42　瓶子模具

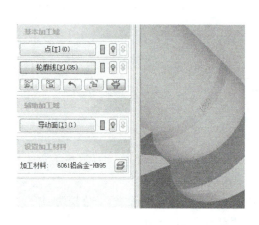
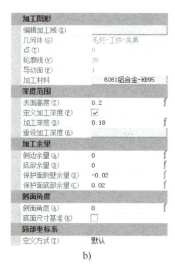

a)　　　　　　　　　　　　　　　　b)

图 9-1-43　编辑加工域

参数说明:

(1) "点"　主要用于在封闭图形中指定初始下刀位置。

(2) "轮廓线"　多轴区域加工中的轮廓线是吸附在导动面上的曲线,同时轮廓曲线必须满足封闭、不自交、不重叠的原则,否则生成的路径可能会出现偏差。轮廓线和导动面之间的距离越大,加工时的偏差也越大。

2) 单击参数树中的"加工刀具",在"几何形状"中单击"刀具名称"右侧的按钮,进入"当前刀具表",选择"[锥度球头] JD-30-0.35";在"走刀速度"中修改相关参数。

3) 单击参数树中的"加工方案",在"多轴区域加工"中设置"走刀方式"等相关参数。

参数说明:

(1) "映射区域形状"　多轴区域加工中,个别自由形状的曲面生成的路径在一定程度上存在变形,可以通过改变映射方式,使其变形量达到最小,以满足实际加工要求。根据导动面的形状及曲面流线分布,SurfMill 软件提供了以下 3 种映射方式。

1)"矩形"。适用于在导动面为柱面或类似于柱面的曲面上加工,其中柱面加工完全没有变形。

2)"扇形"。适用于在导动面为锥面或类似于锥面的曲面上加工,其中锥面加工完全没有变形。

3)"椭圆形/圆形"。适用于在导动面为椭球面(球面)或类似于椭球面(球面)的曲面上加工。

(2)"加工类型" 多轴区域加工与2.5轴区域加工方式一样,提供了以下4种加工类型。

1)"区域加工"。主要是利用大刀具快速去除加工区域内的材料。

2)"残料补加工"。主要用于去除区域粗加工时在窄小区域大刀具无法加工到位留下的残料。"残料补加工"功能可以根据区域粗加工刀具和当前刀具的大小关系自动计算出残料位置,生成去除残料的补加工路径。

3)"三维清角"。主要是利用锥刀的几何特征最大限度地去除区域内部需要加工的材料,保证清晰的区域形状。

4)"区域修边"。主要用于解决粗加工之后侧面效果不好及有毛刺的现象。为了获得良好的边界效果和尺寸精度,一般都要采用区域修边。

4)单击参数树中的"加工刀具",在"刀轴方向"中设置"刀轴控制方式"为"曲面法向"。

5)单击参数树中的"进给设置",在"路径间距"中设置"路径间距"为"0.1";在"轴向分层"中设置"分层方式"为"限定深度","吃刀深度"为"1"。

6)单击参数树中的"安全策略",在"操作设置"中设置"安全模式"为"映射"。

7)其他参数保持默认。单击"计算"按钮,生成路径"多轴区域加工"。

参数说明:

在多轴加工中,SurfMill软件提供了6种安全模式,分别为"自动""平面""柱面""球面""映射"和"毛坯面"。可以根据工件的不同形状选择不同的安全模式。

(1)"自动" 假设沿路径刀轴方向远离加工曲面一定距离后所形成的曲面为安全曲面,如图9-1-44所示。

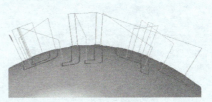

图 9-1-44 安全模式—自动

(2)"平面" 假设在加工曲面的正上方一定高度处存在一个平面,在加工过程中保证刀具在该平面以上快速移动就是安全的,刀具不会与加工面发生碰撞,如图9-1-45所示。设置的平面高度应大于加工曲面的最大高度。最大高度指当前路径局部坐标系的Z向最大值。

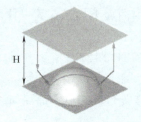 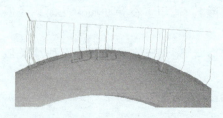

图 9-1-45　安全模式—平面

（3）"柱面"　假设在加工曲面外面有一个包裹的圆柱面，在加工过程中保证刀具在该曲面上快速移动就是安全的，刀具不会与加工面发生碰撞，如图 9-1-46 所示。设置的柱面半径应大于加工曲面的最大半径；形成的柱面一般是绕当前路径局部坐标系 Z 轴的圆柱面。

（4）"球面"　假设加工曲面外面有一个包裹的球面，在加工过程中保证刀具在该曲面上快速移动就是安全的，刀具不会与加工面发生碰撞，如图 9-1-47 所示。设置的球面半径应大于加工曲面的最大半径。

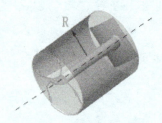 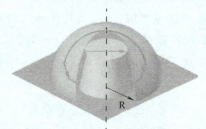

图 9-1-46　安全模式—柱面　　　　　图 9-1-47　安全模式—球面

（5）"映射"　选用该方式时，定位路径按三轴加工方式生成，再通过映射方式转为五轴加工路径，只在多轴区域加工中存在，如图 9-1-48 所示。

（6）"毛坯面"　假设在加工曲面外面有一个绕指定轴旋转的面，在加工过程中保证刀具在该曲面上快速移动就是安全的，刀具不会与加工面发生碰撞，如图 9-1-49 所示。

图 9-1-48　安全模式—映射　　　　　图 9-1-49　安全模式—毛坯面

思　考　题

1. 讨论题

（1）简述五轴加工与三轴加工的区别。

（2）当螺纹孔数量较多时，应选择多轴定位加工铣螺纹还是五轴铣螺纹加工？两者有什么区别？

（3）简述五轴曲线加工的应用场合。

（4）五轴曲线加工功能根据刀轴控制方式的不同，可分为哪两种方式？两者有什么不同？

2. 选择题

（1）为了方便获得钻孔的圆心点，五轴钻孔加工提供的取点方式不包括（　　）。

A. 任意取点　　　　　B. 圆心取点　　　　　C. 线上取点　　　　　D. 关闭取点

（2）需要解决多轴精加工在角落位置加工不到位剩余的残料问题，可采用（　　）加工方式。

A. 投影精加工　　　　B. 分层粗加工　　　　C. 单笔清根加工　　　D. 投影区域加工

（3）当粗加工之后零件侧面效果不好，有毛刺时，可以采用（　　）方式获取较好的边界效果。

A. 残料补加工　　　　B. 区域加工　　　　　C. 三维清角　　　　　D. 区域修边

（4）在多轴加工中，使用（　　）方式可以检查加工中工件是否会与机床部件发生碰撞。

A. 线框模拟　　　　　B. 机床模拟　　　　　C. 实体模拟　　　　　D. 干涉检查

3. 判断题

（1）五轴曲线加工功能根据刀轴控制方式的不同，可以分为面加工方式和线加工方式。（　　）

（2）多轴侧铣加工是利用刀具的侧刃对直纹曲面或类似直纹曲面的曲面进行加工，刀轴在加工过程中与直母线保持平行，起到曲面精修的作用。（　　）

第十章

经典案例解析——创意直尺制作

知识点介绍

1）零件加工的一般原则。
2）SurfMill 软件的 2.5D 图形绘制和编辑。
3）针对具体零件的编程加工方案的制定。
4）夹具的安装方法。
5）机床的基本操作。
6）简单的调机方法。

能力目标要求

1）了解零件加工的一般原则。
2）能够使用 SurfMill 软件进行基本的图形绘制及编辑。
3）掌握零件加工方案的制定原则。
4）熟练掌握夹具的安装方法。
5）了解机床、夹具治具、刀具等加工设备的准备过程及相关要求。
6）通过实际操作认识到实践出真知的道理。

第一节 案例引入

一、案例要求

要求设计并加工出直尺（上侧需要有刻度和数字，下侧可自由发挥，设计图案或文字），如图 10-1-1 所示，表面图案和刻度深度为 0.05mm，直尺的零刻线与左侧端面对齐，毛坯尺寸为 150mm×30mm×(9.0~10.5)mm。

图 10-1-1 直尺示意图

二、配套物料

直尺毛坯尺寸为 150mm×30mm×(9.0~10.5)mm，还需直尺加工专用夹具（210mm×90mm×40mm）、φ3mm 平底刀 1 把、30°锥度平底刀 1 把、φ8mm 刀杆 3 个（作为定位销使用）、清洁布 1 块、酒精 1 份、双面胶 1 卷、剪刀 1 把、机用平口钳 1 台。

第二节　编 程 介 绍

1. 软件环境设置

1）打开 SurfMill 软件，单击"文件"→"新建"→"精密加工"→"确定"按钮，如图 10-2-1 所示。

2）在"项目向导"选项卡中单击"机床设置"按钮，选择"3 轴"，再选择"11 机床-JDPMT400"，单击"确定"按钮，如图 10-2-2 所示。

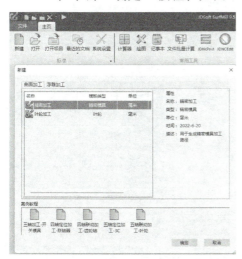

图 10-2-1　打开软件

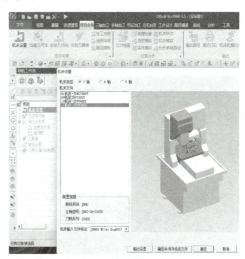

图 10-2-2　选择机床

3）在"项目向导"选项卡中单击"创建几何体"→"确定"按钮，在弹窗中再次单击"确定"按钮，如图 10-2-3 所示。

4）在"项目向导"选项卡中单击"当前刀具表"按钮，进入"系统刀具库"，选择"[平底] JD-3.00"，单击"下一步"按钮，如图 10-2-4 所示。

5）选择对应规格的刀柄，单击"下一步"按钮，如图 10-2-5 所示。

6）单击"确定"按钮，如图 10-2-6 所示。

7）在"当前刀具表"中双击"[平底] JD-3.00"，进入刀具参数界面，单击"断开链接"按钮，修改对应的刀具参数，修改完成后单击"确定"按钮，如图 10-2-7 所示。按同样的方法创建其他刀具。

图 10-2-3　创建几何体

数字化精密制造基础

图 10-2-4　选择刀具

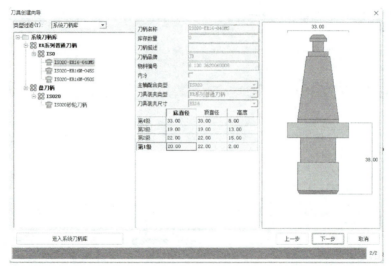

图 10-2-5　选择刀柄

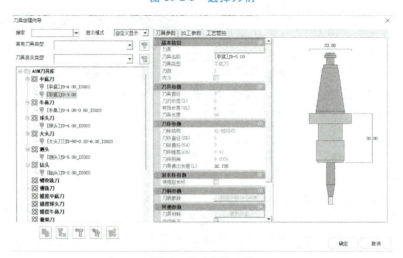

图 10-2-6　确认刀具

第十章 经典案例解析——创意直尺制作

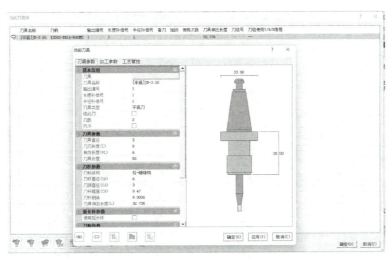

图 10-2-7 修改刀具参数

2. 绘制直尺毛坯和治具外形

1）在 3D 造型环境下，单击"图层"按钮，新建两个图层"直尺"和"治具"，如图 10-2-8 所示。

2）在曲线绘制中绘制两个矩形，如图 10-2-9 所示。

3）在基本变换中，放缩两个矩形尺寸分别为 208mm×88mm（治具外形尺寸）和 150mm×30mm（直尺毛坯尺寸），如图 10-2-10 所示。

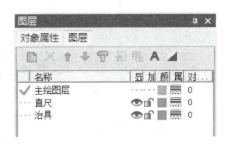

图 10-2-8 新建图层

4）选中放缩好的一个矩形，单击"变换"→"图形聚中"命令。使该矩形聚中按同样的方法完成另一个矩形的聚中，如图 10-2-11 所示。

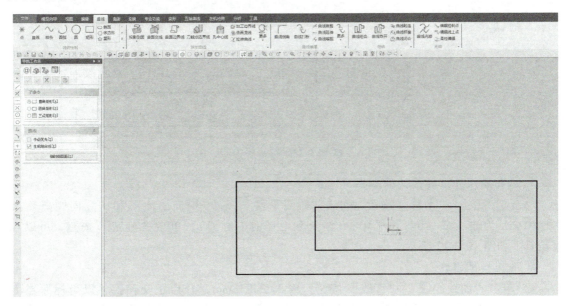

图 10-2-9 绘制矩形

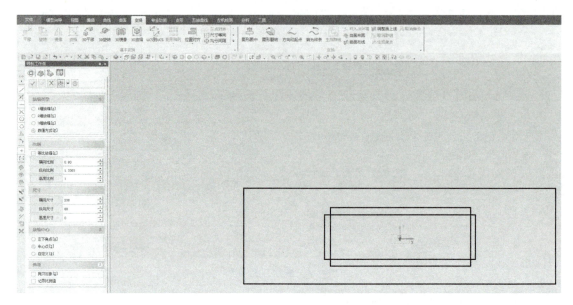

图 10-2-10 放缩矩形

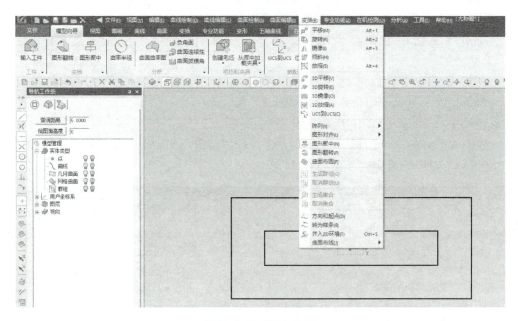

图 10-2-11 聚中矩形

3. 调整直尺外形和治具外形相对位置

单击"变换"→"平移"按钮,勾选"距离平移",在"横向距离"和"纵向距离"文本框中分别为输入"-10"和"10"(治具和毛坯的中心距),单击"确定"按钮,可以观察治具,如图 10-2-12 所示。

4. 直尺模型设计

1)单击"曲线绘制"→"直线"按钮,输入长度 5mm,开启正交捕捉,以坐标原点为一点,画一条竖线,如图 10-2-13 所示。

第十章 经典案例解析——创意直尺制作

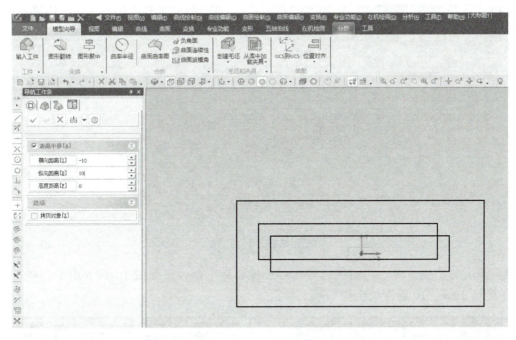

图 10-2-12 治具调整

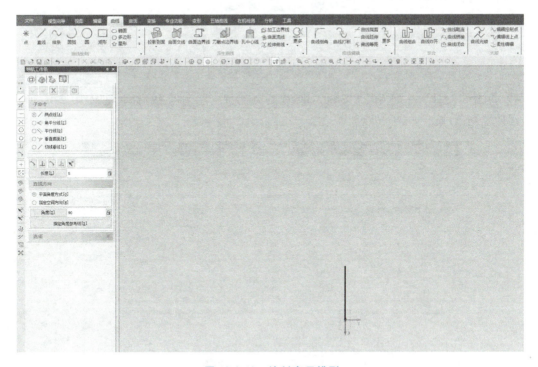

图 10-2-13 绘制直尺模型

2）选中刚才画的直线，单击"变换"→"3D 平移"按钮，勾选"拷贝对象"，"DX"输入"1"，"总长度"输入"1"，"平移个数"输入"10"，单击"确定"按钮，如图 10-2-14 所示。

197

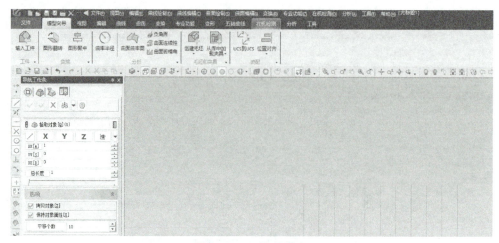

图 10-2-14 绘制刻度

3）单击"曲线编辑"→"曲线延伸"→"长度延伸"命令，如图 10-2-15 所示，将 5 刻度线向下延伸 1mm，10 刻度线延伸 2mm。

图 10-2-15 延伸线条

4）单击"变换"→"平移"按钮，取消正交捕捉，将刻度线移动到图 10-2-16 所示位置，延伸 0 刻度线。

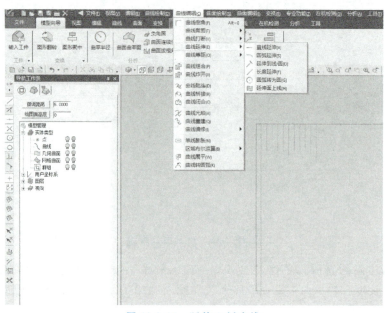

图 10-2-16 延伸 0 刻度线

5）单击"3D平移"按钮，平移复制刚创建的刻度，具体操作此处不再赘述。

6）单击"专业功能"→"文字编辑"命令，选择字体，设置字体参数，在"文字内容"中输入"123456789"，选中文字基点，调整文字位置，如图10-2-17所示。

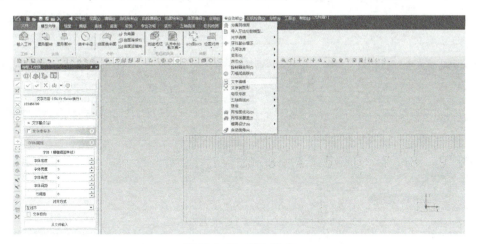

图 10-2-17　插入数字

7）使用"文字编辑"功能最终做出图10-2-18所示的效果。

图 10-2-18　插入文字

5. 直尺加工方案设计

1）点击"加工环境"按钮，在刀具平面处右击，选择"加工向导"→"2.5轴加工组"→"4-单线切割"，单击"确定"按钮，如图10-2-19所示。

2）选择"加工图形"节点，在"深度范围"中设置"表面高度"为"1"，加工深度为"0.05"，单击"轮廓线"，选择字体和刻度，如图10-2-20所示。

3）选择"加工刀具"节点，设置走刀速度，30°锥度平底刀建议"主轴转速/rpm"为"18000"，"进给速度/mmpm"为"1000"，如图10-2-21所示。设置好后单击"计算"按钮。

4）加工0刻度线。选择直线，选择"单线切割"加工方法，如图10-2-22所示，相同部分不一一赘述，不同处需开启"向左偏移"，根据不同刀具选用不同的主轴转速、进给速度和层切深度。

图 10-2-19　确认加工环境

图 10-2-20　确定加工参数

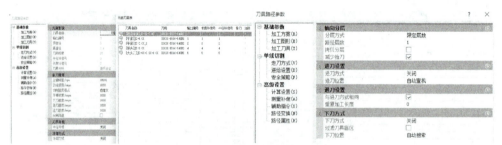

图 10-2-21　确定刀具参数

图 10-2-22　单线切割选择

5)加工通孔。选择"轮廓切割"加工方法(向内偏移),如图 10-2-23a 所示。设置"表面高度"为"1","加工深度"为"1",完成路径编程,如图 10-2-23b 所示。

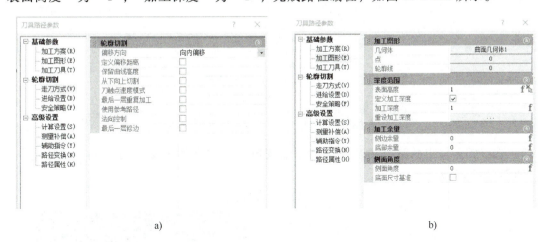

图 10-2-23 通孔加工选择

6. 输出直尺加工路径

1)单击"机床设置"→"输出设置"→"ENG 设置扩展",勾选"子程序模式",勾选"子程序支持 T",选择机床输入文件格式 JD650NC,单击"确定"按钮,如图 10-2-24 所示。

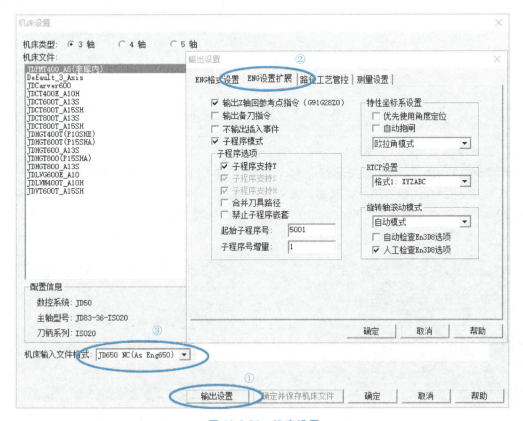

图 10-2-24 机床设置

2）在路径列表中右击，选择"输出路径"，如图 10-2-25 所示。

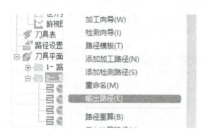

图 10-2-25　选择"输出路径"

3）选择需要输出的路径，设置保存地址及数控加工文件的文件名，单击"确定"按钮，如图 10-2-26 所示。

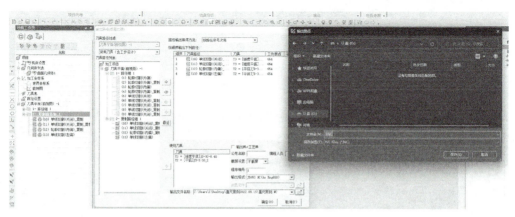

图 10-2-26　文件命名

第三节　加　工　准　备

1. 机床准备（开机、暖机）

旋转凸轮开关后绿色电源指示灯亮起，如图 10-3-1 所示；旋转 HDMI 面板上的开机钥匙，等待工控机上电（约 30s），双击"EN3D8"图标，输入密码，单击"F8 登录"按钮，如图 10-3-2 所示；等待系统上电（约 10s）后，在机床操作面板上按<回参考点>键，再按<ALL>键，如图 10-3-3 所示。

图 10-3-1　机床通电

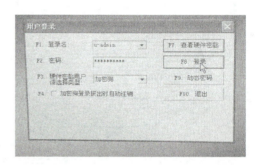

图 10-3-2　登录软件

第十章　经典案例解析——创意直尺制作

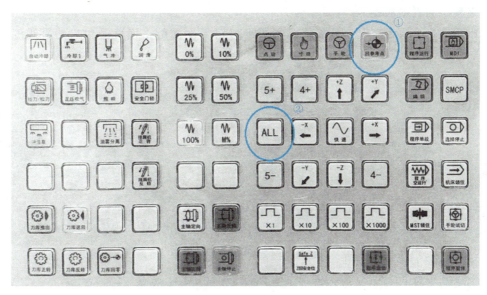

图 10-3-3　回参考点

2. 暖机步骤

如图 10-3-4 所示，机床准备工作完成后，机床黄色指示灯亮起，按照顺序，在机床操作面板上依次按<MDI><PROG><F8>键（参数化编程）、<E2>键（设备准备）、<CF2>键（暖机），进入暖机界面。进入暖机界面后，输入相关参数：包括机床行程、暖机时间、主轴转速等。

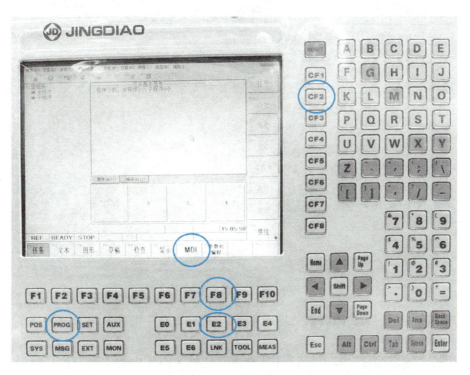

图 10-3-4　暖机界面

203

3. 夹具、治具的检测

如图 10-3-5 所示，使用千分表检测机用平口钳上平面的平面度及钳口的直线度，并检测治具的平面度和直线度。

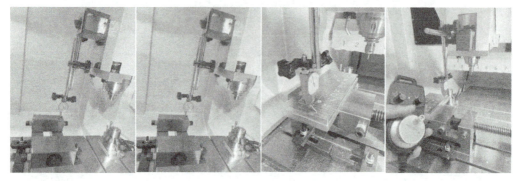

图 10-3-5　夹具、治具的检测

4. 刀具的安装

用气枪清理刀柄、夹头、压帽，将夹头安装在刀柄锥孔中，如图 10-3-6 所示。

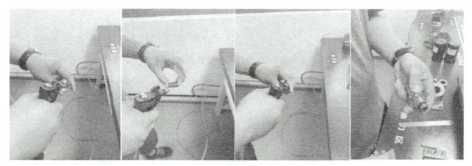

图 10-3-6　刀具安装前的准备

如图 10-3-7 所示，将压帽旋在刀柄上，将刀具安装在夹头中，测量刀具伸出长度，最后将刀柄安装在锁刀座上，用扳手锁紧压帽。

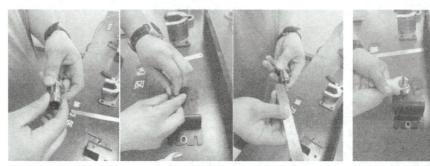

图 10-3-7　刀具安装过程

按照图 10-3-8 所示当前刀具表的输出编号，将安装了对应刀具的刀柄按照序号安装在机床刀库的指定刀位中。

软件中的"输出编号"即刀号，"1"应该对应机床刀库中的 1 号刀位，如图 10-3-9 所示。按相同方法安装其他刀具。

如图 10-3-10 所示，使用千分表测量刀具跳动。测量刀具跳动时，千分表的测量位置应该在刀杆的柄径上，可以手动旋转刀柄或使用 MDI 指令 S20 M03 控制刀柄低速旋转。

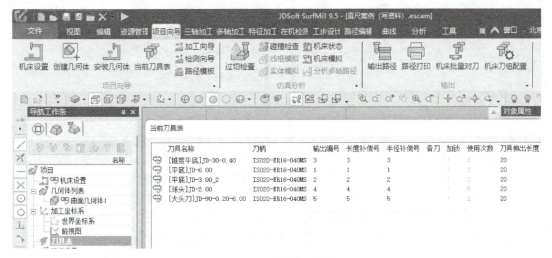

图 10-3-8 当前刀具表

图 10-3-9 对应刀位

图 10-3-10 测量刀具跳动

5. 刀长检测

在机床操作面板上按"<MDI>"键，输入"T1M6"，按下程序启动键，机床将自动将 1 号刀具更换到主轴上。

进入图 10-3-11 所示界面，在机床操作面板上依次按<MDI><PROG><F8>键（参数化编程）、<E2>键（设备准备）、<CF1>键（触碰式对刀）、程序启动键，弹出对刀界面。对刀类型设置为单把刀对刀，刀号为 1，单击"AF8 设置"按钮。

在弹出对话框中选择"F6 运动到记录的对刀仪最高处"，旋转手轮，将手轮左旋钮切换到 Z 档，右旋钮切换到×100 档，逆时针方向旋转手轮，使刀具最底部运动到对刀仪上方 3~5mm 处，按<MDI>键，再按程序启动键，如图 10-3-12 所示；

重新运行触碰对刀程序，将对刀类型修改为连续对刀，最小刀号和最大刀号分别修改为 2 和 5，完成 T2~T5 的刀长检测。

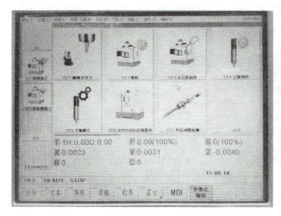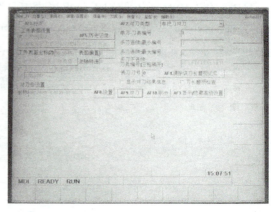

图 10-3-11　对刀前准备

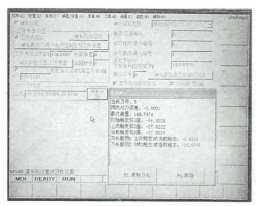

图 10-3-12　对刀过程

6. 治具工件原点

治具的基准为中心、顶部，需要通过分中的方式找正治具加工原点坐标。

如图 10-3-13 所示，使用手轮移动刀具到治具的 X+方向，保证刀具刚好能通过，当前坐标即为 X1。同理，移动刀具到 X-、Y+、Y-方向，记录坐标 X2、Y1、Y2，夹具中心的坐标 X=(X1+X2)/2，Y=(Y1+Y2)/2，治具顶部坐标 Z=刀杆刚好通过时的 Z 值-刀杆直径-当前刀具长度 L。

图 10-3-13　治具原点测定

第四节 在机加工

1. 打开加工文件

如图 10-4-1 所示，按<PROG>键，单击"任务"按键，按<E0>键打开对应的加工文件，按<CF7>键进行编译。

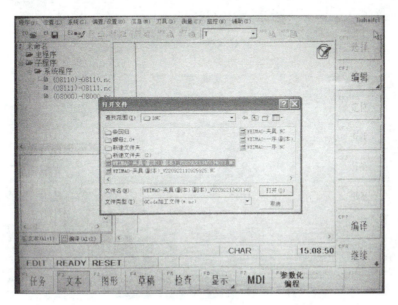

图 10-4-1　程序选择及确定

2. 直尺安装

1）在治具上表面和直尺毛坯表面喷洒酒精并用清洁布进行清洁，图 10-4-2 所示。

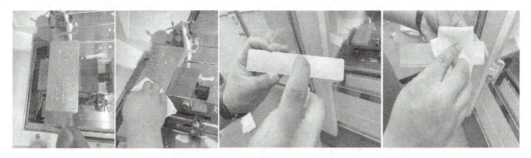

图 10-4-2　加工前准备

2）按照直尺的宽度，用剪刀裁剪合适大小的双面胶，将双面胶粘在清洁过的一面，剪掉多余的胶带，在夹具上安装定位销（8mm 刀杆），如图 10-4-3 所示。

3）将直尺毛坯的两个边与定位销靠齐，压紧，取下定位销，再次压紧毛坯，如图 10-4-4 所示。

3. 直尺加工

1）将"G54（Ext）"对应的"Z"值中输入"0.1"，依次按下<程序运行><手轮试切>

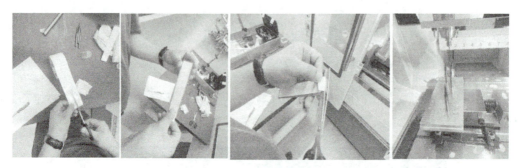

图 10-4-3　准备毛坯

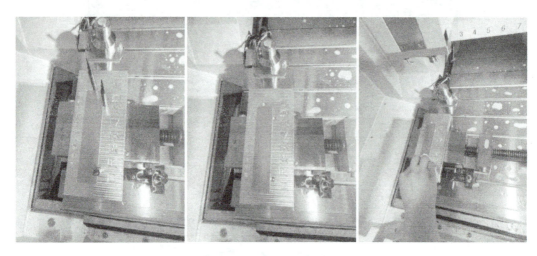

图 10-4-4　固定毛坯

<程序启动>键，将手轮左旋钮切换到×档，右旋钮切换到×100 档，顺时针方向旋转手轮，控制加工程序的运行状态，如图 10-4-5 所示。

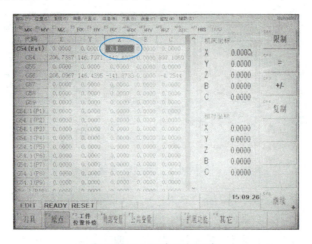

图 10-4-5　机床运行准备

2）当程序运行到刻字时，旋转手轮，按下<POS><F3>键（综合）、<清零>键，如图 10-4-6 所示。

第十章　经典案例解析——创意直尺制作

图 10-4-6　加工过程操作

3）将手轮左旋钮切换到 Z 档，右旋钮切换到×10 档，逆时针方向旋转手轮，控制 Z 轴向下移动，如图 10-4-7 所示。

图 10-4-7　Z 轴调整

4）当刀具加工到材料时，记住 Z 轴相对坐标，按下＜Reset＞键，将相对位置修正到"G54（Ext）"中，重新运行程序，如图 10-4-8 所示。

 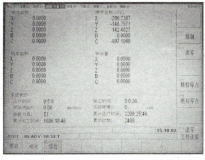 

图 10-4-8　程序重运行

5）控制机床加工，如图 10-4-9 所示。
6）加工结束后，取下完成加工的直尺，完成清扫工作。

图 10-4-9　自动运行

思 考 题

1. 讨论题

（1）在零件上机加工前，一般都需要进行哪些准备工作？

（2）简述设置刀具表时应注意的问题？

（3）在安装刀具前，应进行哪些参数的测量或设置？

2. 判断题

（1）设置加工参数时，无须断开连接即可对加工参数进行修改。（　　）

（2）毛坯安装前，应充分对治具表面进行清洁处理。（　　）

（3）手轮可调节的机床运行速度最大可为 1000 倍速。（　　）

第十一章

SurfMill软件在机测量编程策略

知识点介绍

1）在机测量的概念及特点。
2）SurfMill 软件在机测量技术概况。
3）元素检测、坐标系修正、特征评价和测量补偿等在机测量技术的概念、特点及应用。

能力目标要求

1）掌握常用的元素检测方式。
2）掌握常用的元素评价方式。
3）掌握曲线、曲面测量的测量补偿方式。
4）掌握报表操作方法。
5）能够根据具体零件完成在机测量相关操作。
6）通过对在机测量编程的学习，培养精益求精、追求卓越的工匠精神。

第一节 在机测量概述

一、在机测量介绍

在机测量技术是以机床硬件为载体，辅以相应的测量工具及软件（测量工具包括机床测头、机床对刀仪等，软件包括宏程序、专用测量模块等），在工件加工过程中，对工件实现数据的实时采集工作，可以用于加工辅助、数据分析计算等方面，用科学的方案帮助并指导工程人员提高生产品质、产品良率。该技术是工艺改进的一种测量方式，同时也是过程控制的重要环节。

在机测量技术是 SurfMill 软件通过配合相应的测量工具，实现工件加工前、后的形状、位置误差测量及修正。通过数据采集和分析计算，帮助工程人员完成在机质检工作，解决了传统离线测量响应速度慢、等待时间长、上机返修难、生产节拍差等生产问题。测量补偿功能还可帮助工程人员解决工件加工过程中装夹偏移、产品面变形导致的加工不准确问题。

二、在机测量的特点

在工件加工过程中，加工前，需要人工拉表找正位置，要花费大量时间；加工中，无法及时预知刀具和工件状态导致的工件报废；加工后，多环节流转易造成工件损伤，排队测量易造成机床停机。以上现象严重影响了加工过程的流畅性和产品良率，会造成企业绩效和盈利能力降低。

在机测量技术可以实现加工生产和品质测量的一体化，对减少辅助时间、提高加工效率、提升加工精度和减少废品率有重要指导意义，在解决传统离线测量问题的同时还具有以下优点。

（1）智能修正 通过加工基准自动建立坐标系，提高打表精度，同时大大缩短了人工辅助时间。

（2）制检合一 在不同工艺阶段进行工件检测，加工前检测毛坯进行信息采集，加工中检测工件进行补偿修正，加工后检测进行产品品质评判。

（3）数字化管理 在机检测数据可以融合到品质管控体系中，实现对车间内部所有设备的实时监控，通过大数据分析追踪品质根源，可为改进整体的生产品质提供依据。

（4）自动化生产 降低来料检、过程检、首件检等传统环节对人员的依赖性。

（5）随形补偿 解决因毛坯和装夹等因素引起的变形后加工问题，保证生产连续性的同时提高产品加工效率。

在机测量提供了各类测量功能，方便用户使用，包括"坐标系""元素""构造""评价""结果表达"和"测量补偿"，如图 11-1-1 所示。

图 11-1-1 "在机测量"选项卡

第二节 元 素

一、点

在产品的加工过程中，为了保证加工精度，加工余量通常是重点关注的问题。模具类产品加工具有加工时间长、工序环节多和使用刀具多等特点，加工余量的控制在模具加工中显得尤为重要。SurfMill 软件提供的"点"测量功能支持在产品面上快速布置测量点，并生成相应 NC 程序，实现产品的在机加工余量检测。检测结果可导入 SurfMill 软件中生成直观的图表，如

75. 点

图 11-2-1 所示。通过图表科学可靠地分析产品余量分布情况，可帮助工艺人员改进工艺方案。同时，对复杂图形及其他检测方式不支持的特征，也可使用"点"命令进行相关位置误差的检测。

"点"元素用于定义工件上每一个点的 X、Y、Z 坐标值，可在平面或曲面的任何位置测量，测量结果可输出每个点的 X、Y、Z 坐标值和在探测方向上实测点与理论点的距离，常用于工件上某位置或特征的余量测量。

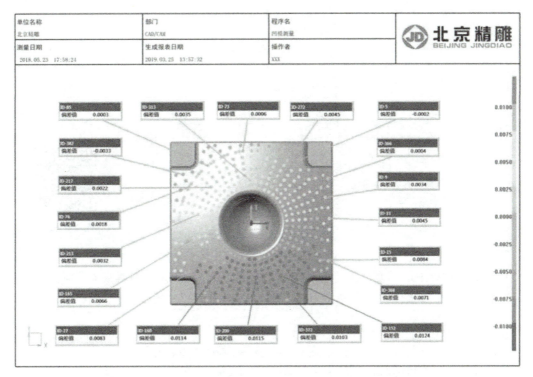

图 11-2-1　检测图表

下面将通过实例介绍"点"元素测量的设置步骤（参考案例文件"在机检测案例-final.escam"）。

此处对测试件上表面凹槽位置余量进行测量，如图 11-2-2 所示，并打印余量测量结果。

1）在 3D 环境下，单击 Ribbon 菜单中的"曲线"→"曲面边界线"→"拾取曲面"按钮，并选取凹槽面，单击"确定"按钮。

2）单击 Ribbon 菜单中的"变换"→"3D 平移"→"拾取对象"按钮，选取曲线，设置"DZ"数值为"-5"，单击"确定"按钮。

3）单击 Ribbon 菜单中的"曲线"→"点"按钮，选择"等分点"，在曲线上均匀绘制辅助点。

图 11-2-2　"点"测量

4）切换到加工环境中，单击 Ribbon 菜单中的"在机测量"→"点"按钮，进入"点参数"界面。

5）单击参数树中的"加工域"，在"元素与策略"中单击"编辑测量域"右侧按钮，单击"拾取曲线"，拾取被测曲面，设置"测量点生成方式"为"通过存在点"，在视图区选择已提取好的凹槽辅助点，生成测量点；在"深度范围"中设置"表面高度"为"0"，取消勾选"定义加工深度"，设置"加工深度"为"0"；在"局部坐标系"中设置"定义方式"为"默认"。

参数说明：

单击"编辑测量域"右侧按钮，进入测量域的编辑界面，如图 11-2-3 所示。

图 11-2-3　探测点输入方式

76. 探测点输入方式

6）单击参数树中的"加工刀具"，在"几何形状"中单击"刀具名称"右侧的按钮，进入"当前刀具表"，选择"[测头] JD-2.00_1"，如图 11-2-4 所示。

图 11-2-4　选择测头

7）单击参数树中的"测量设置"，在"测量标定"中设置"标定类型"为"圆球标定"，"标定坐标系"为"G59"，"标定测头刀长编号"为该条路径使用测头的长度补偿号"2"，"球体半径"根据实际情况设置，此处设置为"12.6998"，"快速移动高度"默认为"0"；在"测量进给"中设置相关参数，一般为默认；在"测量连接"中设置"连接模式"为"直接直线连接"；在"测量数据输出"中设置"测量数据输出类型"为"数据及公差"。

8）单击参数树中的"测量计算"，在"测量特征"中勾选"距离"；设置正确的"理论值"和合理的"上公差""下公差"值（默认为±0.01）。

9）单击参数树中的"安全策略"，在"路径检查"中设置"检查模型"为"曲面几何体1"；在"操作设置"中设置"安全高度"和"相对定位高度"均为"10"。

10）设置完成后单击"计算"按钮，完成"点"测量路径的编辑，如图 11-2-5 所示。

图 11-2-5　"点"测量路径

二、圆

圆孔薄壁零件和圆特征产品如图 11-2-6 所示，在装配和使用中对圆孔有一定的形状误差和位置误差要求，此类产品需要使用圆检测方式进行检测。使用 SurfMill 软件中"圆"测量功能可以在产品的圆特征上布置测量点，生成相应的 NC 程序，实现对圆特征圆度和位置的在机检测。

圆元素用于测量孔、圆柱销等具有圆截面的轴和弧形工件，局部角度无法探测时，可定义被测圆的起始和终止探测范围，要求这些点位于同一截面上；测量结果可输出被测圆的中心坐标、直径和圆度。

此处对测试件斜面上的"圆"元素进行测量，如图 11-2-7 所示，并打印圆度及直径结果（详细操作步骤可扫描二维码进行观看）。

图 11-2-6　圆孔薄壁零件和圆特征产品

77. 圆

三、2D 直线

薄壁零件和其他具有狭长面特征的产品，在装配和使用中会有一定的形状公差和位置公差要求，此类产品需要使用直线检测方式进行检测。使用 SurfMill 软件中的"2D 直线"测量功能可以在产品的直线特征上布置测量点，生成相应的 NC 程序，实现对产品直线特征直线度和位置误差的在机检测。

"2D 直线"功能主要用于定义平面上的探测线或工件表面上的直线；一般可通过直线起点和终点确定探测范围。此处对测试件后视图位置直线进行测量，并打印直线度结果。

下面将通过图 11-2-8 所示实例介绍"2D 直线"测量的设置步骤（详细操作步骤可扫描二维码进行观看）。

图 11-2-7　"圆"测量

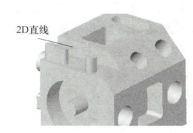

图 11-2-8　"2D 直线"测量

78. 2D 直线

四、平面

包含平面特征的产品中，为了满足产品装配和密封等方面的要求，产品会对装配平面有形状公差和位置公差要求，使用 SurfMill 软件中的"平面"测量功能可以在产品的平面特征上布置测量点，生成相应的 NC 程序，实现对产品平面特征平面度和位置误差的在机检测。

"平面"功能用于定义被测工件上平面元素的位置和方向。被测平面一般可以分为区域面和裁剪面，区域面测量点建议在测量区域内均匀分布，裁剪面可以根据平面面积和形状尽量均匀分布测量点。此处对测试件前视图位置平面 3 进行测量，并打印平面度结果。

下面将通过图 11-2-9 所示实例介绍"平面"测量的设置步骤（详细操作步骤可扫描二维码进行观看）。

注：如果计算结果提示发生碰撞，可以通过改变刀具装夹长度（或者调整测量点高度）的方式来解决，具体操作步骤如下：

① 单击"当前刀具表"，再双击当前使用的测量刀具。

② 修改刀杆参数中的"刀具伸出长度"，根据实际情况设定合适值。

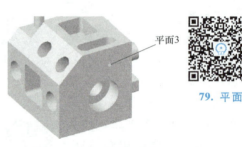

图 11-2-9 "平面"测量

五、圆柱

在机械制造领域，许多的零件如缸体、缸盖、齿轮和减速电动机摆线轮等都有孔系特征，为了满足装配的互换性，需要保证各孔的位置尺寸和形状尺寸，使用 SurfMill 软件中的"圆柱"测量功能可以在孔特征面布置测量点，生成相应的 NC 程序，实现对孔（圆柱）类特征圆柱度、半径及位置误差的在机检测。

"圆柱"测量功能用于测量孔类零件或轴类零件，可定义圆柱探测起始角和角度范围，测量结果输出被测圆柱的圆柱度、半径、轴向尺寸。此处对测试件前视图位置两同轴圆柱元素进行测量，并打印圆柱度、圆柱直径结果。

下面将通过图 11-2-10 所示实例介绍"圆柱"测量的设置步骤（详细操作步骤可扫描二维码进行观看）。

六、方槽

在具有方槽类特征的手机壳和 3C 五金产品中，为了满足产品的装配和密封等要求，需要保证方槽类特征的位置公差和形状公差。使用 SurfMill 软件中的"方槽"测量功能可以在产品方槽特征面上快速布置测量点，生成相应的 NC 程序，实现对方槽类特征长度、宽度及位置的在机检测。

图 11-2-10 "圆柱"测量

测量工件上内、外方孔特征，至少探测 5 个点，测量结果包括被测方槽的长、宽及方槽中心坐标的 X、Y 值。此处就测试件俯视图中方槽元素进行测量，输出长、宽尺寸及方槽中心坐标的 X、Y 值。

下面将通过图 11-2-11 所示实例介绍"方槽"测量的设置步骤（详细操作步骤可扫描二维码进行观看）。

图 11-2-11 "方槽"测量

第三节　坐　标　系

一、工件位置误差

实际加工和检测中经常需要对工件进行二次装夹，装夹后的工件需要进行位置找正，传统的找正方式是拉表分中，此方式耗时耗力，且碰到压铸件这类基准模糊的工件时无法保证找正精度。

工件位置误差是曲线测量中心角度找正的升级功能，利用点（圆、方槽）、直线、圆柱、平面（对称平面）元素之间的组合，通过计算后对工件坐标系进行修正，不仅降低了软件编程难度，也提高了找正精度。

软件提供了6种检测坐标系的创建方式，用户任选一种方式后，会出现对应的创建元素控件，给控件添加完这些元素后，通过计算，软件会自动生成检测坐标系。

下面分别介绍这6种创建方式及其创建元素。

82. 工件位置误差

图 11-3-1　"自定义"创建检测坐标系

1. 自定义

"自定义"创建方式较为灵活，每个创建元素的可选元素种类不唯一，用户可以根据每个创建元素的名称，自行选取合适的元素，如图 11-3-1 所示。若可选元素选择不当，检测坐标系会计算失败。"自定义"创建元素名称及其说明见表 11-3-1。

表 11-3-1　"自定义"创建元素名称及其说明

创建元素名称	说明
空间旋转 Z	用于定义坐标系的 Z 轴,可选平面、圆柱
平面旋转 X	用于定义坐标系的 X 轴,可选 2D 直线、平面、圆柱、圆、点
原点 X	用于定义坐标系的原点 X,可选点、平面、圆、圆柱
原点 Y	用于定义坐标系的原点 Y,可选点、平面、圆、圆柱
原点 Z	用于定义坐标系的原点 Z,可选点、平面、圆、平面、圆柱
循环次数	测量循环找正的次数,如为"2",程序会运行两次计算工件位置误差值,且第二次是在第一次找正的基础上进行探测和找正

2. 面线点法

"面线点法"通过选择基准平面、基准直线以及基准中心点构建检测坐标系，如图 11-3-2 所示。其中，由基准平面确定坐标系 Z 轴方向和原点 Z 值；由基准直线确定坐标系 X 轴方向；由基准中心点确定坐标系原点的 X 和 Y 值。"面线点法"的基准类型及其说明见表 11-3-2。

3. 一面两圆法

"一面两圆法"通过基准平面、基准方向圆和基准原点圆构建检测坐标系，如图 11-3-3 所示。其中，基准平面确定坐标系 Z 轴方向；基准原点圆的圆心在基准平面上的投影为坐标系原点；坐标系原点和基准方向圆的连线确定坐标系 X 轴方向。"一面两圆法"的基准类型及其说明见表 11-3-3。

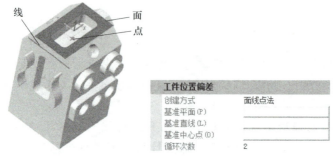

图 11-3-2 "面线点法"创建检测坐标系

表 11-3-2 "面线点法"的基准类型及其说明

基准类型	说明
基准平面	用于定义坐标系的 Z 轴
基准直线	可选 2D 直线、圆柱
基准中心点	可选圆、方槽、圆柱

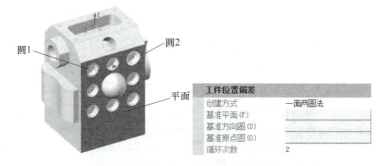

图 11-3-3 "一面两圆法"创建检测坐标系

表 11-3-3 "一面两圆法"的基准类型及其说明

基准类型	说明
基准平面	可选平面
基准方向圆	可选圆
基准原点圆	可选圆、方槽、圆柱

4. 回转体法

"回转体法"通过基准圆柱和基准平面构建检测坐标系，如图 11-3-4 所示。其中，基准圆柱确定坐标系 Z 轴方向；圆柱轴线与基准平面的交点确定坐标系原点；由于圆柱是回转体，无论如何放置，对 X、Y 方向均无影响，因此无须选择平面确定 X 轴方向，"回转体法"的基准类型及其说明见表 11-3-4。

5. 三面法

"三面法"通过 3 个基准平面构建检测坐标系，如图 11-3-5 所示。其中基准平面 1 确定坐标系 Z 轴方向；基准平面 2 确定坐标系 X 轴方向；3 个面的交点为坐标系原点。"三面法"的基准类型及其说明见表 11-3-5。

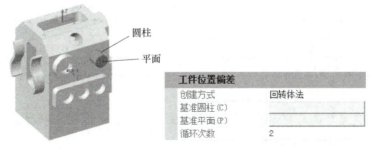

图 11-3-4 "回转体法"创建检测坐标系

表 11-3-4 "回转体法"的基准类型及其说明

基准类型	说明
基准圆柱	可选圆柱
基准平面	可选平面

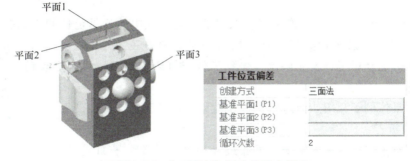

图 11-3-5 "三面法"创建检测坐标系

表 11-3-5 "三面法"的基准类型及其说明

基准类型	说明
基准平面 1	可选平面
基准平面 2	可选平面
基准平面 3	可选平面

6. 一面一槽

"一面一槽"法通过基准平面和基准槽构建检测坐标系，如图 11-3-6 所示。其中，基准

图 11-3-6 "一面一槽"创建检测坐标系

平面确定坐标系 Z 轴方向；基准槽长边方向确定坐标系 X 轴方向；基准槽中心在基准平面上的投影确定坐标系原点。"一面一槽"的基准类型及其说明见表 11-3-6。

表 11-3-6 "一面一槽"的基准类型及其说明

基准类型	说明
基准平面	可选平面
基准槽	可选方槽

注：
① 工件位置误差路径的创建元素不能随意选择，需要根据实际模型合理选择相应的元素进行组合，否则路径计算会失败。

② 检测路径循环次数越多，坐标系精度越高，但整体效率会降低，应根据实际情况合理选择。

③ 工件位置误差路径支持五轴加工路径、测量和检测路径的摆正补偿，对三轴机床只支持测量和检测路径的摆正补偿。

二、工件位置误差修正

"工件位置偏差"功能利用测头测量取代了常规方式中的治具定位和人工打表，通过对工件装夹后的基准元素进行测量，软件内部自动计算和变换坐标系，可直接、快速、准确地修正工件装夹误差，得到工件与机床的相对位置，实现精准加工和检测。

下面通过具体例子介绍如何进行工件位置误差的修正。

83. 工件位置误差修正

1. 工艺分析

该工件具有基本的六面体特征，可通过互相垂直的 3 个平面元素修正装夹误差，顶平面作为空间旋转元素，平面 1 作为平面旋转 X 元素，原点 X、Y、Z 元素分别为平面 1、平面 3 和顶平面，"工件位置偏差"的基准元素见表 11-3-7。

表 11-3-7 "工件位置偏差"的基准元素

工件基准元素确定	"工件位置偏差"基准元素	
	空间旋转 Z	顶平面
	平面旋转 X	平面 1
	原点 X	平面 1
	原点 Y	平面 3
	原点 Z	顶平面

2. 建立基础元素测量

建立平面 3 的测量路径，具体操作方法参见本章第二节中的"四、平面"，完成平面元素测量路径的创建，并将路径重命名为"平面 3-测量"；按照同样的方法创建"顶平面-测量"和"平面 1-测量"的测量路径，3 条测量路径效果预览如图 11-3-7 所示，接下来进行工件位置偏差的应用。

第十一章　SurfMill软件在机测量编程策略

图 11-3-7　3 个平面测量路径

3. 建立工件位置偏差

1）在加工环境下，单击 Ribbon 菜单中的"在机测量"→"工件位置偏差"按钮，进入"工件位置偏差参数"界面；在"工件位置偏差"中设置"创建方式"为"三面法"，选择"顶平面-测量"为"基准平面 1"；用同样的方法，设置"基准平面 2"为"平面 1-测量"，"基准平面 3"为"平面 3-测量"；设置合适的"循环次数"值，默认为"2"。

2）单击"计算"按钮，完成测量坐标系路径的编辑。

至此，就完成了创建多轴检测坐标系的整个操作过程。在实际应用中，只需要将实际工艺流程中需要的加工、测量路径放置在工件位置偏差路径后，即可实现摆正功能。

第四节　评　　价

评价是指对检测后的元素进行评价计算，获得特征的尺寸、形状、位置等数据，实现加工后工件特征尺寸和特征位置关系的在机检测，根据测量结果可选择下机或补偿加工。软件支持的评价内容包括距离、角度、平行度、垂直度和同轴度。

一、距离

距离是用来确定工件特征大小和位置的基本指标，基本所有工件都会用到"距离"评价，如模仁基准面的长和宽、齿轮厚度、节气门轴承孔到基准面的距离等。使用 SurfMill 软件中的"距离"评价功能可便捷地生成点、圆、直线、圆柱、平面的距离检测路径和相应的 NC 程序，实现对产品特征距离的在机检测，如图 11-4-1 所示。

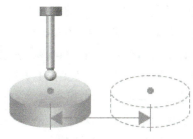

84. 距离评价

图 11-4-1　距离测量

下面将通过图 11-4-2 所示实例介绍"距离"评价的设置步骤。

基于已完成测量的元素，对平面 2 与平面 3 的距离特征进行评价（详细操作步骤可扫描二维码进行观看）。

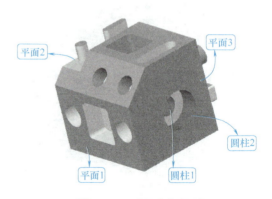

图 11-4-2 "距离"评价

二、角度

角度是用来确定工件不同特征相对位置关系的基本指标，许多工件都会用到"角度"评价，如花键不同键槽之间的角度、其他非垂直和非平行的特征面之间的角度。使用 SurfMill 软件中的"角度"评价功能可便捷地生成直线和平面的角度检测路径和相应的 NC 程序，实现对产品特征角度的在机测量，如图 11-4-3 所示。

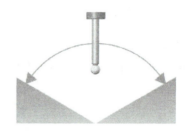

85. 角度评价

图 11-4-3 角度测量

下面将通过图 11-4-4 所示实例介绍"角度"评价的设置步骤。

基于已完成测量的元素，对平面 1 与平面 3 的角度特征进行评价（详细操作步骤可扫描二维码进行观看）。

三、平行度

有些产品在加工或者装配后会有平行度的要求，如丝杆座轴承孔基准面、减速器不同级数轴承安装孔轴线、机床导轨等。使用 SurfMill 软件中的"平行度"评价可以便捷地生成直线、圆柱、平面的平行度检测路径和相应的 NC 程序，实现对产品平行度的在机测量，如图 11-4-5 所示。

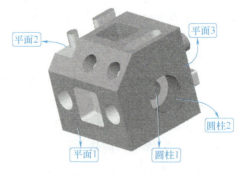

图 11-4-4 "角度"评价

下面将通过图 11-4-6 所示实例介绍"平行度"评价的设置步骤。

基于已完成测量的元素，对平面 2 与平面 3 间的平行度特征进行评价（详细操作步骤可扫描二维码进行观看）。

"平行度"评价中的基准类型及其说明见表 11-4-1。

86. 平行度评价

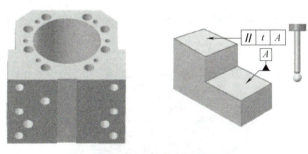

图 11-4-5　平行度测量

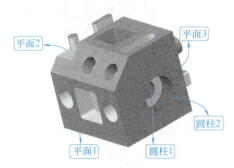

图 11-4-6　"平行度"评价

表 11-4-1　"平行度"评价中的基准类型及其说明

基准类型	说　　明
2D 直线	可选 2D 直线、平面、圆柱
平面	
圆柱	

四、垂直度

许多装配件对配合部位都有垂直度的要求，如轴承座孔和孔端面、齿轮孔和孔端面、锥齿轮减速器中输入轴孔中心线和输出轴孔中心线等。使用 SurfMill 软件中的"垂直度"评价功能可以便捷地生成直线、圆柱和平面的垂直度检测路径和相应的 NC 程序，实现对产品特征垂直度的在机测量，如图 11-4-7 所示。

 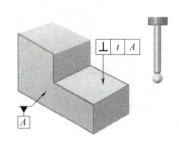

图 11-4-7　垂直度测量

下面将通过图 11-4-8 所示实例介绍"垂直度"评价的设置步骤。

基于已完成测量的元素,对平面1与平面3的垂直度特征进行评价(详细操作步骤可扫描二维码进行观看)。

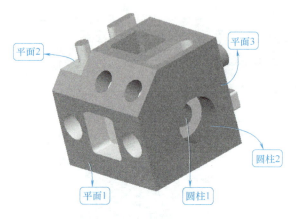

图 11-4-8 "垂直度"评价

87. 垂直度评价

"垂直度"评价中基准元素和被测元素的选择方式见表 11-4-2。

表 11-4-2 "垂直度"评价中基准元素和被测元素的选择方式

基准元素	被测元素
2D 直线	平面
平面	2D 直线、圆柱、平面
圆柱	平面

五、同轴度

在装配件中,许多工件的装配孔间都会有同轴度的要求,如旋转支架两端的轴承座孔、变速箱两侧的轴承座孔等。使用 SurfMill 软件中的"同轴度"评价功能可以便捷地生成两圆柱的同轴度检测路径和相应的 NC 程序,实现对产品特征同轴度的在机测量,如图 11-4-9 所示。

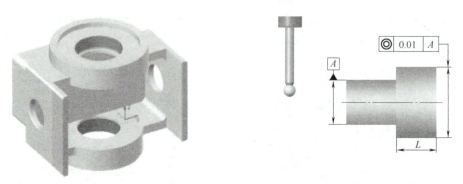

图 11-4-9 同轴度测量

下面将通过图 11-4-10 所示实例介绍"同轴度"评价的设置步骤。

基于已完成测量的元素，对圆柱 1 与圆柱 2 的同轴度特征进行评价（详细操作步骤可扫描二维码进行观看）。

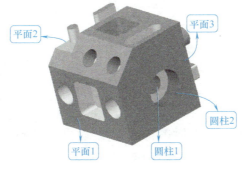

88. 同轴度评价

图 11-4-10 "同轴度"评价

"同轴度"评价中的被测元素和基准元素的选择方法同"距离"评价。

第五节　测量补偿

一、曲线测量

高光倒角加工是提升产品外观效果的重要手段。产品外形加工完成后，需要经过阳极氧化、喷砂、打磨等一系列工序之后再进行倒角加工。在生产、装夹过程中偏移和变形是不可避免的，且是无规律的。因此，传统的加工方法难以保证倒角宽度的一致性。

"曲线测量"轮廓补偿功能通过分析采集的数据点将原始加工路径转换为补偿加工路径，可以有效补偿产品的倒角变形，保证倒角宽度的一致性，如图 11-5-1 所示。除此之外，"曲线测量"功能还可用于工件中心角度找正、尺寸大小变形补偿、平面度和位置度的测量。

图 11-5-1　产品倒角

下面以铝模件的加工为例，介绍"曲线测量"功能的实际应用过程（参考案例文件"铝模件-final.escam"）。

铝模件需要在三轴机床上进行二次装夹补加工，将工件在工作台上进行初定位，但是，因为操作误差和毛坯表面粗糙、不整齐等原因的存在，会导致工件基准位置发生偏移，如图 11-5-2 所示，主要有原点偏移和角度偏转。此时直接加工可能会因为特征加工不准确而导致产品报废，因此在加工前需要将工件摆正。传统的方法是操作人员通过打表的形式进行工件找正，但往往耗时耗力且摆正效果不佳。

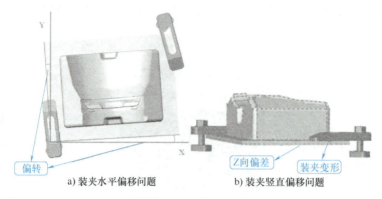

a) 装夹水平偏移问题　　　　b) 装夹竖直偏移问题

图 11-5-2　装夹偏移

中心角度找正功能通过探测工件面，计算工件原点偏移和角度偏差，自动补偿工件坐标系，实现准确地找正工件位置，保证工件特征的准确加工。

分析工件造型特征和基准面分布情况，可以通过探测工件四周基准面来补偿工件原点 X、Y 向偏移和角度偏差，通过探测底部基准面来补偿工件原点 Z 向偏差。下面通过实例介绍测量补偿功能的具体操作步骤。

1. 创建曲线测量探测点（详细操作步骤可扫描二维码进行观看）

注：创建曲线测量探测点时，测量探测点编号应依次连续，且同一边上测量探测点的编号必须连续。

89. 创建曲线测量探测点　　90. 生成测量路径

2. 生成测量路径（详细操作步骤可扫描二维码进行观看）

注：

1）在生成测量探测点的过程中可能会因为误操作，导致在同一个位置生成多个测量探测点，生成探测路径时如将其选中，会使生成的探测路径在同一位置反复探测。当"过滤重点"选项为选中状态时，可以避免同一个位置的反复探测，从而提高效率。

2）当同一条测量路径中出现以下情况的，"单点测量结果选择"只能设置为"测头半径+标定补偿量"。

① 在"测量计算"中选择了"路径跟随偏置"选项。

② 在"测量设置"的"测量数据输出"中的"测量数据输出类型"中选择了"分别输出全部数据"，且选择了"输出理论数据"。

3）"辅助宏程序"功能立足于用户的定制需求，为用户提供基础运算的宏程序，方便用户通过调用宏程序获取测量过程中的关键数据。

参数说明：

（1）"测量计算"

1）"单点测量结果选择"。"单点测量结果选择"包含以下 4 个选项。

① "主轴中心位置"。输出测量结果坐标为测头触发时主轴中心位置。

② "测头半径"。输出测量结果坐标为测头触发时主轴中心+测球半径位置。

③ "标定补偿量"。输出测量结果坐标为测头触发时测球中心位置。

④ "测头半径+标定补偿量"。输出测量结果坐标为测头触发时测球与工件接触点位置。

2) "路径跟随偏置"。测量路径跟随测量数据偏置，使测量更加准确。跟随点的跟随方向由被跟随点的标记探测方向确定。只有勾选该选项，才能生成跟随偏移路径。

3) "统一跟随组号"。勾选该选项时，输出的 NC 程序会利用跟随组号所对应测量路径的测量结果，对当前测量路径进行找正。

如果跟随组号所对应的测量路径为局部测量路径，则必须勾选"空间变换局部找正"，否则输出的 NC 程序会出错；如果跟随组号所对应的测量路径为整体测量路径，则不必勾选"空间变换局部找正"。当勾选"空间变换局部找正"时，必须勾选"跟随测量中心找正"。

整体和局部的概念如图 11-5-3 所示，对外圈大矩形的探测为整体测量，对内圈小矩形的探测为局部测量。

图 11-5-3 整体和局部的概念

4) "跟随测量中心找正"。"跟随测量中心找正"是一种测量路径的中心补偿功能。勾选该选项并填写"使用数据组号"为"n"，则此测量路径将使用"保存数据组号"为"n"的中心补偿值进行补偿测量，以消除测量路径的位置平移误差。

5) "跟随测量角度找正"。"跟随测量角度找正"是一种测量路径的角度补偿功能。勾选该选项并填写"使用数据组号"为"n"，则此测量路径将使用"保存数据组号"为"n"的角度补偿值进行补偿测量，以消除测量路径的位置旋转误差。

6) "统一测量组号"。"统一测量组号"功能支持测量路径的空间变换跟随的补偿方式，也可以用作常规模式下的跟随测量补偿。

7) "两点中心"。输出求两点中心的宏程序。

8) "两点距离"。输出求两点距离的宏程序。

9) "两点构造直线夹角"。输出两点构造直线求夹角的宏程序。

（2）"测量补偿参数"　当在"测量计算"中勾选某种测量补偿时（如"角度测量"），会出现"测量计算参数"节点。

（3）"角度补偿"　"角度补偿"主要用于在工件存在旋转误差的情况下，计算实际工件与理论工件之间的旋转误差值。根据测量的用途可分为"补偿测量"和"超差检测"两种方式，分别对工件进行角度补偿加工计算和超差检测，如图 11-5-4 所示。

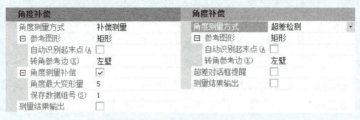

图 11-5-4 "角度补偿"选项组

1) "参考图形"。分为"矩形""直线""折线"和"矩形特征边"。

2)"角度最大变形量"。允许角度的最大偏移值,计算获得的工件旋转角度绝对值是否超过允许值,超过将报警退出。

3)"角度测量补偿"。当勾选此项时,测量计算结果可以用于补偿其他路径。

4)"保存数据组号"。角度补偿计算结果的数据组号,同种补偿计算的数据组号不应重复。

5)超差对话框提醒。当测量值大于角度超差公差时,将以对话框的方式显示检测结果。

(4)"中心补偿" "中心补偿"主要用于工件位置存在平移偏差的情况,计算实际工件原点与理论工件原点之间的平移偏差值。根据测量的用途"中心测量方式"可分为"补偿测量""补偿工件原点测量"和"超差检测"3种方式。"补偿测量"用于对工件进行补偿加工计算;"补偿工件原点测量"用于对工件进行工件原点补偿的加工计算;"超差检测"用于对工件中心进行超差检测,如图11-5-5所示。

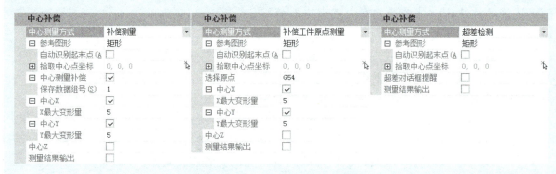

图 11-5-5 "中心补偿"选项组

1)"参考图形"。分为"矩形""折线"和"圆",仅在勾选"中心 X"和"中心 Y"时可用,用于计算中心 X 和中心 Y 的偏差。

2)"中心测量补偿"。当勾选此项时,测量计算结果可以用于补偿其他路径。

3)"选择原点"。选择补偿的工件坐标系。

4)"中心 X""中心 Y"。用于测量计算工件位置的 X/Y 向平移偏差。"中心 X"和"中心 Y"必须一起勾选。

5)"中心 Z"。用于测量计算工件位置的 Z 向平移偏差。

(5)"轮廓补偿" 用于计算测量曲线与基准曲线的偏差,以对工件的轮廓加工进行补偿;计算轮廓度,得到轮廓测量点到理论点的最大和最小距离值,如图11-5-6所示。

1)"中心/角度自校正"。此参数项默认为勾选,表示轮廓补偿得到的测量点数据会根据此路径的中心/角度补偿得到的补偿值进行转换,主要用于以下情形:为了少布置测量点以节省测量时间,用户将中心/角度补偿测量与轮廓补偿测量设置在同一条测量路径中进行,同时想使用同一测量路径中的中心/角度补偿得到的测量值补偿轮廓测量的数据。

2)"清除全部曲线"。此参数项默认为勾选。当勾选"清除全部曲线"时,则清空所有曲线,"基线保存编号"显示为"1"且不可更改;当不勾选"清除全部曲线"时,"基线保存编号"可以编辑,用户可以自定义基线的保存编号,此时用户使用的基线保存编号不能使用已经使用过的编号,否则机床会报警。

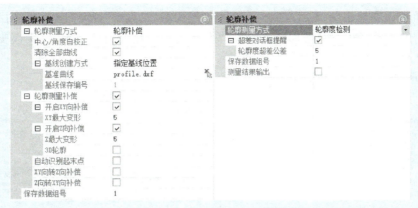

图 11-5-6 "轮廓补偿"选项组

3)"基线创建方式"。该参数包括以下两个选项。

①"指定基线位置":选择补偿的基准曲线。可以在"加工域"中单击"基准曲线"按钮后,从视图中选择目标曲线;也可以直接单击"基准曲线(B)"右侧的箭头按钮,跳转到"加工域"界面,单击"基准曲线"按钮后,从视图中选择目标曲线来作为基准曲线。

②"创建圆角矩形":补偿基准曲线为中心在原点的圆角矩形。"矩形长""矩形宽"和"圆角半径"文本框中分别输入圆角矩形的长、宽和圆角半径。

4)"开启 XY 向补偿"。勾选此选项,开启轮廓 X/Y 向补偿,更新工件侧壁轮廓;同时,"XY 最大变形"值为测量的数据点偏移工件基准轮廓的 X/Y 法向偏移量,最大外偏量或最大内偏量超过该允许值将报警退出。

5)"开启 Z 向补偿"。勾选此选项,开启轮廓 Z 向补偿,使用标记为 Z 向起点和 Z 向末点的测量点的测量数据,更新工件上表面轮廓;同时,"Z 最大变形"值为测量的数据点偏移工件基准轮廓的 Z 方向偏移量,最大上偏量或最大下偏量超过该允许值将报警退出。

3D 轮廓:轮廓补偿只支持 dxf 是 2D 时,如果轮廓是 3D 的,就需要开启这个功能。

6)"自动识别起末点" 勾选"自动识别起末点",自动判断轮廓起末点和 Z 向探测起末点,只适用于理论摆正的矩形;不勾选该项,在创建点时设置方向属性和单边起末点特征。

3. 生成补偿加工路径(详细操作步骤可扫描二维码进行观看)

参数说明:

(1)"测量补偿" 加工路径的"测量补偿"提供了"统一补偿组号"以及 5 种补偿选项,分别为"角度测量""中心测量""HD 测量""轮廓测量"和"尺寸测量",如图 11-5-7 所示。

(2)"统一补偿组号" "统一补偿组号"主要用于空间变换路径的测量补偿加工,如图 11-5-8 所示。目前暂不支持"曲线测量""曲面测量""平面测量"。

如果勾选了"统一补偿组号",并且"变换类型"设置为"跟随测量补偿方式",如

91. 生成补偿加工路径

图 11-5-9 所示，则输出的 NC 程序将会利用"使用数据组号"所对应测量路径的测量结果，对当前加工路径进行补偿加工。如果"变换类型"设置为"关闭"，则仅支持非空间变换测量补偿。

图 11-5-7 "测量补偿"选项组

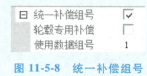

图 11-5-8 统一补偿组号

图 11-5-9 跟随测量补偿方式

"轮毂专用补偿"只针对轮毂测量的补偿加工，如果是其他加工，则不需要勾选该项。

（3）"中心测量" "中心测量"的参数设置如图 11-5-10 所示。

1）"中心 X" "中心 Y" "中心 Z"。使用测量计算得到的工件位置 X/Y/Z 向平移偏差对路径进行补偿。

图 11-5-10 "中心测量"参数设置

2）"使用数据组号"。勾选"中心测量"选项，输入"使用数据组号"为"n"，表明加工路径使用"保存数据组号"为"n"的中心补偿计算结果进行补偿加工。

至此，完成了中心角度找正功能的应用，接下来可以进一步进行机床模拟检查、路径输出等操作。

二、曲面测量

"曲面测量"功能提供了曲面测量补偿功能和 3D 曲线测量补偿功能。

曲面测量补偿功能常用于蛋雕、铸造和冲压等工艺的成形曲面，如图 11-5-11 所示。该类曲面具有个体差异大，同时受工件装夹偏移影响等特点，在工件表面上加工时往往会出现深浅不一致的问题。

曲面测量补偿功能通过分析采集测量点数据构造工件实际曲面，将加工路径依据实际曲

图 11-5-11 产品图

面形状进行变换，保证曲面加工深浅一致，以改善表面加工效果。

轮廓测量补偿功能主要用于补偿平面封闭轮廓变形工件的加工，不能满足空间曲线加工的要求，如 3D 倒角的加工。3D 曲线测量补偿功能可以获取工件轴向和径向的误差，然后根据轴向和径向的误差对原始加工路径进行轴向和径向的变换，从而实现对特征的随形加工，保证倒角宽度一致。

以下通过蛋雕财神加工模型加工为例，介绍曲面测量的实际应用过程（参考案例文件"蛋雕财神加工模型-final.escam"）。

1. 创建曲面测量探测点（详细操作步骤可扫描二维码进行观看）

92. 创建曲面测量探测点　　93. 生成测量路径

2. 生成测量路径（详细操作步骤可扫描二维码进行观看）

参数说明：

（1）"加工刀具"

1）"调整刀轴"。选择此项时，刀轴方向会调整成与测量点探测方向垂直，如图 11-5-12 所示。

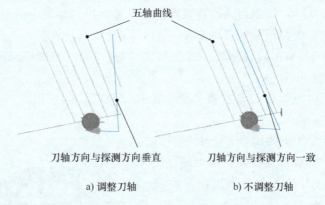

图 11-5-12　调整刀轴与不调整刀轴对比

2）"最大角度增量"。允许用户定义相邻两路径节点处刀轴的最大角度增量，如图 11-5-13 所示。五轴输出的路径包括刀尖位置和刀轴方向，相邻路径点刀轴方向变化不允许超过设置的最大角度增量。该选项仅在"刀轴控制方式"为"曲面法向"或"自动"时存在。

减小"最大角度增量"的数值会增加路径节点的数量，增大"最大角度增量"的数值会减少路径节点的数量，如图 11-5-14 所示。

图 11-5-13　最大角度增量　　　　图 11-5-14　最大角度增量与路径节点的关系

(2)"安全策略" 系统提供了以下几种"安全模式",其含义及包含的参数如下。
1)"自动"。
①"退刀距离(D)":探测结束回到探测起始位置后沿刀轴回退的距离,如图 11-5-15 所示。
②"相对定位高度(Q)":探测点与探测点之间的定位高度,如图 11-5-15 所示。

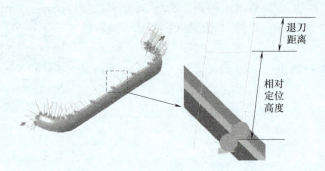

图 11-5-15 "自动"安全模式

2)"平面"。
①"退刀距离(D)":探测结束回到探测起始位置后沿刀轴回退的距离。
②"高度(H)":虚拟平面的 Z 向高度。
③"显示安全体":单击后可修改"高度(H)"值,同时视图中预览显示虚拟平面/柱面/球面。
3)"柱面"。"柱面"中包含参数"退刀距离(D)",其作用同"自动"模式下的"安全高度"。
4)"球面"。假设加工曲面外有一个包裹的球面,在加工过程中保证刀具在该曲面上进行连接移动时是安全的,刀具不会与加工面发生碰撞,如图 11-5-16 所示。
①"中心点(P)":虚拟球面球心点。
②"半径(R)":虚拟球的半径。
"安全模式"中的"平面""柱面"和"球面"3 种模式,只有在"刀轴控制方式"为"自动"或"曲面法向"时才起作用。

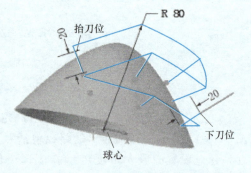

图 11-5-16 "球面"安全模式

在"辅助指令"节点中勾选"测量补偿"选项组中的"曲面测量"或"曲线测量"后,参数树出现"测量补偿参数"节点,可进行"测量补偿参数"设置。
(3)"测量补偿"参数
1)"曲面测量补偿"参数。针对曲面进行的测量补偿,与"曲线测量补偿"和"平面测量补偿"互斥。
①"曲面补偿校正方式"。分为"三轴"和"多轴"。"三轴"用于形变误差面的校正补偿,如图 11-5-17 所示;"多轴"用于实际面相对理论面的偏差校正补偿,如图 11-5-18 所示。

第十一章 SurfMill软件在机测量编程策略

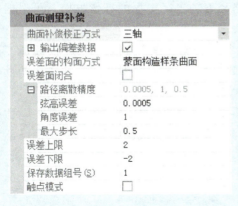

图 11-5-17 "三轴"曲面测量补偿参数

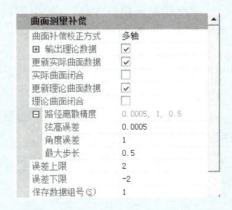

图 11-5-18 "多轴"曲面测量补偿参数

②"路径离散精度"（弦高/角度误差，最大步长）。原始路径与补偿后生成的新路径的离散弦高/角度误差，以及补偿后生成新路径的离散最大步长。

③"保存数据组号"。测量数据保存的组号，加工补偿时选择此组号，可对路径进行补偿。

④"误差上/下限"。路径点轴向补偿调整的偏差区间的上/下限值，如果超过此值，将会引起机床报警。

⑤"触点模式"。勾选此选项后，探针与曲面的切点作为理论点，否则探针的刀尖点作为理论点，且只能使用球形探针，所选探针半径必须与测量点半径一致。"触点模式"应用于曲率变化较平缓的曲面，否则探测过程中探针容易打滑。

2)"曲线测量补偿"参数。针对空间曲线进行的测量补偿，与"曲面测量"和"平面测量"互斥。

①"曲线补偿类型"。分为"三轴"和"多轴"。"三轴"补偿针对三轴机床加工，如图 11-5-19 所示；"多轴"补偿针对多轴机床加工，如图 11-5-20 所示。

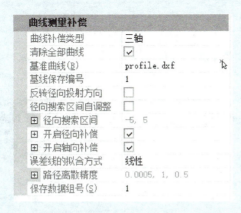

图 11-5-19 "三轴"曲线测量补偿参数

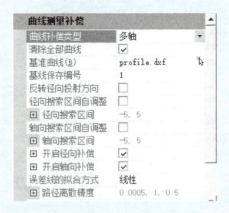

图 11-5-20 "多轴"曲线测量补偿参数

②"清除全部曲线"。测量补偿之前，将保存在机床中的曲线清除。

③"基准曲线"。探测依据的理论曲线。

233

④ "反转径向投射方向"。投射方向为加工路径刀轴半径磨损的补偿方向,可根据加工需求切换,如图 11-5-21 所示。

⑤ "径向搜索区间自调整"。勾选此项时,"径向搜索区间"值表示的是实际加工路径与理论加工路径在径向上的偏差范围;不勾选此项时,"径向搜索区间"值表示的是实际加工路径与输出 DXF 文件中的路径在径向上的偏差范围。

3)"平面测量补偿"参数。平面测量补偿只有"刀轴控制方式"为"竖直"时才能使用,它是针对平面进行的测量补偿,与"曲面测量"和"曲线测量"互斥。图 11-5-22 所示为"平面测量补偿"参数。

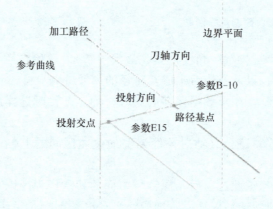

图 11-5-21　投射方向示意图

图 11-5-22　"平面测量补偿"参数

3. 生成补偿加工路径(详细操作步骤可扫描二维码进行观看)

至此,完成了曲面测量补偿的操作,接下来可以进一步进行机床模拟检查、路径输出等操作。

94. 生成补偿加工路径

第六节　报　　表

报表功能支持用户导入测量点实测数据,实现实测数据与理论数据的偏差计算和显示,输入机床打印的测量点数据,可方便、直观地进行产品余量分析,同时生成 PDF 或者 MHTML 格式的报表,显示效果如图 11-6-1 所示。

下面对报表常用参数进行说明。

第十一章　SurfMill软件在机测量编程策略

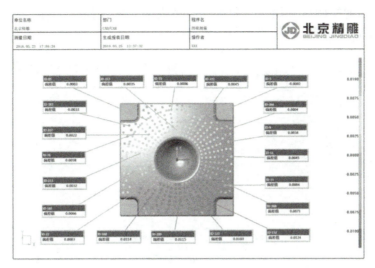

图 11-6-1　检测报表显示效果

一、显示方式

报表的两种显示方式分别为测量点和云图，如图 11-6-2 和图 11-6-3 所示。

图 11-6-2　测量点显示

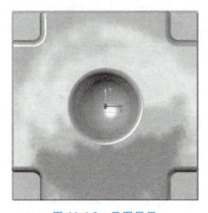

图 11-6-3　云图显示

二、选择测量点

导入数据后可勾选测量点树节点及直接在视图区拾取需要分析的测量点，可按<Shift>键对测量点树进行多选操作，同时勾选或取消勾选测量点树节点，如图 11-6-4 所示。

三、生成报表

其他参数设置完成后单击"生成报表"按钮，即可生成测量报表，生成文件的格式可以选择 PDF 和 MHTML 两种。其中，报表中内容包括图形报表和数据报表。

（1）图形报表　如果视图列表中没有保存视图，则生成

图 11-6-4　选择测量点

235

报表时自动截取当前视图区并输出；如果视图列表中有保存视图，则生成图形报表后清空（只生成数据报表时不清空），如图 11-6-5 所示。

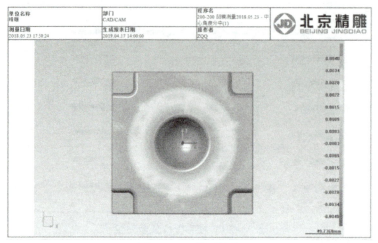

图 11-6-5　图形报表

（2）数据报表　数据报表共输出测量点 ID、理论点的 X/Y/Z 值、上/下公差、X/Y/Z 方向偏差、余量偏差和偏差程度 11 项数据，如图 11-6-6 所示。其中绿色数据表示该测量点超差，最后一项为超差值；黑色数据表示未超差，最后一项表示偏差程度。偏差程度共分为 5 个等级：--|、-|、|、|-、|--，分别表示 -100%～-50%、-50%～0、0、0～50%、50%～100%。

单位名称	部门	程序名 多轴标准件　方槽　方案10
测量日期 2018.07.26 17:00:07	生成报表日期 2019.04.16 16:17:22	操作者

点（组）

<table>
<tr><td>ID</td><td>MEAS X</td><td>Y</td><td>Z</td><td>+TOL</td><td>-TOL</td><td>DX</td><td>DY</td><td>DZ</td><td>DL</td><td><--|--></td></tr>
<tr><td>2</td><td>33.2443</td><td>-10.8516</td><td>-36.5536</td><td>0.0100</td><td>-0.0100</td><td>0.0041</td><td>0.0005</td><td>0.0000</td><td>-0.0041</td><td>< -| ></td></tr>
<tr><td>3</td><td>32.5316</td><td>-15.8023</td><td>-42.3579</td><td>0.0100</td><td>-0.0100</td><td>0.1046</td><td>-0.0413</td><td>0.0000</td><td>-0.1125</td><td>-0.1025</td></tr>
<tr><td>6</td><td>33.2769</td><td>-11.1629</td><td>-44.6529</td><td>0.0100</td><td>-0.0100</td><td>0.0079</td><td>0.0008</td><td>0.0000</td><td>-0.0079</td><td><--| ></td></tr>
<tr><td>7</td><td>32.8606</td><td>-14.9132</td><td>-49.1838</td><td>0.0100</td><td>-0.0100</td><td>0.0843</td><td>-0.0243</td><td>0.0000</td><td>-0.0877</td><td>-0.0777</td></tr>
<tr><td>8</td><td>33.2215</td><td>-13.3470</td><td>-54.2743</td><td>0.0100</td><td>-0.0100</td><td>0.0441</td><td>-0.0052</td><td>0.0000</td><td>-0.0444</td><td>-0.0344</td></tr>
<tr><td>9</td><td>33.3077</td><td>-11.4790</td><td>-53.8894</td><td>0.0100</td><td>-0.0100</td><td>0.0041</td><td>0.0003</td><td>0.0000</td><td>-0.0041</td><td>< -| ></td></tr>
<tr><td>10</td><td>31.9766</td><td>-5.6082</td><td>-36.9797</td><td>0.0100</td><td>-0.0100</td><td>0.0080</td><td>0.0015</td><td>0.0000</td><td>0.0082</td><td>< |--></td></tr>
<tr><td>11</td><td>31.4000</td><td>0.1312</td><td>-38.1496</td><td>0.0100</td><td>-0.0100</td><td>0.0398</td><td>0.0002</td><td>0.0000</td><td>-0.0398</td><td>-0.0298</td></tr>
<tr><td>12</td><td>31.8882</td><td>5.6669</td><td>-37.7272</td><td>0.0100</td><td>-0.0100</td><td>0.0880</td><td>-0.0169</td><td>0.0000</td><td>-0.0896</td><td>-0.0796</td></tr>
<tr><td>14</td><td>31.4188</td><td>-0.7572</td><td>-44.7587</td><td>0.0100</td><td>-0.0100</td><td>0.0302</td><td>0.0008</td><td>0.0000</td><td>-0.0302</td><td>-0.0202</td></tr>
<tr><td>15</td><td>31.6905</td><td>4.4118</td><td>-44.1974</td><td>0.0100</td><td>-0.0100</td><td>0.0735</td><td>-0.0109</td><td>0.0000</td><td>-0.0743</td><td>-0.0643</td></tr>
<tr><td>16</td><td>31.7853</td><td>-4.5057</td><td>-49.5741</td><td>0.0100</td><td>-0.0100</td><td>0.0054</td><td>0.0008</td><td>0.0000</td><td>0.0055</td><td>< |--></td></tr>
<tr><td>17</td><td>31.4047</td><td>0.5312</td><td>-49.4498</td><td>0.0100</td><td>-0.0100</td><td>0.0395</td><td>-0.0007</td><td>0.0000</td><td>-0.0395</td><td>-0.0295</td></tr>
<tr><td>18</td><td>31.7910</td><td>5.0625</td><td>-50.1726</td><td>0.0100</td><td>-0.0100</td><td>0.0764</td><td>-0.0130</td><td>0.0000</td><td>-0.0775</td><td>-0.0675</td></tr>
<tr><td>19</td><td>33.1758</td><td>11.0014</td><td>-35.4621</td><td>0.0100</td><td>-0.0100</td><td>0.0901</td><td>-0.0107</td><td>0.0000</td><td>-0.0907</td><td>-0.0807</td></tr>
<tr><td>20</td><td>32.8644</td><td>15.1972</td><td>-36.0537</td><td>0.0100</td><td>-0.0100</td><td>0.0017</td><td>0.0005</td><td>0.0000</td><td>-0.0018</td><td>< -| ></td></tr>
<tr><td>21</td><td>33.1038</td><td>10.5525</td><td>-41.8287</td><td>0.0100</td><td>-0.0100</td><td>0.0976</td><td>0.0162</td><td>0.0000</td><td>-0.0990</td><td>-0.0890</td></tr>
<tr><td>23</td><td>33.2753</td><td>12.2013</td><td>-47.7996</td><td>0.0100</td><td>-0.0100</td><td>0.0604</td><td>0.0002</td><td>0.0000</td><td>-0.0604</td><td>-0.0504</td></tr>
<tr><td>24</td><td>32.7437</td><td>15.5894</td><td>-47.5151</td><td>0.0100</td><td>-0.0100</td><td>0.0097</td><td>0.0035</td><td>0.0000</td><td>0.0104</td><td>0.0004</td></tr>
<tr><td>25</td><td>33.2670</td><td>11.8186</td><td>-52.6343</td><td>0.0100</td><td>-0.0100</td><td>0.0625</td><td>-0.0022</td><td>0.0000</td><td>-0.0625</td><td>-0.0525</td></tr>
<tr><td>26</td><td>32.9475</td><td>14.9400</td><td>-52.5157</td><td>0.0100</td><td>-0.0100</td><td>0.0030</td><td>0.0009</td><td>0.0000</td><td>0.0032</td><td>< |--></td></tr>
</table>

图 11-6-6　数据报表

四、视图操作

当调整好标签及模型大小位置后，可单击“保存视图”按钮，对当前视图区进行截图，视图列表中列出当前所有截图，可预览视图、删除所选视图或删除所有视图，如图 11-6-7 所示。

五、数据标签

通过勾选需要在“数据标签”中显示的选项，可进行数据标签的定制，也可对字符大小、数据显示精度和线条粗细进行设置，如图 11-6-8 所示。其中，显示精度支持 0~4。

第十一章　SurfMill软件在机测量编程策略

图 11-6-7　视图操作

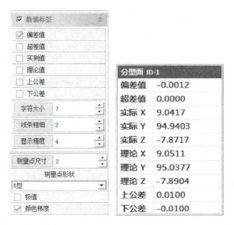

图 11-6-8　数据标签

六、极值

每组测量点根据余量偏差程度都会存在极大与极小测量点，当导入数据时，无论是否勾选"极值"选项，都会在极值点弹框标题处显示 MAX/MIN，如图 11-6-9 所示，数据标签颜色由测量点数据是否超差决定。勾选"极值"选项，极值点弹框立刻显示，且对应弹框内字符变红（节中颜色为绿色），如图 11-6-10 所示。当多个弹框重叠时，勾选"极值"选项，极值点对应弹框会自动显示在最上层。

图 11-6-9　不勾选"极值"选项

图 11-6-10　勾选"极值"选项

七、梯度属性

可以进行公差带步数、最大和最小值显示颜色的设置，如图 11-6-11 所示。当多组数据上、下公差设置不一致时，颜色棒刻度值只显示最大、最小颜色。

八、详细信息

可进行检测报表中的单位名称、部门、程序名、操作者、测量日期、Logo 路径和报表保存路径的设置，如图 11-6-12 所示。其中，"程序名"默认提取当前文件名称，"测量日

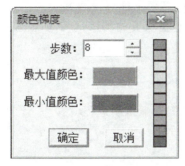

图 11-6-11　梯度属性设置

图 11-6-12　详细信息

期"自动提取导入数据中的时间,"保存路径"默认为当前文件所在目录。

注:

1) 生成报表导入的数据必须满足以下条件:①使用点(组)元素检测方式获得的数据;②测量数据输出类型为数据及公差类型;经过机床检测后可打印的数据,且数据格式不可修改。

2) 在进行报表操作时,原本生成检测数据的SurfMill检测路径不能丢失,否则数据导入后无法正常生成检测报表。

3) 报表"数据标签"中上、下公差和余量的大小,可通过检测路径中点元素测量属性中的上、下公差进行设置。

4) 导入Logo图标的尺寸不宜过大或过小,因生成报表时会自动对Logo尺寸进行放大或缩小,以准确插入相应位置,可能导致其在报表中显示不清晰。推荐图片像素大小为:500×130。

5) 当导入数据中某条路径因多次探测而重复存在时,取最后一次探测数据导入报表。

第七节 实　　例

某款手机的手机壳(图11-7-1)需要在三轴机床上进行倒角加工,将工件放在工作台上进行初定位,但是因为装夹受力变形和工件流转环节磕碰等因素的存在,会导致工件产生不均匀的变形,如图11-7-2所示。如直接进行倒角加工,将因为产品轮廓变形导致倒角出现大小边、尺寸不一致等问题。因此,对变形的工件进行倒角加工时需要使用曲线补偿加工。

图 11-7-1　产品图

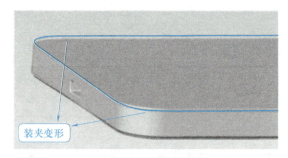

图 11-7-2　装夹变形

SurfMill软件的测量补偿功能可以便捷、有效地解决这类工件偏移问题。

本节以手机壳为例,介绍如何使用SurfMill软件进行手机壳的加工(参考案例文件"手机壳-final.escam")。

一、配置虚拟制造环境(详细操作步骤可扫描二维码进行观看)

首先要进行模型和机床的相关准备工作,在软件中配置虚拟制造环境。

二、曲线补偿加工

曲线补偿加工功能通过探测工件轮廓,计算出其变形量,根据变形量对原始加工路径进行自动补偿转换，路径实现转换后可对变形轮廓进行精准切削，保证切削工件的倒角宽度均匀、无大小边。

分析工件造型特征和基准面分布情况，通过探测工件四周基准面来补偿工件原点的 X/Y 向偏移和角度偏差，探测底部基准面来补偿工件原点的 Z 向偏差。下面，通过软件具体学习如何完成工件中心角度的找正。

1. 创建探测点（详细操作步骤可扫描二维码进行观看）

2. 生成测量路径（详细操作步骤可扫描二维码进行观看）

3. 生成加工路径（详细操作步骤可扫描二维码进行观看）

95. 创建探测点

96. 生成测量路径

97. 生成加工路径

思 考 题

1. 讨论题

（1）如何理解在机检测技术？

（2）在机测量有何特点？

（3）由于操作误差和毛坯表面粗糙不平等原因，会导致工件基准位置发生偏移，此时应采用什么方法进行工件找正？

（4）简述曲面测量补偿功能的原理。

2. 选择题

（1）产生测量误差的原因有（　　）。

A. 人的原因　　B. 仪器原因　　C. 外界条件原因　　D. 以上都不是

（2）常用元素的检测不包括（　　）。

A. 点　　　　　B. 圆　　　　　C. 直线　　　　　　D. 样条曲线

（3）在机测量技术所支持的评价不包括（　　）。

A. 圆跳动　　　B. 角度　　　　C. 距离　　　　　　D. 平行度

（4）在机检测技术在解决传统离线测量问题的同时，还具有以下（　　）优点。

A. 智能修正　　B. 制检合一　　C. 数字化管理　　　D. 自动化生产

E. 随形补偿

第十二章

文件模板功能

知识点介绍

1）SurfMill 软件中文件模板的使用流程。
2）SurfMill 软件中文件模板的设置方法。

能力目标要求

1）掌握 SurfMil 软件编制加工路径的方法。
2）了解 SurfMill 软件的文件模板功能及预定义设置的相关设置方法。
3）能够使用文件模板对不同零件进行相应的加工工艺、图层、刀具表等设置。
4）通过对文件模板的设置，充分认识到只有做好准备工作，方能事半功倍的道理。

第一节　文件模板的使用流程

用户使用文件模板功能生成刀具路径的整个流程分为以下几步。

1）用户自定义文件模板。用户可以根据实际需求定义文件模板，创建一个只包含需要保存的配置信息的文档，然后在加工环境中选择"资源管理"→"保存为文件模板"命令，如图 12-1-1 所示，即完成了文件模板的定义。

设置好的文件模板会保存在软件安装目录（\ templates \ FileTemplates \ SurfMill）中。文件模板具有可移植性，可将不同版本软件或不同计算机中所设置的文件模板放在安装目录中对应位置（\ templates \ FileTemplates \ SurfMill），在新建文档时，即可使用该模板。

2）应用文件模板，新建空白文档时选择用户自定义的文件模板。
3）绘制或导入几何模型。
4）整理刀具表、设置毛坯几何体等，完善编程环境。
5）修改相关路径参数并计算。

图 12-1-1　保存为文件模板

第二节　操 作 实 例

接下来通过一个实例对"文件模板"功能的应用进行详细介绍。
1）自定义文件模板，实例中自定义的模板需要设置的配置信息如下。

① 将几何模型按照图层分类保存，如图 12-2-1 所示。

② 设置机床参数，如图 12-2-2 所示。

③ 设置刀具表，添加需要的刀具和刀柄，如图 12-2-3 所示。

图 12-2-1　图层保存

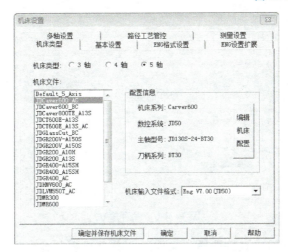

图 12-2-2　设置机床参数

图 12-2-3　设计刀具表

④ 创建几何体时定义过滤条件，将工件面与产品图层关联，夹具面与治具图层关联。几何体与图层关联之后，只需要在相应图层中绘制或导入相应的模型，无须重新设置工件面和夹具面，即可自动完成几何体的设置，如图 12-2-4 所示。

⑤ 创建路径并设置合理的路径参数，尽量包含行业中同类产品生成路径时的大部分参数，如图 12-2-5 所示。

图 12-2-4　创建几何体

图 12-2-5　创建路径

⑥ 进入加工环境，在菜单栏中选择"资源管理"→"保存为文件模板"命令，将当前文件的配置信息保存为文件模板，本实例中保存的模板名称为"曲面模板 1"，如图 12-2-6 所示。

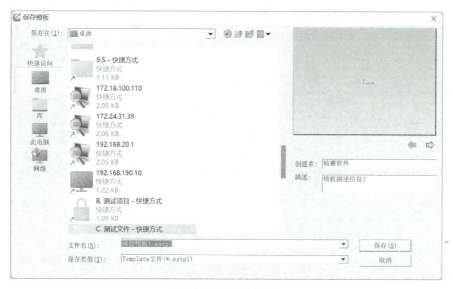

图 12-2-6　保存模板

2）文件模板定义好后，直接选择"文件"→"打开模板"命令，选择之前保存好的模板即"曲面模板 1"即可，如图 12-2-7 所示。

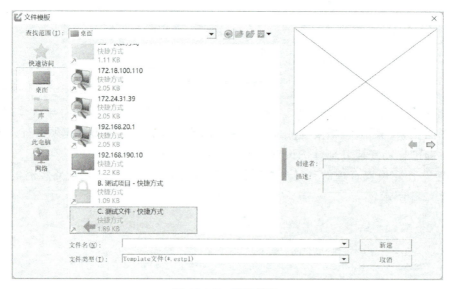

图 12-2-7　选择模板

3）切换至 3D 造型环境，产品、治具图层都已存在，在相应图层中绘制或导入对应模型。

4）切换至加工环境，机床、刀具表、路径、几何体（工件面、夹具面）等配置信息都已存在，然后设置毛坯几何体等，完善编程环境。

5）修改加工域等路径参数并计算，即可完成路径的创建。

思 考 题

1. 讨论题
（1）文件模板的作用是什么？
（2）自定义文件模板中包括哪些配置信息？

2. 选择题
在机床设置中，可对以下（　　）配置信息进行设置。
A. 刀具　　　B. 刀柄　　　C. 机床型号　　　D. 治具

3. 判断题
在设置几何体时定义过滤条件无须重新设置工件面和夹具面，即可自动完成几何体的设置。（　　）

第十三章

后 置 处 理

知识点介绍

1）软件后处理的概念及应用场合。
2）SurfMill 软件提供的后处理工具 JDNcPost 概述。
3）JDNcPost 中文界面及其参数设置和命令含义。

能力目标要求

1）了解 JDNcPost 中的参数及其设置方法。
2）掌握 JDNcPost 中的参数使用方法。
3）掌握 JDNcPost 命令的含义。
4）通过对后置处理的学习，学会一直保持严谨的工作作风，以防功亏一篑。
5）能够使用 JDNcPost 定制后处理文件。

第一节 概 述

不同的机床控制系统对 NC 程序的指令和格式有不同的要求，将 CAM 软件生成的加工路径经过处理转换成特定机床控制器能接受的格式，这一处理过程就是"后处理"。

为使用户使用 SurfMill 软件编制的加工路径能适应不同的数控机床或者数控系统，SurfMill 软件提供了 JDNcPost 后置路径功能。用户可以按照实际加工条件制作后处理文件，并在路径输出时选择对应的后处理文件，以输出满足实际加工需求的数控程序。

SurfMill 软件内置了很多后处理文件，放置于 SurfMill 安装目录下的"Cfg \ NcPost"文件夹中。为便于管理，用户自定义的后处理文件也可以放在这个文件夹中。单击"输出路径"按钮，打开图 13-1-1 所示对话框，将"输出格式"设置为"Self_Def-NC Format"，单击"后置文件"右侧的按钮，选择要使用的后处理文件，单击"确定"按钮，即可输出需要的数控程序。

第十三章　后置处理

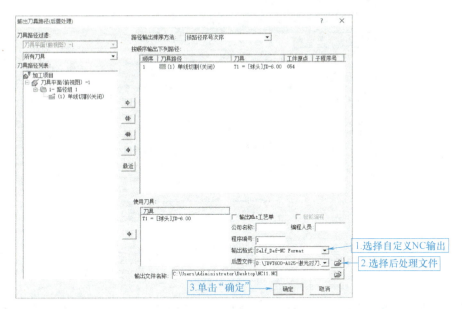

图 13-1-1　后处理操作

第二节　JDNcPost 介绍

一、界面

可以通过以下两种方式启动 JDNcPost：①通过 SurfMill 软件启动，如图 13-2-1 所示；②在 SurfMill 的安装目录下找到"JDNcPost.exe"并双击启动。

图 13-2-1　通过 SurfMill 软件启动 JDNcPost

JDNcPost 软件的主界面主要分为 4 个区域，如图 13-2-2 所示。4 个区域及其功能说明见表 13-2-1。

表 13-2-1　JDNcPost 主界面的 4 个区域及其功能说明

区域	功能说明
菜单工具栏	提供软件的框架视图设置，以及基本的创建、打开、保存配置文件等功能
导航栏	以结构树的形式引导用户进行相关操作
可视化交互区	通过单击导航栏中每个不同的节点，可以达到切换界面的效果，并可对当前节点的各项参数进行修改
命令预览区	方便用户查看命令中各个参数的数控指令，提供直观的预览效果

图 13-2-2　主界面

编辑后处理的主要方法是：首先单击导航栏中的不同节点，然后在可视化交互区编辑参数，最后在命令预览区检查输出是否正确。

下面主要对导航栏、可视化交互区和命令预览区进行介绍，更为详细的操作内容参见后面的实例。

1. 导航栏

导航栏以结构树为载体，指引用户对后处理参数进行设置。后处理参数主要包含两部分内容，即配置文件参数和命令参数，如图 13-2-3 所示。

2. 可视化交互区

可视化交互区展示当前导航栏中被选中节点的信息，用户可通过该区域对节点信息进行修改。图 13-2-4 所示为圆弧设置节点的编辑界面。

图 13-2-3　导航栏

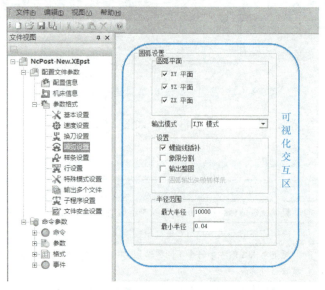

图 13-2-4　可视化交互区

3. 命令预览区

命令预览区提供了导航栏中被选中的命令节点的输出预览，方便用户更加直观地预览。图 13-2-5 所示为"首次装刀"命令节点的预览。

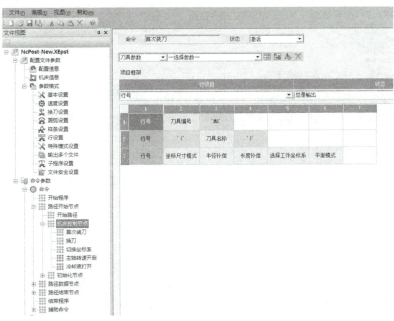

图 13-2-5　命令预览区

二、配置文件参数

配置文件参数主要针对机床设置参数，对路径文件进行配置，包含配置信息、机床信息和参数格式。

1. 配置信息

"配置信息"主要用于配置生成路径所支持的数控系统、数控系统版本号以及支持的 SurfMill 版本等相关定制信息，如图 13-2-6 所示。

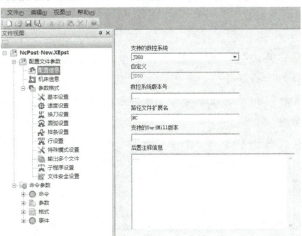

图 13-2-6　"配置信息"界面

247

2. 机床信息

"机床信息"主要用于用户根据使用的机床配置相应信息,包括机床类型、机床运动类型、机床运动结构和行程等,如图 13-2-7 所示。

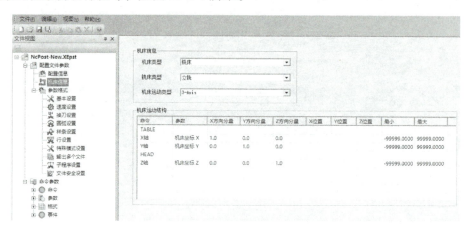

图 13-2-7 "机床信息"界面

3. 参数格式

"参数格式"主要涉及输出路径程序时的一些基本设置,如图 13-2-8 所示。"参数格式"中的参数比较多,常用的有"圆弧设置""子程序设置"等。

三、命令参数

"命令参数"主要是针对路径输出进行命令设置,以及对输出参数、参数的数据格式进行设置,主要包括"命令""参数""格式"和"事件"4 部分内容。

1. 命令

(1)"命令"节点　"命令"参数中的节点将 NC 程序的内容做了一个划分,其结构顺序与输出的 NC 程序结构顺序一致,每个节点控制 NC 程序的一段或者一类内容。这部分的设置是整个后处理定制最为重要的部分,图 13-2-9 所示是 SurfMill 软件自带的"JD50-3Axis.epst"的"命令"节点与其输出的 NC 程序的对应关系。通过设置"命令"节点就可以控制输出的 NC 程序的内容。

注:

① "首次装刀"和"换刀"。"首次装刀"命令用于程序中第一次换刀时被调用,程序中其余的换刀调用"换刀"命令。

② "换刀后首次移动"和"首次移动"。都用于路径开始第一次移动阶段,区别在于后者被不换刀的路径所调用。

(2)命令的状态　命令的状态有 3 种:"激活""未激活"和"不允许"。状态的切换在可视化交互区进行,如图 13-2-10 所示。只有在"激活"状态下,预览窗口中才会显示相应内容,该命令才会被输出。

注:

① 导航栏的"命令"节点不允许删除或者增加,通过切换命令的状态可以便捷地控制整个节点内容的输出与否。

第十三章 后置处理

图 13-2-8 "参数格式"界面

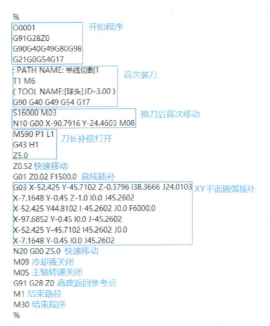

图 13-2-9 "命令"节点与 NC 程序结构的对应关系

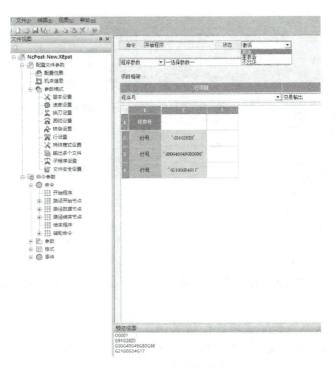

图 13-2-10 命令的状态

② 节点前的图标为灰色，说明当前命令节点处于"未激活"状态；为绿色，说明节点处于"激活"状态。

（3）命令内容的编辑 一个命令是由一个或多个程序段组成的，程序段可包含一个或多个程序字。所以对命令的设置就是对程序段和程序字的设置。如图 13-2-11 所示，"首次移动"

249

命令由两个程序段（Block）组成，这两个程序段分别包含 3 个和 8 个程序字（Block Item）。

1）程序段的添加。单击"增加程序段"按钮即可添加一行新的空白程序段，如图 13-2-12 所示。

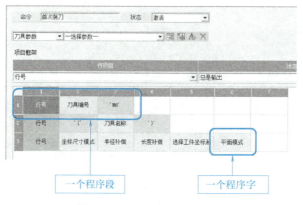

图 13-2-11　程序段和程序字

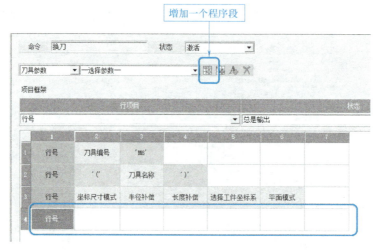

图 13-2-12　增加程序段

2）程序字的添加和删除。程序字有两种类型：参数、文本。

① 选择参数类别、参数名称，单击"增加参数"按钮，即可在指定位置添加一个参数，如图 13-2-13 所示。

② 单击"增加文本"按钮，即可在指定位置添加一个文本，如图 13-2-14 所示。通过修改"值"这一参数，即可添加文本的内容。单击"增加文本"后面的"删除"按钮，即可删掉选中的程序字。

3）程序字的状态。程序字的状态和命令的状态作用类似，都是控制输出状态，只不过控制细化到每一个字。参数的状态有 4 种："总是输出""总不输出""当更新时输出""随格式内设置"，如图 13-2-15 所示。

程序字各个状态的含义见表 13-2-2。

第十三章　后置处理

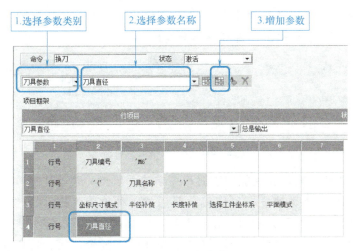

图 13-2-13　添加参数

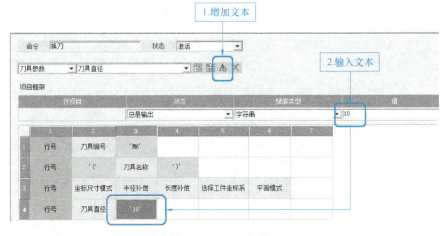

图 13-2-14　添加文本

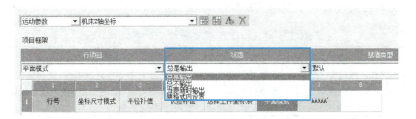

图 13-2-15　程序字的状态

表 13-2-2　程序字各个状态的含义

状态	含义
总是输出	无论什么情况下,都将输出
总不输出	无论什么情况下,都不输出
当更新时输出	与上一次输出值不同时,输出
随格式内设置	按格式的状态(以上 3 种)输出,有格式的普通参数按格式的状态输出,没有格式的则不输出

251

文本的状态有两种:"总是输出"和"总不输出",如图 13-2-16 所示。设置为"总是输出"时,会在 NC 中总是输出;否则将不会输出。

图 13-2-16　文本的状态

4)程序字的依赖关系。此功能用于对程序字建立依赖关系。其中,"依赖项""依赖对象"是对命令中的两个参数建立一种依赖关系后的一种称谓,此时的"依赖项"将依赖于"依赖对象"而存在。用户可以通过双击任意已有的参数来打开"依赖关系设置"功能。例如,"刀具半径补偿号"这个参数必须与"半径补偿"配合使用,可以将"刀具半径补偿号"设置成依赖于"半径补偿",如图 13-2-17 所示。

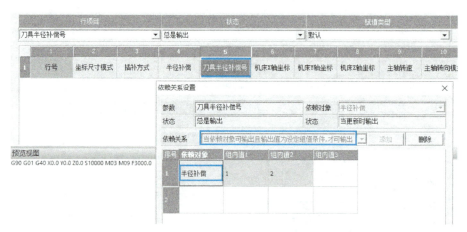

图 13-2-17　程序字的依赖关系

程序字的依赖关系及其含义见表 13-2-3。

表 13-2-3　程序字的依赖关系及其含义

依赖关系	含义
当依赖对象可输出时,才可输出	本身可以输出,且指定的依赖对象也可以输出时,才会输出
当依赖对象可输出且输出值为设定组值条件,才可输出	本身可以输出,且指定的依赖对象(必须为组参数)也可以输出,且设定的组内值与依赖对象的组值相同时,才会输出
当依赖对象不可输出时,才可输出	本身可以输出,且指定的依赖对象不可输出时,才会输出
当依赖对象可输出时,即可触发输出	本身可以输出,且指定的依赖对象也可以输出时,才会输出
当依赖对象输出值为设定组值条件,才可输出	本身可以输出,且设定的组内值与依赖对象(必须为组参数)的组值相同时,才会输出
当依赖对象输出值为设定组值条件,不输出	本身可以输出,且设定的组内值与依赖对象(必须为组参数)的组值相同时,不输出

5)程序段的输出条件。在定制命令时,用户可以根据需要对命令行的输出条件进行定制。在命令定制区域右击,弹出图 13-2-18 所示快捷菜单。程序段的输出条件可分为以下两种类型。

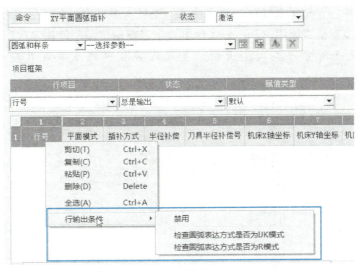

图 13-2-18　程序段的输出条件

① 禁用。"禁用"表示禁止选中命令行输出，禁用后的命令行用深灰色显示，如图 13-2-19 所示。

图 13-2-19　禁用

② 有条件的限制输出。有条件的限制输出指命令行满足一定条件后才能输出，一般用于同一个命令中存在多行命令，命令行之间满足的输出条件不同。目前有条件的限制输出仅提供两种选项。

a. 当为多轴路径进行配置时，开启特性坐标系及 RTCP 模式后，程序段输出条件如图 13-2-20 所示。

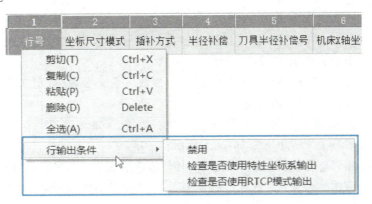

图 13-2-20　特性坐标系及 RTCP 模式的程序段输出条件

"检查是否使用特性坐标系输出"指当前输出路径为多轴定位加工，且使用特性坐标系指令的情况输出；"检查是否使用 RTCP 模式输出"指当前输出路径使用 RTCP 指令的情况输出。

注：多轴路径使用哪种模式输出和"多轴设置"中的参数设置有关，如图 13-2-21 所示。

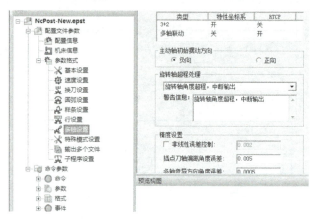

图 13-2-21 "多轴设置"中的参数设置

b. 圆弧路径输出时提供图 13-2-22 所示的程序段输出条件。

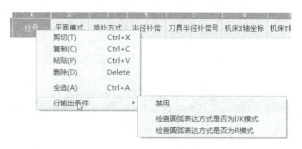

图 13-2-22 圆弧输出条件

"检查圆弧表达方式是否为 IJK 模式"指输出圆弧模式为 IJK 模式时输出；"检查圆弧表达方式是否为 R 模式"指输出圆弧模式为 R 模式时输出。

注：输出圆弧路径时使用哪种表达方式与"圆弧设置"中的参数设置有关，如图 13-2-23 所示。

2. 参数

在 NcPost-New.epst 中，"参数"节点中包含"程序参数""控制开关""运动参数""钻孔参数"等子节点，如图 13-2-24 所示。

按照不同的分类，参数可以分成普通参数/组参数、系统参数/自定义参数。参数的输出受前缀、后缀、格式、类型等的影响。

（1）普通参数/组参数　普通参数是一个单一参数，如转速 S，双击"参数"，选择"控制开关"→"主轴转速"，打开图 13-2-25 所示对话框。

组参数由多个相似功能参数组成，它们具有相似的数控指令，如坐标尺寸模式 G90 和 G91，被称作"状态"。双击"参数"，选择"控制开关"→"选择工件坐标系"，打开图 13-2-26 所示对话框。

图 13-2-23 "圆弧设置"中的参数设置　　　　图 13-2-24 "参数"节点

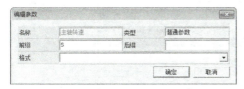
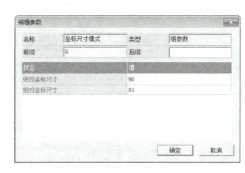

图 13-2-25 普通参数　　　　图 13-2-26 组参数

（2）系统参数/自定义参数　系统参数可以用来获取 SurfMill 的系统变量，如刀具直径，如图 13-2-27 所示；用户自定义参数是系统参数的补充，在"用户定义参数"节点上右击，可添加用户定义参数，如图 13-2-28 所示。目前自定义参数仅支持普通参数，不支持组参数。

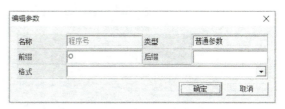

图 13-2-27 系统参数

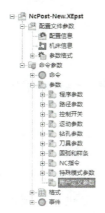
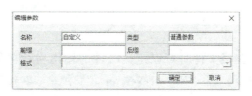

图 13-2-28 添加用户定义参数

3. 格式

格式主要是对参数的格式进行统一设置，使获得的路径程序能够按照定制的要求进行输出，以满足不同数控系统的要求。在"编辑参数"中，"格式"包含"机床 ABC 格式""圆弧中心 XYZ 格式""毛坯 XYZ 格式"等，如图 13-2-29 所示。

格式用于普通参数的输出中，由于其从参数内取值，需要通过格式对该值进行一定的处理，才能满足不同数控系统的要求。格式有"小数位""比例""负值""增量模式""整数部分零""小数部分零"6 种属性，如图 13-2-30 所示。

图 13-2-29　格式

图 13-2-30　格式属性

用户可以自定义格式，如图 13-2-31 所示。

图 13-2-31　自定义格式

4. 事件

在输出加工路径文件时可以定义事件的输出格式，用户可以根据实际情况加入一些 M 指令和非运动指令。在"NcPost-New.epst"中，"事件"节点包括"辅助指令""驻留""暂停"等子节点，如图 13-2-32 所示。

事件与普通参数相似，双击某一事件，弹出"编辑事件"对话框，如图 13-2-33 所示，此时可以修改或自定义"前缀"和"后缀"。

图 13-2-32 "事件"节点

图 13-2-33 "编辑事件"对话框

第三节　经典案例解析——制作后处理文件

下面通过一个综合案例介绍如何使用 JDNcPost 工具制作后处理文件（参考案例文件"JDVT600-A125-激光对刀.epst"）。

一、后处理需求

1）SurfMill 软件输出，适用于 JDVT600-A125 机床的三轴后处理，系统为 JD50。
2）换刀后第一条路径作为暖机程序，其前、后添加激光对刀，每把刀具加工结束后进行对刀。
3）圆弧输出采用 R 模式。
4）子程序输出。

二、创建步骤

1. 新建文件

打开 JDNcPost，浏览 SurfMill 安装目录，找到"\Cfg\NcPost"文件夹，直接在软件自带的"JD50-3Axis.epst"后处理文件上修改。打开 JD50-3Axis.epst，将文件另存为"JD-VT600-A125-激光对刀.epst"（详细操作步骤可扫描二维码进行观看）。

2. 修改配置文件参数

1）修改配置信息。
2）修改子程序模式输出。

3. 添加激光对刀程序

JDNcPost 暂时不支持逻辑判断，这里采用 G 代码的判断功能来添加激光对刀程序。
1）添加变量"#200-#202"。
2）给"#200-#202"赋值。
3）添加对刀宏程序。

4. 修改切削液和转速

1）进行激光对刀前需要开启主轴转速并关闭冷却功能。

2）在结束程序节点中，添加"主轴转向模式"参数，并将其值设置成"主轴停转"。

5. 修改圆弧输出方式

1）单击"XY平面圆弧插补"节点，如图13-3-1所示。

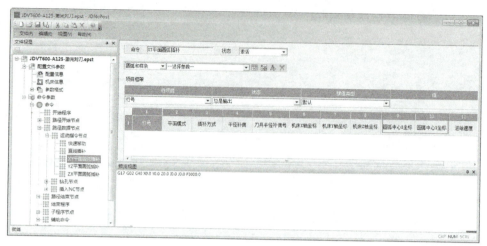

图13-3-1　XY平面圆弧插补

2）将"圆弧中心X坐标""圆弧中心Y坐标"删除，添加"圆弧半径"参数。如图13-3-2所示。同样的，修改"YZ平面圆弧插补"和"ZX平面圆弧插补"节点。

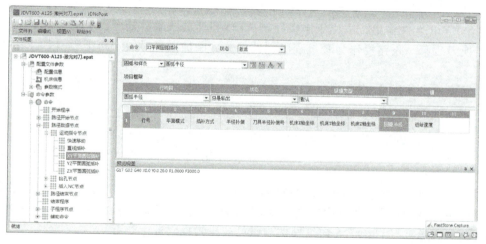

图13-3-2　添加"圆弧半径"参数

6. 输出测试

制作完毕后保存该后处理文件，对其进行软件输出测试和上机测试。
完成后的后处理文件可参考范例文件"JDVT600-A125-激光对刀.epst"。

思 考 题

讨论题

（1）简述后处理的作用。
（2）后处理文件的创建步骤有哪些？

参 考 文 献

[1] 李培根，高亮．智能制造概论［M］．北京：清华大学出版社，2021．

[2] 李方园．智能制造概论［M］．北京：机械工业出版社，2021．

[3] 苏春．数字化设计与制造［M］．3版．北京：机械工业出版社，2019．

[4] 郑维明，张振亚，杜娟．智能制造数字化：数控编程与精密制造［M］．北京：机械工业出版社，2022．

[5] 中国机械工程学会．中国机械工程技术路线图［M］．北京：机械工业出版社，2022．

[6] 袁哲俊，王先逵．精密和超精密加工技术［M］．3版．北京：机械工业出版社，2016．

[7] 葛英飞．智能制造技术基础［M］．北京：机械工业出版社，2019．

[8] 曹焕亚，蔡锐龙．SurfMill9.0基础教程［M］．北京：机械工业出版社，2020．

[9] 曹焕亚，蔡锐龙．SurfMill9.0典型精密加工案例教程［M］．北京：机械工业出版社，2021．

[10] 周济，李培根．智能制造导论［M］．北京：高等教育出版社，2021．

[11] 王隆太．先进制造技术［M］．3版．北京：机械工业出版社，2020．

[12] 孙大涌．先进制造技术［M］．北京：机械工业出版社，2000．

[13] 陈明，梁乃明．智能制造之路：数字化工厂［M］．北京：机械工业出版社，2016．

[14] 谭建荣，刘振宇．智能制造关键技术与企业应用［M］．北京：机械工业出版社，2017．

[15] 邓朝晖，万林林，邓辉，等．智能制造技术基础［M］．武汉：华中科技大学出版社，2017．

[16] 王芳，赵中宁．智能制造基础与应用［M］．北京：机械工业出版社，2018．

[17] 蒋明炜．机械制造业智能工厂规划设计［M］．北京：机械工业出版社，2017．

[18] 王政．推进数字化制造更智能［N］．人民日报，2023-01-17．

[19] 温士俊．浅谈数字化制造技术及其装备在中小型制造企业的应用［J］．中国设备工程，2022（21）：67-69．

[20] 冒小萍．论制造企业数字化领域技术应用［J］．上海电气技术，2022，15（2）：70-74．

[21] 陈亮，王宁．我国制造类企业数字化转型升级的挑战和机遇［J］．中国商论，2021（21）：123-125．

[22] 吴玉文，王帅，赵恒．基于MBD的数字化制造技术研究［J］．河南科技，2021，40（30）：31-33．

[23] 梅军．数字化大潮中的数字化制造［J］．自动化仪表，2020，41（5）：88-92，97．

[24] WANG P. Research on Application of Computer-Aided Intelligent Manufacturing Technology in Garment Industry Production [J]. Communications in Computer and Information Science, 2022 (1590): 455-461.

[25] SILVA J M, DEL FOYO P M G, OLIVERA A Z, et al. Revisiting requirement engineering for intelligent manufacturing [J]. International Journal of Interactive Design and Manufacturing, 2023 (17): 525-538.

[26] 许敬涵．制造企业数字化转型能力评价研究［D］．杭州：杭州电子科技大学，2020．

[27] 汤军浪，李倍倍，倪慧文，等．机械制造工艺及精密加工技术［J］．现代制造技术与装备，2023，59（1）：142-144．

[28] 王国伟．现代机械制造工艺及精密加工技术研究［J］．现代制造技术与装备，2022，58（11）：167-169．

[29] SHOJAEINASAB A, CHARTER T, JALAYER M, et al. Intelligent manufacturing execution systems: A systematic review [J]. Journal of Manufacturing Systems, 2022 (62): 503-522.

[30] 刘金良．现代机械制造工艺与精密加工技术分析［J］．世界有色金属，2022（24）：27-29．

[31] LI B H, HOU B C, YU W T, et al. Applications of artificial intelligence in intelligent manufacturing: a

review [J]. Frontiers of Information Technology & Electronic Engineering, 2017, 18 (1): 86-96.

[32] 王媛媛. 智能制造领域研究现状及未来趋势分析 [J]. 工业经济论坛, 2016, 5 (3): 530-537.

[33] LEO KUMAR S P. Stale of the Art-Intense Review on Artificial Intelligence Systems Application in Process Planning and Manufacturing [J]. Engineering Applications of Artificial Intelligence, 2017, 65: 294-329.

[34] 刘献礼, 刘强, 岳彩旭, 等. 切削过程中的智能技术 [J]. 机械工程学报, 2018, 54 (16): 45-61.